北大社·"十三五"普通高等教育本科规划教材
高等院校机械类专业"互联网+"创新规划教材

液压与气压传动

主　编　牛国玲　　李彩花　　胡晓平
副主编　桂兴春　　帅俊峰　　王跃辉
　　　　姚　嘉
主　审　臧克江

北京大学出版社
PEKING UNIVERSITY PRESS

内 容 简 介

为了适应国家对高等院校创新型人才的培养要求,本书以工程实际应用为重点,主要讲述了液压与气压传动的基础知识、工作原理、结构特点、基本回路及其在典型设备上的应用实例,对液压元件及系统的使用、维护、常见故障及其排除方法也进行了一定的阐述。

本书在编写过程中,力求少而精,理论与实践相结合,侧重对工程技术应用方面的人才培养,加强对学生创新能力的引导。 本书内容全面实用、取材较新、通俗易懂。

本书适用于普通工科院校机械、机电类各专业,也适用于各类成人高校、电大、自学考试有关专业,也可供从事液压与气压传动技术的工程技术人员参考。

图书在版编目(CIP)数据

液压与气压传动/牛国玲, 李彩花, 胡晓平主编 . —北京:北京大学出版社,2019. 3
高等院校机械类专业"互联网+"创新规划教材
ISBN 978 - 7 - 301 - 30098 - 5

Ⅰ. ①液… Ⅱ. ①牛…②李…③胡… Ⅲ. ①液压传动—高等学校—教材②气压传动—高等学校—教材 Ⅳ. ①TH137②TH138

中国版本图书馆 CIP 数据核字(2018)第 274482 号

书　　　　名	液压与气压传动	
	YEYA YU QIYA CHUANDONG	
著作责任者	牛国玲　李彩花　胡晓平　主编	
策 划 编 辑	童君鑫	
责 任 编 辑	李娉婷	
数 字 编 辑	刘　蓉	
标 准 书 号	ISBN 978 - 7 - 301 - 30098 - 5	
出 版 发 行	北京大学出版社	
地　　　　址	北京市海淀区成府路 205 号　　100871	
网　　　　址	http://www.pup.cn　　新浪微博:@北京大学出版社	
电 子 邮 箱	编辑部 pup6@pup.cn　　总编室 zpup@pup.cn	
电　　　　话	邮购部 010 - 62752015　　发行部 010 - 62750672　　编辑部 010 - 62750667	
印 刷 者	天津和萱印刷有限公司	
经 销 者	新华书店	
	787 毫米×1092 毫米　　16 开本　　17.25 印张　　396 千字	
	2019 年 3 月第 1 版　　2025 年 7 月第 2 次印刷	
定　　　　价	48.00 元	

前　言

　　"液压与气压传动"是大学本科机械、机电类专业的一门主干课程。本书根据目前普通高等院校专业教学的基本情况，结合应用型本科机械类人才培养目标和专业教育教学需要，在总结近几年教学实践经验并参考同类教材编写经验的基础上编写而成。

　　本书在编写过程中，以少而精的理念取材和编排章节，着重基本内容的掌握和应用，注重理论与生产实际的紧密联系，突出内容的实用性和应用性；重点讲述液压与气压传动的基本原理，强调基本技能的培养，对液压元件与系统的使用和维护，以及故障和排除等相关知识也进行了一定的阐述；同时注意先进技术的引入，以培养学生理解、分析、应用和创新的综合能力。为指导学生学习，培养学生的自学能力，本书在文字表述上，力求准确、简洁、通俗，并在每章开篇配有导读和学习目标。每章末尾还有本章小结和经过精选的复习思考题，有助于学生加深对基本概念的理解，加强对基本计算和基本知识应用能力的训练及对重要知识点的掌握。

　　本书的名词术语、单位及液压气压图形符号等均采用国家现行标准。

　　本书共分 13 章，由佳木斯大学牛国玲、李彩花、胡晓平担任主编并负责统稿；佳木斯大学桂兴春、帅俊峰、王跃辉及桂林电子科技大学姚嘉担任副主编；龙岩学院臧克江教授主审。本书具体编写分工如下：牛国玲编写第 1、2、10、11 章，王跃辉编写第 3 章，李彩花编写第 4、6 章，桂兴春编写第 5 章，胡晓平编写第 7 章，帅俊峰编写第 8、9 章，姚嘉编写第 12、13 章。

　　为了方便学生理解和教师教学，我们以"互联网＋"教材的模式通过书中二维码链接了教学动画、视频等资源，读者可以通过手机"扫一扫"功能，扫描书中二维码，进行相应知识点的拓展学习。

　　由于编者水平有限，书中难免存在疏漏和不妥之处，恳请广大读者批评指正。

编　者

2018 年 12 月

【资源索引】　　【常用液压与气动元件图形符号】

目　　录

第 1 章　绪论 ……………………………… 1

1.1　液压与气压传动的工作
　　　原理及组成 …………………………… 2
1.2　液压与气压传动的特点 …………… 5
1.3　液压与气压传动的应用 …………… 7
1.4　液压与气压传动技术的进展 …… 7
本章小结 ………………………………………… 8
复习思考题 ……………………………………… 8

第 2 章　液压传动的力学基础 …… 9

2.1　液压传动的工作介质 …………… 9
2.2　液体静力学 ………………………… 14
2.3　液体动力学 ………………………… 18
2.4　液体流动时的压力损失 ………… 24
2.5　孔口和缝隙流量 …………………… 26
2.6　液压冲击与空穴现象 …………… 29
本章小结 ……………………………………… 31
复习思考题 …………………………………… 31

第 3 章　液压动力元件 ……………… 34

3.1　液压泵概述 ………………………… 34
3.2　齿轮泵 ………………………………… 41
3.3　叶片泵 ………………………………… 49
3.4　柱塞泵 ………………………………… 60
3.5　液压泵的性能比较 ……………… 64
3.6　液压泵的选择与使用 …………… 64
本章小结 ……………………………………… 67
复习思考题 …………………………………… 68

第 4 章　液压执行元件 ……………… 70

4.1　液压缸的分类与特点 …………… 70
4.2　其他类型的常用液压缸 ………… 75
4.3　液压缸的典型结构 ……………… 77
4.4　液压缸的设计计算 ……………… 81

4.5　液压马达 …………………………… 85
本章小结 ……………………………………… 90
复习思考题 …………………………………… 90

第 5 章　液压控制元件 ……………… 92

5.1　概述 …………………………………… 92
5.2　方向控制阀 ………………………… 93
5.3　压力控制阀 ………………………… 104
5.4　流量控制阀 ………………………… 112
5.5　叠加阀、插装阀和比例阀 …… 120
本章小结 …………………………………… 127
复习思考题 ………………………………… 128

第 6 章　液压辅助元件 …………… 131

6.1　滤油器 ………………………………… 131
6.2　蓄能器 ………………………………… 136
6.3　油箱 …………………………………… 139
6.4　热交换器 …………………………… 141
6.5　管件 …………………………………… 143
6.6　密封装置 …………………………… 146
本章小结 …………………………………… 150
复习思考题 ………………………………… 150

第 7 章　液压基本回路 …………… 151

7.1　方向控制回路 …………………… 151
7.2　压力控制回路 …………………… 153
7.3　速度控制回路 …………………… 159
7.4　多缸运动控制回路 ……………… 174
本章小结 …………………………………… 180
复习思考题 ………………………………… 181

第 8 章　典型液压系统实例分析 …… 184

8.1　液压系统图的阅读方法 ……… 184
8.2　组合机床动力滑台液压系统 …… 185
8.3　液压机液压系统 ……………… 189

8.4 汽车起重机液压系统 ·················· 193

本章小结 ·················· 198

复习思考题 ·················· 198

第 9 章 液压系统的设计计算 ·················· 201

9.1 概述 ·················· 201

9.2 明确设计要求，进行工况分析 ··· 202

9.3 拟定液压系统原理图 ·················· 205

9.4 液压元件的计算和选择 ·················· 206

9.5 液压系统的性能验算 ·················· 209

9.6 绘制工作图和编制技术文件 ·················· 210

9.7 液压系统设计举例 ·················· 211

本章小结 ·················· 216

复习思考题 ·················· 216

第 10 章 气压传动基础知识 ·················· 218

10.1 气压传动概述 ·················· 218

10.2 空气的基本性质 ·················· 220

本章小结 ·················· 222

复习思考题 ·················· 222

第 11 章 气源装置与辅助元件 ·················· 223

11.1 气源装置 ·················· 223

11.2 气动三联件 ·················· 229

11.3 消声器 ·················· 232

11.4 负压元件 ·················· 233

本章小结 ·················· 234

复习思考题 ·················· 234

第 12 章 气动执行元件 ·················· 235

12.1 气缸 ·················· 235

12.2 气动马达 ·················· 239

本章小结 ·················· 240

复习思考题 ·················· 240

第 13 章 气动控制元件与基本回路 ··· 241

13.1 方向控制阀与换向回路 ·················· 241

13.2 压力控制阀与压力控制回路 ·················· 248

13.3 流量控制阀与速度控制回路 ·················· 252

13.4 延时回路 ·················· 256

13.5 过载保护回路 ·················· 257

13.6 互锁回路 ·················· 258

13.7 顺序动作回路 ·················· 258

13.8 气动逻辑元件 ·················· 259

本章小结 ·················· 262

复习思考题 ·················· 262

参考文献 ·················· 263

第1章 绪 论

本章导读

液压与气压传动与机械传动相比具有很多优点，在机械工程中被广泛使用。以液体为工作介质，利用液体的压力能来传递能量的传动方式称为液压传动；以气体为工作介质，利用气体的压力能来传递能量的传动方式称为气压传动。本章主要介绍液压与气压传动系统的概况，并结合液压与气压传动的应用和特点讲解其工作原理及图形符号。

学习目标

➥ 了解：液压与气压传动在各行业中的应用及发展。
➥ 理解：液压与气压传动的优缺点。
➥ 应用：掌握本章所介绍的液压与气压传动的工作原理及图形符号。
➥ 分析：通过学习本章提供的实例，学会分析简单的液压与气压传动原理图。

液压与气压传动是以液体和气体作为工作介质，进行能量传递和控制的一种方式。自 18 世纪末英国制成世界上第一台水压机算起，流体传动技术已有二三百年的历史。直到 20 世纪 30 年代，液压传动技术较普遍地用于起重机、机床及工程机械。在第二次世界大战期间，由于战争需要，由响应迅速、精度高的液压控制机构所装备的各种军事武器开始出现。第二次世界大战结束后，液压传动技术迅速转向民用工业，不断应用于各种自动机及自动生产线。20 世纪 60 年代后，随着原子能、空间技术、计算机技术的发展，美国等国将液压传动技术使用到各个工业领域之中。气压传动技术的应用和推广较液压传动技术迟一些。气压传动在各具特点并广泛应用的机械传动、电力传动、液压传动、液力传动之后能跻身于传动之列，正是由于它具有控制动作迅速，反应快等优点。随着机电一体化技术的发展，特别是微电子和计算机技术相结合，液压与气压传动已进入了一个崭新的阶段。当前液压与气压传动技术正向着高压、高效、长寿命、高度

集成化、数字化等方向发展。

20世纪50年代，我国将液压技术应用于机床和工程机械中；20世纪60年代，我国开始自行设计液压产品；20世纪80年代，通过引进国外的先进液压技术，我国的液压技术和水平得到了全面的提高。目前，我国液压与气压传动技术已形成标准化、系列化和通用化。随着控制技术和计算机技术的发展，我国的液压与气压传动与控制技术得到了更进一步发展。我国通过消化和吸收国外先进技术的同时，大力研制和开发国产液压与气压传动元件，加强产品质量和可靠性及新技术应用的研究。液压与气压传动技术正以空前的速度广泛地应用于我国的工业、农业、国防等各个领域。

1.1　液压与气压传动的工作原理及组成

1.1.1　液压与气压传动的工作原理

液压传动与气压传动的工作原理相似，分别是以液体和气体作为工作介质来进行能量传递和转换的；分别是以液体和气体的压力能来传递动力和运动的；液压传动与气压传动中的工作介质都是在受控制、受调节的状态下进行工作的；液压传动与气压传动都是通过能量转换装置，将原动机的机械能转换为流体的压力能，然后通过封闭管道，在控制元件的控制调节下驱动执行装置将流体的压力能转换为机械能，实现直线运动或旋转运动，同时驱动负载。现以磨床工作台液压系统为例，讲解液压传动与气压传动的工作原理。

图1-1所示为磨床工作台液压系统的工作原理。磨床工作台的液压系统由油箱、滤油器、液压泵、溢流阀、开停阀、节流阀、换向阀、液压缸及连接这些元件的油管、接头组成，其工作原理如下。液压泵由电动机驱动后，从油箱中吸油。油液经滤油器进入液压泵，油液在泵腔中从入口低压处到出口高压处，在图1-1(a)所示状态下，通过开停阀、节流阀、换向阀进入液压缸左腔，推动活塞使工作台向右移动。这时，液压缸右腔的油经换向阀和回油管排回油箱。如果将换向阀手柄转换成图1-1(b)所示状态，则压力管中的油将经过开停阀、节流阀和换向阀进入液压缸右腔，推动活塞使工作台向左移动，并使液压缸左腔的油经换向阀和回油管排回油箱。

工作台的移动速度是通过节流阀来调节的。当节流阀开大时，进入液压缸的油量增多，工作台的移动速度增大；当节流阀关小时，进入液压缸的油量减小，工作台的移动速度减小。为了克服移动工作台时所受到的各种阻力，液压缸必须产生一个足够大的推力，这个推力是由液压缸中的油液压力所产生的。要克服的阻力越大，缸中的油液压力越高；反之压力就越低。这种现象说明了液压传动的一个基本原理——压力决定于负载。

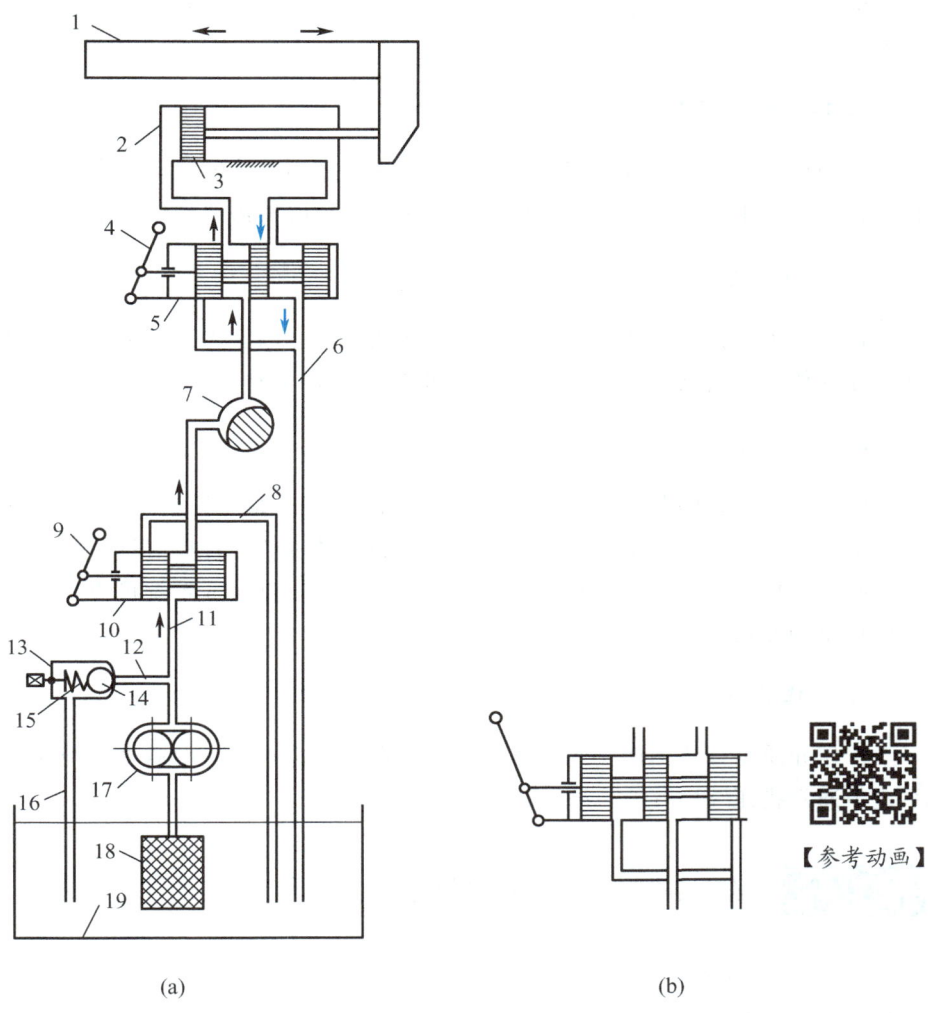

（a）　　　　　　　　　　　　　　（b）

【参考动画】

图1-1　磨床工作台液压系统的工作原理

1—工作台；2—液压缸；3—活塞；4—换向手柄；5—换向阀；6，8，16—回油管；7—节流阀；
9—开停手柄；10—开停阀；11—压力管；12—压力支管；13—溢流阀；14—钢球；
15—弹簧；17—液压泵；18—滤油器；19—油箱

1.1.2　液压与气压传动系统的组成

液压传动系统和气压传动系统大体上都由以下五个主要部分组成。

1. 能源装置

能源装置是把机械能转换为液体压力能或气体压力能的装置，是液压与气压传动系统的动力源。对于液压传动系统来说，液压泵是其能源装置，其作用是为液压传动系统提供

压力油；对于气压传动系统来说，气源装置是其能源装置，其作用是为气压传动系统提供压缩空气。

2. 控制调节装置

控制调节装置包括各种阀类元件，其作用是控制流体的流动方向、压力和流量，以保证执行装置和工作机构按要求工作，使整个系统能够按需要动作起来。

3. 执行装置

执行装置是把液体或气体的压力能转换成机械能的装置。一般指缸或马达，其作用是在流体的作用下输出力和速度（或转矩和转速），以驱动工作机构做功。

4. 辅助装置

除以上装置外的其他元器件都被称为辅助装置，如油箱、滤油器、蓄能器、冷却器、分水滤气器、油雾气、消声器、管件、管接头及各种信号转换器等。它们是一些对完成主运动起辅助作用的元件，在系统中也是必不可少的，对保证系统可靠、稳定、持久地工作起着重要的作用。

5. 工作介质

工作介质是指传递能量的液体或气体。在液压传动系统中通常指液压液，在气压传动系统中通常指压缩空气。

1.1.3　液压与气压传动的图形符号

图1-1所示为一种半结构式的液压系统的工作原理图，它有直观性强、容易理解的优点。当系统发生故障时，根据原理图检查十分方便，但图形比较复杂，绘制比较麻烦。针对液压原理图中的各元件和连接管路的对应的图形符号，我国制定了一部国家标准，即《流体传动系统及元件图形符号和回路图　第1部分：用于常规用途和数据处理的图形符号》（GB/T 786.1—2009），对于这些图形符号做了以下基本规定。

（1）符号只表示元件的职能，连接系统的通路，不表示元件的具体结构和参数，也不表示元件在机器中的实际安装位置。

（2）元件符号内的油液流动方向用箭头表示，线段两端都有箭头的，表示流动方向可逆。

（3）符号均以元件的静止位置或中间零位置表示，当系统的动作另有说明时，可作例外。

图1-1(a)所示的液压系统用标准图形符号绘制的工作原理如图1-2所示。使用这些图形符号可使液压系统图简单明了，且便于绘图。

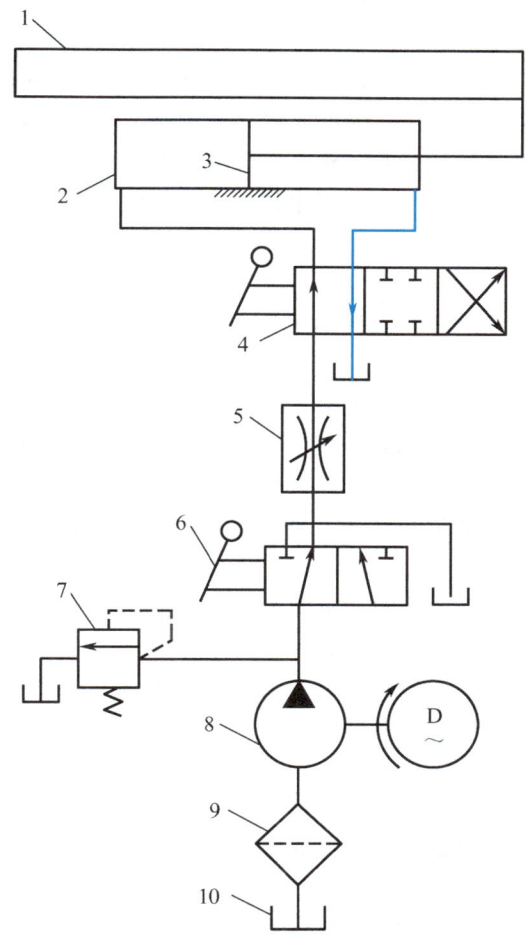

图 1 – 2　磨床工作台液压系统的图形符号图

1—工作台；2—液压缸；3—活塞；4—换向阀；5—节流阀；6—开停阀；

7—溢流阀；8—液压泵；9—滤油器；10—油箱

1.2　液压与气压传动的特点

1. 液压传动的优点

液压传动之所以能得到广泛的应用，是由于它具有以下主要优点。

（1）由于液压传动是油管连接，所以借助油管的连接可以方便灵活地布置传动机构，这是比机械传动优越的地方。

（2）液压传动装置的质量轻、结构紧凑、惯性小。

（3）液压传动可在大范围内实现无级调速，借助阀或变量泵、变量马达，可以实现无级调速，调速范围可达 1：2000，并可在液压装置运行的过程中进行调逿。

（4）传递运动均匀平稳，负载变化时速度较稳定。正因为具有这个特点，液压传动在金属切削机床中的磨床传动中普遍使用。

（5）液压装置易于实现过载保护，液压件能实现自润滑，使用寿命长。

（6）液压传动容易实现自动化，借助于各种控制阀，特别是采用液压控制和电气控制结合使用时，能很容易地实现复杂的自动工作循环，而且可以实现遥控。

（7）液压元件已实现了标准化、系列化和通用化，便于设计、制造和推广使用。

2. 液压传动的缺点

（1）液压系统中液体的泄漏和液体的可压缩性等因素，影响运动的平稳性和正确性，使得液压传动不能保证严格的传动比。

（2）液压传动对油温的变化比较敏感。温度变化时，液体黏度的变化会引起运动特性的变化，使得工作的稳定性受到影响，所以液压系统不宜在温度变化很大的环境条件下工作。

（3）为了减少泄漏及满足某些性能上的要求，液压元件的配合件制造精度要求较高，加工工艺较复杂。

（4）液压传动要求有单独的能源，不像电源那样使用方便。

（5）液压系统发生故障后不易检查和排除。

总之，液压传动的优点是明显的。随着设计制造和使用水平的不断提高，有些缺点正被逐步克服。液压传动有着广泛的发展前景。

3. 气压传动的特点

（1）气压传动的工作介质是空气，它取之不尽用之不竭。用后的空气可以排到大气中去，不会污染环境。

（2）空气的黏度很低，所以流动阻力很小，压力损失小，便于集中供气和远距离输送。

（3）气压传动对工作环境适应性好，在易燃、易爆、多尘埃、强辐射、振动等恶劣工作环境下，仍能可靠地工作。

（4）气压传动动作速度和反应快。

（5）气压传动有较好的自保持能力。

（6）气压传动可以在一定的超负载工况下运行，并能保证系统安全工作，不易发生过热现象。

（7）气压传动系统的工作压力低，因此气压传动装置的推力一般不宜大于 $10\sim40kN$，仅适用于小功率的场合。

（8）由于空气的可压缩性大，气压传动系统的速度稳定性差，给系统的位置和速度控制精度带来很大影响。

（9）气压传动系统的噪声大，尤其是排气时，需加消声器。

（10）气压传动工作介质本身没有润滑性，如不采用无给油气压传动元件，需另加油雾器进行润滑，而液压系统无此问题。

1.3　液压与气压传动的应用

　　液压与气压传动有许多优点，所以在国民经济各部门各行业都有广泛的应用。驱动机械运动的机构及各种传动和操纵装置有多种形式，根据所用的部件和零件不同，可分为机械的、电气的、气动的、液压的传动装置。实际中经常将不同的形式组合起来运用。由于液压与气压传动具有很多优点，最近三四十年以来，液压与气压传动技术在各行业中的应用越来越广泛。根据应用的出发点不同，液压与气压传动技术在应用时也有区别：工程机械、农用大型机械、压力机械主要是利用液压技术可以输出大力，且结构简单；航空工业采用液压与气压传动技术是因为可以减轻质量和体积；机床中使用液压与气压传动技术是因为可以实现无级变速和自动化、可以换向频繁。

　　液压与气压传动在各类机械行业中的应用实例见表1-1。

表1-1　液压与气压传动在各类机械行业中的应用实例

行　业　名　称	应用场所举例
工程机械	挖掘机、装载机、推土机、压路机、铲运机等
起重运输机械	汽车吊、港口龙门吊、叉车、装卸机械、皮带运输机等
矿山机械	凿岩机、开掘机、开采机、破碎机、提升机、液压支架等
建筑机械	打桩机、液压千斤顶、平地机等
农业机械	联合收割机、拖拉机、农具悬挂系统等
冶金机械	电炉炉顶及电极升降机、轧钢机、压力机等
轻工机械	打包机、注塑机、校直机、橡胶硫化机、造纸机等
汽车工业	自卸式汽车、平板车、高空作业车、汽车中的转向器、减振器等
智能机械	折臂式小汽车装卸器、数字式体育锻炼机、模拟驾驶舱、机器人等

1.4　液压与气压传动技术的进展

　　我国的液压工业始于20世纪50年代。自从1964年从国外引进一些液压元件生产技术，并自行设计液压产品以来，我国的液压元件已在各种机械设备上得到了广泛的使用。20世纪80年代后，我国加速了对国外先进液压产品和技术的引进、消化、吸收及国产化工作，使我国的液压技术在产品质量、经济效益、研究开发等各个方面逐步赶上世界水平。

　　当前，液压技术在实现高压、高速、大功率、高效率、低噪声、经久耐用、高度集成化等各项要求方面都取得了重大的进展，在完善比例控制、伺服控制和数字控制等技术上也有许多新成就。此外，我国在液压元件和液压系统的计算机辅助设计、计算机仿真和优化及微机控制等开发性工作方面，也取得了显著的成绩。

由于价格因素，早期的气压传动与控制系统一般应用在复杂程度较低的机器上。但是，某些较为复杂的机器也可能应用气压传动与控制系统，因为诸如易爆、腐蚀、水冲洗、粉尘、污物等一些环境，应用气动系统更为合理和安全。

从 20 世纪 60 年代起，气动元件得到发展，控制方式有所创新，从而使气压传动系统在很多领域得到了广泛应用。因为气动元件兼有通用性和灵活性的特点，所以气动元件在现代系统的集成化和完整性方面发挥了决定性的作用，气动元件本身也得到了飞跃的发展。

近年来，气压传动技术的应用领域已从机械、冶金、采矿、交通运输等工业扩展到轻工、食品、化工、电子、物料搬运及军事等领域，气压传动技术对于实现生产过程的自动控制、改善劳动条件、减轻劳动强度、降低成本、提高产品质量发挥了很大的作用。

随着微电子技术的发展，其与液压与气压传动技术相结合，创造出了很多可靠性高、成本低的微型节能元件，为液压与气压传动技术在工业各部门中的应用开辟了更为广阔的前景。

液压与气压传动技术必须不断创新、不断提高并改进元件和系统的性能，才能满足日益变化的市场需求。液压与气压传动技术的持续发展体现在以下一些比较重要的特征上。

（1）创造高性能、小型化和微型化的新型元件。

（2）高度的组合化、集成化和模块化。

（3）结合微电子技术，迈向智能化。

（4）研发特殊传动介质，推进工作介质多元化。

本章小结

本章介绍了液压与气压传动的现状和优缺点，通过对磨床工作台的液压系统的介绍来说明液压与气压传动的工作原理和组成，并且简单说明了液压与气压传动图形符号的表示方法。

复习思考题

1-1 液压与气压传动系统主要由哪几个部分组成？

1-2 液压传动的主要优点有哪些？

【第1章 参考答案】

第 **2** 章
液压传动的力学基础

 **本章导读**

    流体力学是研究流体平衡和运动规律的一门学科。流体传动包括液体传动和气体传动。以液体的静压能传递动力的液压传动是以油液作为工作介质的，为此必须了解油液的种类、物理性质，研究油液的静力学、动力学规律。学习本章所介绍的液压传动的力学基础部分知识，对于正确理解液压传动的基本原理，合理设计和使用液压系统都是非常重要的。

学习目标

- ➔ 了解：液压传动的工作介质的主要性质。
- ➔ 理解：液体动力学三大方程——连续性方程、伯努利方程、动量方程。
- ➔ 应用：掌握本章所介绍的液体静力学和动力学知识，并能够在工程中灵活运用。
- ➔ 分析：通过学习本章提供的数学分析方法，学会分析液压的静力学和动力学问题。

2.1 液压传动的工作介质

    液压传动是用液体作为工作介质来传递能量的，最常用的介质是液压油。液压油在液压系统中除了作为工作介质来传递能量和信号外，还能起到润滑、冷却和防锈等作用。

1. 液压油的性质

（1）密度
单位体积液体所具有的质量称为该液体的密度，即

$$\rho=\frac{m}{V} \tag{2-1}$$

式中，V——液体的体积（m^3）；

　　　m——液体的质量（kg）；

　　　ρ——液体的密度（kg/m^3）。

密度是液压油的一个重要参数。矿物油型液压油的密度随温度或压力的变化而发生变化：随温度的上升而减小，随压力的提高而增加，但因变化很小，可以忽略，认为是常值。工程上一般可取液压油的密度为$900kg/m^3$。我国采用20℃时液压油的密度作为油液的标准密度，以ρ_{20}来表示。表2-1给出了常用液压传动工作介质的密度值。

表 2-1　常用液压传动工作介质的密度值　　　　　　　（单位：kg/m^3）

种　类	密度 ρ	种　类	密度 ρ
石油基液压油	850～900	增黏高水基液	1003
水包油乳化液	998	水-乙二醇液	1060
油包水乳化液	932	磷酸酯液	1150

（2）可压缩性

液体受到压缩体积就要变小的特性称为液体的可压缩性。在等温条件下，压力为p_0、体积为V_0的液体，当压力增大Δp时，体积减小ΔV，则液体在单位压力下的体积相对变化量可以用体积压缩系数κ来表示，即

$$\kappa=-\frac{1}{\Delta p}\frac{\Delta V}{V_0} \tag{2-2}$$

由于压力与体积的变化方向相反，即压力增大时液体体积减小，为使κ为正值，故等号右边带一负号（注意：κ不会出现负值）。对于液体，当Δp确定时，κ大，则易压缩；κ小，则不易压缩；$\kappa=0$，表示完全不可压缩。

液体体积压缩系数的倒数为体积弹性模量，简称体积模量，以K表示，即

$$K=\frac{1}{\kappa}=-\frac{V_0\Delta p}{\Delta V} \tag{2-3}$$

体积模量K表示液体产生单位体积的相对变化量时所需要的压力增量。液体的体积模量越大，表明该液体抵抗压缩的能力越强。工程上取液压油的体积模量$K=(1.4\sim 2)\times10^3$ MPa，其数值很大。一般认为液压油是不可压缩的，但在系统压力很高或分析研究系统的动态特性时，则必须考虑液压油的可压缩性。

液压传动工作介质的体积模量和温度、压力有关。温度增加时，K值减小。在液压传动工作介质正常的工作范围内，K值会有5%～25%的变化；压力增大时，K值增大，但这种变化不呈线性关系，当压力大于3MPa时，K值基本上不再增大。液压传动工作介质中如混有气泡，则K值将大大减小。表2-2为几种工作介质的体积模量。

表2-2　几种工作介质的体积模量（20℃，标准大气压）　（单位：MPa）

液压传动工作介质的种类	体积模量 K
石油型	$(1.4\sim2.0)\times10^3$
水包油乳化液（W/O型）	1.95×10^3
水-乙二醇液	3.45×10^3
磷酸酯液	2.65×10^3

（3）黏性

液体在外力作用下流动或有流动趋势时，由于液体分子间的内聚力而产生一种阻碍液体分子之间进行相对运动的内摩擦力，液体的这种性质称为黏性。由于液体具有黏性，当液体发生剪切变形时，液体内就产生阻滞变形的内摩擦力，由此可见，黏性表征了液体抵抗剪切变形的能力。黏性的大小可用黏度来表示，黏度是选择液压油的主要指标，是影响液体流动的重要物理性质。

现以图2-1所示为例描述液体的黏性。若距离为 h 的两平行平板间充满液体，上平板以速度 v_0 向右运动，下平板固定不动。当液体流动时，由于液体与固体壁面的附着力及液体本身的黏性使液体内各液层的速度大小不等。紧贴于上平板上的液体黏附于上平板上，其速度与上平板相同，紧贴于下平板上的液体黏附于下平板上，其速度为零，中间液体的速度按线性分布。我们把这种流动看成是许多无限薄的液体层在运动，当运动较快的液体层在运动较慢的液体层上滑过时，两层间由于黏性就产生内摩擦力的作用。根据实际测定的数据所知，液体层间的内摩擦力 F 与液体层的接触面积 A 及液体层间的速度梯度 ${\rm d}v/{\rm d}y$ 成正比，即

$$F=\mu A\frac{{\rm d}v}{{\rm d}y}\tag{2-4}$$

式中，μ——衡量液体黏性的比例系数，称为动力黏度。

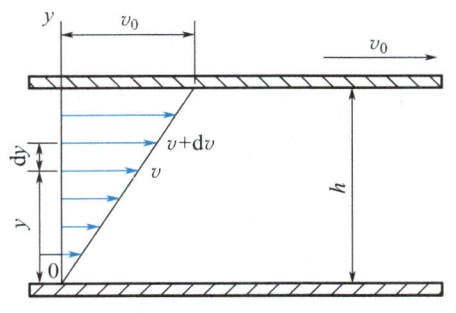

【参考动画】

图2-1　液体的黏性示意图

若以 τ 表示液层间的切应力，即单位面积上的内摩擦力，则式（2-4）可表示为

$$\tau=\frac{F}{A}=\mu\frac{{\rm d}v}{{\rm d}y}\tag{2-5}$$

这就是牛顿液体内摩擦定律。

当速度梯度变化时，μ 为不变常数的液体称为牛顿液体，μ 为变数的液体称为非牛顿液

体。除高黏性或含有大量特种添加剂的液体外，一般的液压用的液体均可看作是牛顿液体。

液体的黏度通常有三种不同的表示方法。

① 动力黏度 μ。动力黏度又称绝对黏度，它直接表示液体的黏性即内摩擦力的大小。从物理意义上讲，动力黏度 μ 表示当速度梯度 $dv/dy=1$ 时，单位面积上的内摩擦力的大小，即

$$\mu=\frac{F}{A\dfrac{dv}{dy}} \tag{2-6}$$

动力黏度的国际计量单位为 N·s/m²（牛顿·秒/米²），或为 Pa·s（帕·秒）。

② 运动黏度 v。运动黏度是动力黏度 μ 与密度 ρ 的比值，即

$$v=\frac{\mu}{\rho} \tag{2-7}$$

运动黏度的法定计量单位为 m²/s（米²/秒）。

运动黏度 v 没有什么明确的物理意义，它不能像 μ 一样直接表示液体的黏性大小。它之所以被称为运动黏度，是因为在它的量纲中只有运动学的要素长度和时间的缘故。我国液压油的牌号就是用它在 40℃ 时运动黏度的平均值来表示的。

③ 相对黏度。相对黏度是以相对于蒸馏水的黏性的大小来表示该液体的黏性的。相对黏度又称条件黏度。各国采用的相对黏度单位有所不同，有的用赛氏黏度，有的用雷氏黏度，我国采用恩氏黏度。

恩氏黏度的测定方法：测出 200cm³ 某一温度的被测液体在自重作用下流过直径为 2.8mm 的小孔所需的时间 t_1，然后测出同体积的蒸馏水在 20℃ 时流过同一小孔所需的时间 $t_2(t_2=50\sim52s)$，t_1 与 t_2 的比值即为液体的恩氏黏度。恩氏黏度用符号 °E 表示。被测液体在某一温度 t 下的恩氏黏度用符号 °E_t 表示，即

$$°E_t = t_1/t_2 \tag{2-8}$$

工业上一般以 20℃、40℃ 和 100℃ 作为测定恩氏黏度的标准温度，并相应地以符号 °E_{20}、°E_{40} 和 °E_{100} 来表示。利用式（2-9）可将恩氏黏度换算成运动黏度，即

$$v=\left(7.31°E-\frac{6.31}{°E}\right)\times10^{-6} \tag{2-9}$$

液体的黏度随液体的压力和温度的变化而变化。对液压传动工作介质来说，压力增大时，黏度增大。在一般液压系统使用的压力范围内，增大的数值很小，可以忽略不计。但液压传动工作介质的黏度对温度的变化却十分敏感，温度升高，黏度下降。这个变化率的大小直接影响液压传动工作介质的使用，其重要性不亚于黏度本身。

（4）其他性质

液压传动工作介质还有其他一些性质，如稳定性（热稳定性、氧化稳定性、水解稳定性、剪切稳定性等）及抗泡沫性、抗乳化性、防锈性、润滑性和相容性（对所接触的金属、密封材料、涂料等作用程度）等，都对它的选择和使用有重要影响。

2. 液压油的污染

液压油被污染是指油中含有水分、空气、微小固体颗粒及胶状生成物等杂质。根据统计，液压系统发生故障75%是液压油被污染造成的，因此，液压油的防污对保证系统正常

工作是非常必要的。

（1）污染的主要原因

液压油被污染的主要原因如下。

① 残留的固体颗粒。在液压元件装配、维修等过程中，因洗涤不干净而残留固体颗粒，如砂粒、铁屑、磨料、焊渣、棉纱及灰尘等。

② 空气中的尘埃。周围环境恶劣，空气中的尘埃、水汽等通过液压缸外伸的活塞杆、油箱的通气孔和注油孔等处侵入油中。

③ 生成物污染。液压系统在工作过程中，因液压元件相对运动等原因产生金属微粒、密封材料磨损颗粒、涂料剥离片，以及油氧化变质产生胶状物等。

（2）污染的危害

液压油污染严重时，直接影响液压系统的工作性能，使液压系统经常发生故障，导致液压元件的寿命缩短。固体颗粒进入液压元件里，会使液压元件的滑动部分磨损加剧；堵塞滤油器，使液压泵吸油困难，产生振动和噪声；堵塞小孔或缝隙，造成阀类元件动作失灵。固体颗粒会加速零件磨损，擦伤密封件，增大泄漏。水分和空气的混入使液压油的润滑能力降低，并使它加速氧化变质，产生气蚀，使液压元件加速腐蚀，使液压系统出现振动、爬行等。

3. 液压油防污措施

造成液压油污染的原因多而复杂，而且液压油自身又在不断地产生脏物，因此要彻底解决液压油的污染问题是很困难的。为了延长液压元件的寿命，保证液压系统可靠地工作，将液压油的污染度控制在某一限度以内是较为切实可行的办法。

对液压油的污染控制工作主要是从两个方面着手：一是防止污染物侵入液压系统；二是把已经侵入的污染物从系统中清除出去。污染控制要贯穿于整个液压装置的设计、制造、安装、使用、维护和修理等各个阶段。

为防止油液污染，在实际工作中应采取如下措施。

（1）使液压油在使用前保持清洁。液压油在运输和保管过程中都会受到外界污染，新买来的液压油看上去很清洁，其实很"脏"，必须将其静放数天，经过滤后再加入液压系统中使用。

（2）使液压系统在装配后、运转前保持清洁。液压元件在加工和装配过程中必须清洗干净，液压系统在装配后、运转前应彻底进行清洗，最好用系统工作中使用的油液清洗，清洗时油箱除通气孔（加防尘罩）外必须全部密封，密封件不可有飞边、毛刺。

（3）使液压油在工作中保持清洁。液压油在工作过程中会受到环境污染，因此应尽量防止工作中空气和水分的侵入。为完全消除水、气等污染物的侵入，应采用密封油箱，通气孔上加空气滤清器，防止尘土、磨料和冷却液侵入，经常检查并定期更换密封件和蓄能器中的胶囊。

（4）采用合适的滤油器。这是控制液压油污染的重要手段。应根据设备的要求，在液压系统中选用不同过滤方式、不同精度和不同结构的滤油器，并要定期检查和清洗滤油器和油箱。

（5）定期更换液压油。更换新油前，必须先清洗油箱。系统较脏时，可用煤油清洗，排尽后注入新油。

（6）控制液压油的工作温度。液压油的工作温度过高对液压装置不利，液压油本身也会加速变质，产生各种生成物，缩短它的使用期限。一般液压系统的工作温度最好控制在65℃以下，机床液压系统则应控制在55℃以下。

2.2 液体静力学

2.2.1　静压力及其特性

液体静力学研究液体在静止时的平衡规律及这些规律在工程上的应用。所谓静止液体，是指液体内部各质点间没有相对运动，至于盛装液体的容器，可以是静止的或是运动的。

1. 作用于流体上的力

作用于液体上的力有两类，即表面力和质量力。作用在液体表面上，与液体表面积成正比的力称为表面力。表面力又可分解为垂直作用于表面的法向表面力和平行于表面的切向表面力。作用在液体微团质量中心上，并与液体微团质量成正比的力称为质量力，如重力、惯性力和离心惯性力等。

2. 液体静压力

当液体处于静止时，作用于任一点 (x, y, z) 上的作用力为 ΔF，在该点中心取一微元面积 ΔA，当 ΔA 趋近于 0 时，则 $\Delta F/\Delta A$ 的比值趋近于某一极限值，此极限值称为该点的液体静压力，以 p 表示，其单位为 Pa（帕），即

$$p = \lim_{\Delta A \to 0} \frac{\Delta F}{\Delta A} = \frac{\mathrm{d}F}{\mathrm{d}A} \tag{2-10}$$

在静止液体中，所有的切向应力都为零，只有一个液体静压力，而液体静压力与方向无关，所以是一个标量，它只是位置坐标的函数，即 $p(x, y, z)$。

静压力具有下述两个重要特征。

（1）液体静压力垂直于作用面，其方向与该面的内法线方向一致。

（2）静止液体中，任何一点所受到的各方向的静压力都相等。

2.2.2　静压力基本方程

当静止液体只受重力的作用时，静止液体内部受力情况可用图 2-2 来说明。设容器中装满液体，在任意一点 A 处取一微小面积 $\mathrm{d}A$，该点距液面深度为 h，距坐标原点高度为 Z，容器液平面距坐标原点为 Z_0。为了求得任意一点 A 的压力，可取 $\mathrm{d}A \cdot h$ 这个液柱

为分离体［图 2-2(b)］。根据静压力的特性，作用于这个液柱上的力在各方向都平衡，现求各作用力在 Z 方向的平衡方程。微小液柱顶面上的作用力为 $p_0 dA$（方向向下），液柱本身的重力 $G=\rho g h dA$（方向向下），液柱底面对液柱的作用力为 $p dA$（方向向上），则平衡方程为

$$p=p_0+\rho g h=p_0+\gamma h \tag{2-11}$$

式中，p——液体中点 A 的静压力；

　　p_0——自由液面上的静压力；

　　ρ——液体的密度，$\rho=$ 常数；

　　g——重力加速度；

　　γ——液体的重度，$\gamma=\rho g$；

　　h——点 A 到自由液面的垂直淹没深度。

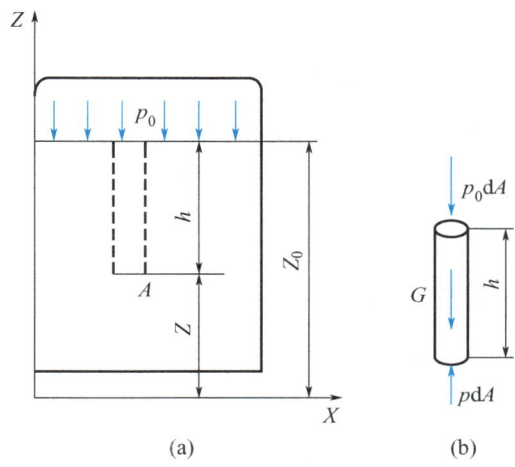

图 2-2　静压力的分布规律

分析式(2-11)可得如下结论。

（1）静止液体中任一点的压力均由两部分组成，即液面上的表面压力 p_0 和液体自重引起的对该点的压力 $\rho g h$。

（2）静止液体内的压力随液体距液面的深度变化呈线性规律分布，并且在同一深度上各点的压力相等。压力相等的所有点组成的面为等压面。很显然，在重力作用下静止液体的等压面为一个平面。

2.2.3　静压力的单位及其表示方法

压力的单位为 N/m^2，即 Pa（帕），工程上常用 kPa（千帕）和 MPa（兆帕）。此外常用的压力单位还有 bar（巴）和 at（工程大气压），在低压时也可以用液柱高度表示压力大小。

液压系统中的压力就是指压强。液体压力通常有绝对压力、相对压力（表压力）、真空度三种表示方法。其说明如图 2-3 所示。绝对压力是以绝对真空为基准来进行度量的

压力。相对压力是以大气压为基准零值时所测量到的一种压力，大多数测压仪都受大气压的作用，所以，仪表所指示的压力都是相对压力，也称表压力。

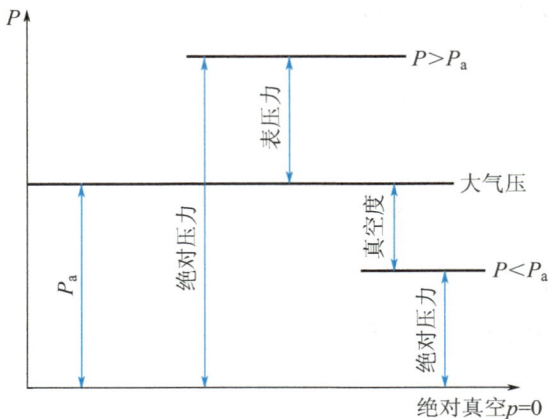

图 2－3　绝对压力与相对压力的关系

　　在液压传动中，如不特殊说明，所提到的压力均指相对压力。当绝对压力低于大气压时，比大气压力小的那部分数值称为真空度。如某点的绝对压力为 $4.052×10^4$ Pa（0.4at），则该点的真空度为 $6.078×10^4$ Pa（0.6at）。

2.2.4　静压液体中的压力传递

　　施加于密封容器内的静止液体任一点的压力将以等值传到液体内各点，这就是帕斯卡原理或静压传递原理。各类液压机的工作原理就是该原理在工程中的应用，根据帕斯卡原理和静压力的特性，液压传动不仅可以进行力的传递，而且能将力放大和改变力的方向。图 2－4 所示是应用帕斯卡原理推导压力与负载关系的实例。图中垂直液压缸的截面积为 A_1，水平液压缸截面积为 A_2，两个活塞上的外作用力分别为 F_1 和 F_2，则缸内压力分别为 $p_1 = F_1/A_1$、$p_2 = F_2/A_2$。由于两缸充满液体且互相连接，根据帕斯卡原理有 $p_1 = p_2$，因此有

$$F_2 = F_1\left(\frac{A_2}{A_1}\right) \qquad (2－12)$$

【参考动画】

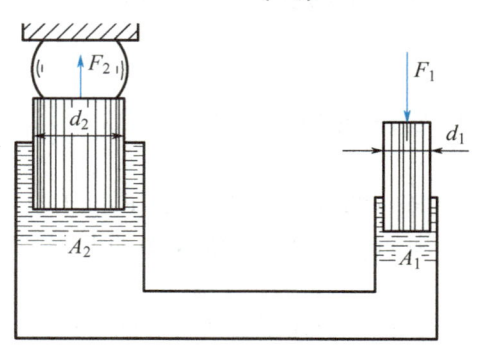

图 2－4　帕斯卡原理的工程应用

式(2-12)表明，只要 A_2/A_1 足够大，用很小的力 F_1 就可产生很大的外负载力 F_2。液压千斤顶和水压机就是按此原理制成的。

如果水平液压缸的活塞上没有负载，当略去活塞质量及其他阻力时，不论怎样推动垂直液压缸的活塞也不能在液体中形成压力。这说明液压系统中的压力是由外界负载决定的，这是液压传动的一个基本原理。

2.2.5　液体静压力对固体壁面的作用力

静止液体和固体壁面接触时，固体壁面上各点在某一方向上所受静压作用力的总和，便是液体在该方向上作用于固体壁面上的力。在液压传动中，略去液体自重产生的压力，液体中各点的静压力是均匀分布的，并且垂直作用于受压表面。

当承受压力的表面为平面时，液体对该平面的总作用力 F 为液体的压力 p 与受压面积 A 的乘积，其方向与该平面相垂直。当承受压力的表面为曲面时，由于压力总是垂直于承受压力的表面，因此作用在曲面上各点的力不平行但相等。要计算曲面上的总作用力，必须明确要计算哪个方向上的力。

图 2-5 为液压缸筒受力分析图。设缸筒半径为 r，长度为 l，求液压力作用在缸筒右半部 x 方向的力 F_x。

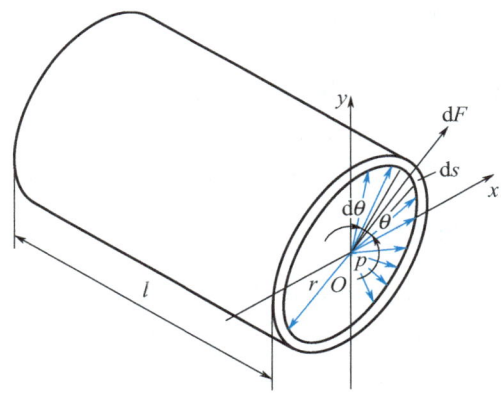

图 2-5　液体对固体壁面的作用力

在缸筒上取一微小面积 $dA = lds = lrd\theta$，压力油作用在这微小面积上的力 dF 在 x 方向的投影为

$$dF_x = dF\cos\theta = pdA\cos\theta = plr\cos\theta d\theta$$

上式积分后则得在液压缸筒右半壁上 x 方向的总作用力为

$$F_x = \int_{-\frac{\pi}{2}}^{\frac{\pi}{2}} dF_x = \int_{-\frac{\pi}{2}}^{\frac{\pi}{2}} plr\cos\theta d\theta = 2lrp = pA_x \qquad (2-13)$$

式中，$2lr$——曲面在 x 方向的投影面积。

由此可得出结论，作用在曲面上的液压力在某一方向上的分力等于静压力与曲面在该方向投影面积的乘积。这一结论对任意曲面都适用。

2.3　液体动力学

在液压传动系统中，液压油总是在不断地流动，因此要研究液体在外力作用下的运动规律及作用在液体上的力及这些力和液体运动特性之间的关系。对液压传动我们只关心和研究平均作用力和运动之间的关系。本节主要讨论三个基本方程式，即液流的连续性方程、伯努利方程和动量方程。它们是刚体力学中的质量守恒、能量守恒及动量守恒原理在流体力学中的具体应用。前两个方程描述了压力、流速与流量之间的关系，以及液体能量相互间的变换关系，后一个方程描述了流动液体与固体壁面之间作用力的情况。

2.3.1　基本概念

1. 理想液体与定常流动

液体具有黏性，并在流动时表现出来，因此研究流动液体时就要考虑其黏性，而液体的黏性阻力是一个很复杂的问题，这就使我们对流动液体的研究变得复杂。因此，我们引入理想液体的概念。理想液体就是指没有黏性、不可压缩的液体。我们把既具有黏性又可压缩的液体称为实际液体。

如果液体中任一空间点上的运动参数，如压力、黏度及密度等，在不同的时刻都有确定的值，即它们只随空间点坐标的变化而变化，不随时间变化，液体的这种流动称为恒定流动或定常流动。但只要有一个运动参数随时间而变化，则就是非恒定流动或非定常流动。

2. 迹线、流线、流束和通流截面

迹线是流场中液体质点在一段时间内运动的轨迹线。流线是流场中液体质点在某一瞬间运动状态的一条空间曲线，如图2-6(a)所示。在该线上各点的液体质点的速度方向与曲线在该点的切线方向重合。在非定常流动时，因为各质点的速度可能随时间改变，所以流线形状也随时间改变。在定常流动时，因为流线形状不随时间而改变，所以流线与迹线重合。由于液体中每一点只能有一个速度，因此流线之间不能相交也不能折转。

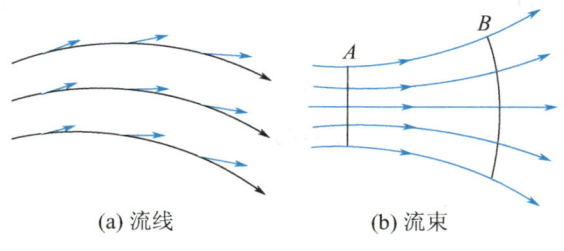

(a) 流线　　　　　　(b) 流束

图2-6　流线和流束

某一瞬时，在流场中画一条不属于流线的任意封闭曲线，经过该曲线的每一点作流线，

由这些流线组成的表面称流管。充满在流管内的流线的总体，称为流束，如图 2-6(b) 所示。在流束中与所有流线正交的截面称为通流截面。

3. 流量和平均流速

单位时间内通过通流截面的液体体积称为流量，用 q 表示，流量的单位为 m³/s 或 L/min。当液流通过微小通流截面 dA 时，液体在该截面上各点的流速 u 可以认为是相等的，所以流过该微小通流截面的流量为

$$dq = udA$$

则流过整个通流截面 A 的流量为

$$q = \int_A u\,dA \tag{2-14}$$

在实际液体流动中，由于黏性摩擦力的作用，通流截面上流速 u 的分布规律难以确定，因此引入平均流速的概念。即认为通流截面上各点的流速均为平均流速，用 v 来表示，则通过通流截面的流量就等于平均流速乘以通流截面面积。令此流量与上述实际流量相等，得

$$q = \int_A u\,dA = vA$$

则平均流速为

$$v = \frac{q}{A} \tag{2-15}$$

2.3.2　液体的流动状态

实际液体具有黏性，是产生流动阻力的根本原因。然而流动状态不同，则阻力大小也是不同的。所以先研究两种不同的流动状态。

黏性流体按其力学参数（如速度、压力等）在时间与空间中是否发生不规则脉动，分为层流与紊流两种流动状态。层流是指黏性流体微团间无宏观的互相掺混，其参数没有不规则脉动，流线有条不紊，层次分明，摩擦阻力

【参考视频】

相对于紊流而言就较小，这种流体运动称为层流。紊流是指当流体微团间互相掺混做无序的流动，其流速、压力等力学参数在时间和空间中发生不规则脉动，这种流体运动称为紊流，又称湍流。

19 世纪末，雷诺首先通过实验观察了水在圆管内的流动情况。实验表明层流和紊流是两种不同性质的流态。层流时，液体流速较低，质点受黏性制约，不能随意运动，黏性力起主导作用，液体的主要能量主要消耗在液体之间的摩擦损失上；紊流时，液体流速较高，黏性的制约作用减弱，惯性力起主导作用，液体的主要能量消耗在动能损失上。液体流动时，究竟是层流还是紊流，要用雷诺数来判定。

雷诺数用 Re 表示，它与管内的平均流速 v、液体的运动黏度 v 和圆管直径 d 相关，即

$$Re = \frac{vd}{v} \tag{2-16}$$

对于非圆形管道，雷诺数可用下式表示，即

$$Re = \frac{v d_H}{v} \qquad (2-17)$$

式中，d_H——水力直径，可用下式计算

$$d_H = 4 \frac{A}{\chi} \qquad (2-18)$$

式中，A——过流截面面积（m^2）；

χ——过流截面上液体与固体相润湿的周长，称为湿周。

通流截面的水力半径等于液流的有效截面面积 A 和它的湿周 χ 之比，即 $R = A/\chi$。

当液体的惯性力与黏性力之比不同时，其流动状态会互相转变。当流动由层流转变为紊流时的雷诺数，称为上临界雷诺数。当流动由紊流变为层流时的雷诺数，称为下临界雷诺数。雷诺数是液体在管道中流动状态的判别数，通过实验测得，液体流动时的下临界雷诺数比上临界雷诺数小，所以在工程设计中，用下临界雷诺数作为判别液流流动状态的依据，称为临界雷诺数，记作 Re_{cr}。当 $Re < Re_{cr}$ 时，流动是层流；当 $Re > Re_{cr}$ 时，流动是紊流。几种常用液流管道的临界雷诺数，见表 2-3。

表 2-3　几种常用液流管道的临界雷诺数

管道的材料与形状	Re_{cr}	管道的材料与形状	Re_{cr}
光滑的金属圆管	2000～2320	带槽的同心环状缝隙	700
橡胶软管	1600～2000	带槽的偏心环状缝隙	400
光滑的同心环状缝隙	1100	圆柱形滑阀阀口	260
光滑的偏心环状缝隙	1000	锥状阀口	20～100

在自然界，多数流动为紊流，而在液压传动中，由于管径或缝隙尺寸较小，流速较低，而油液的黏度又较大时，则常为层流。

雷诺数的物理意义：雷诺数是液流的惯性作用对黏性作用的比。当雷诺数较大时，说明惯性力起主导作用，这时的液体处于紊流状态；当雷诺数较小时，说明黏性力起主导作用，这时液体处于层流状态。

2.3.3　连续性方程

质量守恒是自然界的客观规律，不可压缩液体的流动过程也遵守质量守恒定律。连续性方程就是液体流动过程中的质量守恒定律的一种数学表达式。图 2-7 所示的液体，在不同横截面的任意形状管道中做定常流动时，可任取 1、2 两个不同的通流截面，其面积分别为 A_1 和 A_2，在这两个截面处的液体密度和平均流速分别为 ρ_1、v_1 和 ρ_2、v_2，根据质量守恒定律，在单位时间内流过这两个截面的液体质量相等，即

$$\rho_1 v_1 A_1 = \rho_2 v_2 A_2$$

如忽略液体的可压缩性，即 $\rho_1 = \rho_2$，则有

$$v_1 A_1 = v_2 A_2 \qquad (2-19)$$

由此得

$$q_1 = q_2 \quad 或 \quad q = vA = 常数 \tag{2-20}$$

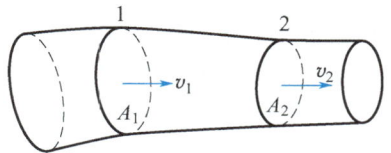

图 2-7　连续性方程推导简图

这就是液体在同一连通管道中做恒定流动的连续性方程。它说明通过流管各截面的不可压缩液体的流量是相等的。换句话说，液体是以同一个流量在流管中连续地流动着，而液体的流速与通流截面面积成反比。

2.3.4　伯努利方程

伯努利方程是能量守恒定律在流体力学中的一种具体表现形式。为了研究方便，先讨论理想液体的伯努利方程，然后对其进行修正，最后给出实际液体的伯努利方程。

1. 理想液体的伯努利方程

设理想液体在图 2-8 所示的管道中做恒定流动。任取一段通流截面面积分别为 A_1 和 A_2 之间的液流来研究，设两通流截面的中心到基准面的高度分别为 z_1 和 z_2，压力分别为 p_1 和 p_2。由于是理想液体，在通流截面上的液体流速可认为是均匀分布的，因此可设两通流截面的流速分别为 v_1 和 v_2。根据能量守恒定律，同一管道每一截面的总能量是相等的。对于流动的液体，其单位重力液体的压力能 $p/\rho g$、势能 z 和动能 $v^2/2g$ 会有如下等式存在。

$$\frac{p_1}{\rho g} + z_1 + \frac{v_1^2}{2g} = \frac{p_2}{\rho g} + z_2 + \frac{v_2^2}{2g} \tag{2-21}$$

由于截面 1 和截面 2 是任意的，从而得到理想液体做恒定流动时的能量方程即伯努利方程

$$\frac{p}{\rho g} + z + \frac{v^2}{2g} = 常数 \tag{2-22}$$

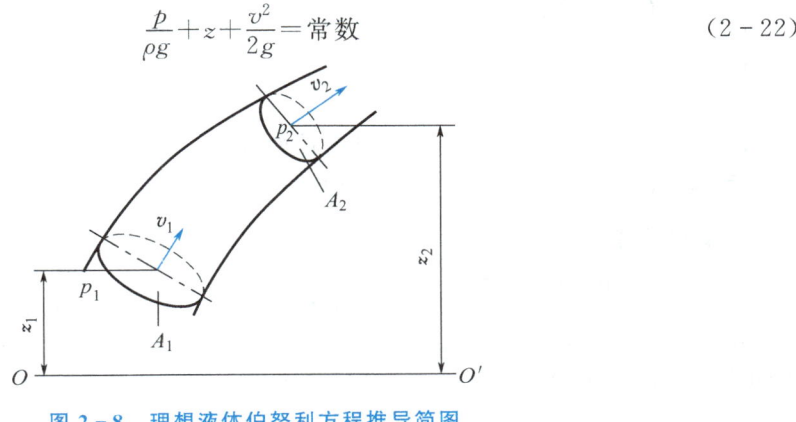

图 2-8　理想液体伯努利方程推导简图

对伯努利方程可作如下的理解。

（1）伯努利方程式是一个能量方程式，它表明在空间各相应通流截面处流动液体的能量守恒规律。

（2）理想液体的伯努利方程只适用于重力作用下的理想液体做恒定流动的情况。

（3）任一微小流束都对应一个确定的伯努利方程式，即对于不同的微小流束，它们的常量值不同。

伯努利方程的物理意义：在密封管道内做恒定流动的理想液体在任意一个通流截面上具有三种形式的能量，即压力能、势能和动能；三种能量的总和是一个恒定的常量，而且三种能量之间是可以相互转换的，即在不同的通流截面上，同一种能量的值会是不同的，但各截面上的总能量值都是相同的。

2. 实际液体的伯努利方程

在实际液体中，由于黏性的存在，液体流动时要克服摩擦力，从而引起能量损失。这里可设单位体积液体在两通流截面间流动的能量损失为 h_w。

由于实际液体在管道通流截面上的流速分布是不均匀的，在用平均流速代替实际流速计算动能时，必然会产生误差。为了修正这个误差，需引入动能修正系数。因此对实际液体来说，伯努利方程变为

$$\frac{p_1}{\rho g} + z_1 + \frac{\alpha_1 v_1^2}{2g} = \frac{p_2}{\rho g} + z_2 + \frac{\alpha_2 v_2^2}{2g} + h_w \qquad (2-23)$$

式中，h_w——单位重力液体从截面 1 流至截面 2 时损失的能量；

α_1，α_2——截面 1 和截面 2 由于速度分布不均匀而引起的修正系数，对层流来说，$\alpha = 2$，对紊流来说，$\alpha = 1$。

式（2-23）是仅受重力作用的实际液体在流管中做平行或缓变流动时的能量方程，其物理意义是单位重力液体的能量守恒。在应用时，必须注意 p 和 z 应为通流截面的同一点上的两个参数，特别是压力参数 p 的度量基准应该相同，都用绝对压力或都用相对压力。为方便起见，通常把这个参数都取在通流截面的轴心处。

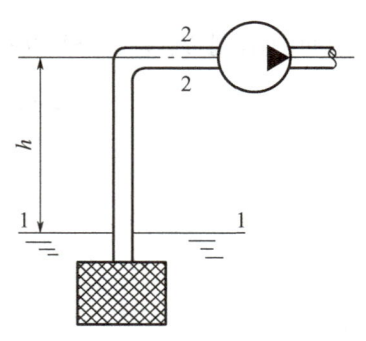

图 2-9 液压泵吸油装置

【例 2-1】 液压泵的吸油装置如图 2-9 所示。设油箱的压力为 p_1，液压泵吸油口处的绝对压力为 p_2，泵吸油口距油箱液面的高度为 h。计算液压泵吸油口处的真空度。

解：以油箱液面为基准，并定为截面 1—1，泵吸油口处为截面 2—2。取动能修正系数 $\alpha = 1$，对于截面 1—1 和截面 2—2 建立实际液体的能量方程，则有

$$\frac{p_1}{\rho g} + \frac{v_1^2}{2g} = \frac{p_2}{\rho g} + h + \frac{v_2^2}{2g} + h_w$$

油箱液面与大气接触，故 $p_1 = p_a$；v_1 为油箱液面下降速度，$v_1 \ll v_2$，故可以认为 $v_1 \approx 0$；v_2 为泵吸油口处液体的流速，它等于液体在吸油管内的流速；h_w 为吸油管路的能量损失。因此，上式可以简化为

$$\frac{p_a}{\rho g} = \frac{p_2}{\rho g} + h + \frac{v_2^2}{2g} + h_w$$

所以液压泵吸油口处的真空度为

$$p_a - p_2 = \rho g h + \frac{1}{2}\rho v_2^2 + \rho g h_w = \rho g h + \frac{1}{2}\rho v_2^2 + \Delta p$$

由此可见，液压泵吸油口处的真空度由将油提升到高度为 h 所需的压力、将静止液体加速到 v_2 所需的压力和吸油管路的压力损失三部分组成。

2.3.5　动量方程

动量方程是动量定律在液体流动中的一种数学表达式，用动量方程求解问题时，不用顾及液体流动的详细过程，用它来求解流场中固体壁面受力等问题尤其方便。根据动量定理可知，作用在物体上的合外力的大小等于物体在力作用方向上的动量变化率，即

$$\sum F = \frac{dI}{dt} = \frac{d(mv)}{dt} \qquad (2-24)$$

将动量定理应用于液体时，须在任意时刻 t 时从流管中取出一个由通流截面 A_1 和 A_2 围起来的液体的控制体积，如图 2-10 所示。这里，截面 A_1 和 A_2 是控制表面。在此控制体内取一微小流束，其通流截面面积分别为 dA_1 和 dA_2，对应的流速分别是 u_1 和 u_2。

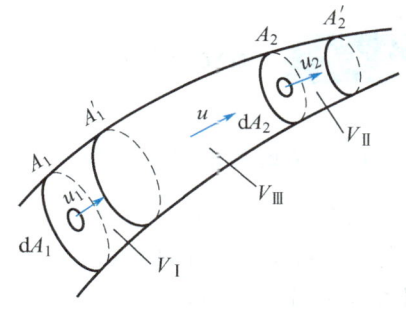

图 2-10　动量方程推导简图

若用流管内液体的平均流速 v 代替通流截面上的实际流速 u，其误差用一动量修正系数 β 来修正，并且不考虑液体的可压缩性，则可得出动量方程为

$$\sum F = \frac{d}{dt}\left[\int_{V_{\text{III}}} \rho u \, dV_{\text{III}}\right] + \rho q(\beta_2 v_2 - \beta_1 v_1) \qquad (2-25)$$

式中，动量修正系数 β 等于实际动量与按平均流速计算的动量的比值，即

$$\beta = \frac{\int_A u \, dm}{mv} = \frac{\int_A u\,(\rho u \, dV)}{(\rho v A)v} = \frac{\int_A u^2 \, dA}{Av^2} \qquad (2-26)$$

在式（2-25）中，等式左端 $\sum F$ 为作用于液体内所有外力的矢量和；等式右端的第一项是使液体加速所需的力，称为瞬态液动力；等式右端的第二项是液体不同截面处因速度不同所引起的力，称为稳态液动力。

对于恒定流动的液体，式（2-25）可改写为

$$\sum F = \rho q(\beta_2 v_2 - \beta_1 v_1) \qquad (2-27)$$

必须指出，式（2-25）与式（2-27）均为矢量式，应用时可根据具体要求向指定方向投影，列出动量方程进行求解。

在工程上，往往要求液流对通道固体壁面的作用力，这个力与 $\sum F$ 大小相等，方向相反。

2.4 液体流动时的压力损失

实际黏性液体在流动时存在阻力，为了克服阻力就要消耗一部分能量，这样就有能量损失。在液压传动中，能量损失主要表现为压力损失，这就是实际液体流动的伯努利方程式中的 h_w 项的含义。液压系统中的压力损失分为两类。一类是油液沿等直径直管流动时所产生的压力损失，称为沿程压力损失。这类压力损失是由液体流动时的内、外摩擦力所引起的。另一类是油液流经局部障碍（如弯头、接头、管道截面突然扩大或收缩）时，由于液流的方向和速度的突然变化，在局部形成旋涡引起油液质点间，以及质点与固体壁面间相互碰撞和剧烈摩擦而产生的压力损失，称为局部压力损失。

压力损失过大也就是液压系统中功率损耗的增加，这将导致油液发热加剧，泄漏量增加，效率下降和液压系统性能变坏。液体的流态不同，沿程压力损失也不同。

2.4.1 沿程压力损失

1. 层流时的沿程压力损失

如图 2–11 所示，液体在直径为 d 的圆管中做层流运动，圆管水平放置，在管内取一段与管轴线重合的小圆柱体，设其半径为 r，长度为 l。在这一小圆柱体上沿管轴方向的作用力有左端压力 p_1，右端压力 p_2，圆柱面上的摩擦力为 F_f，则其受力平衡方程式为

$$(p_1 - p_2)\pi r^2 - F_f = 0 \tag{2-28}$$

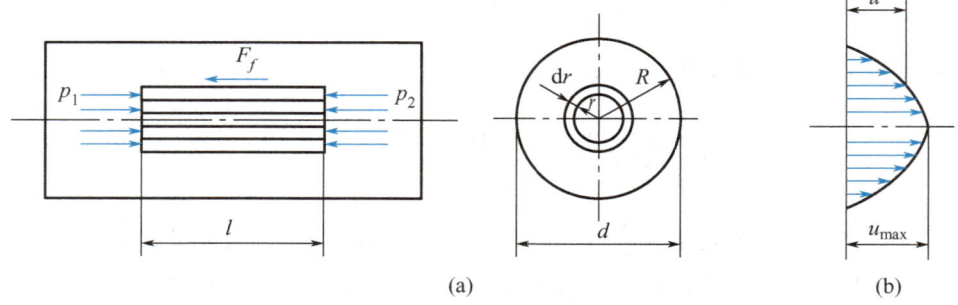

图 2–11 圆管中的层流

由式（2–4）可知，$F_f = 2\pi r l \tau = 2\pi r l \left(-\mu \dfrac{\mathrm{d}u}{\mathrm{d}r}\right)$，令 $\Delta p = p_1 - p_2$，经整理并积分得

$$u = \frac{\Delta p}{4\mu l}(R^2 - r^2) \tag{2-29}$$

由式（2–29）可知，管内流速 u 沿半径方向按抛物线规律分布，最大流速在轴线上，其值为

$$u_{max} = \frac{\Delta p R^2}{4\mu l} = \frac{\Delta p}{16\mu l}d^2 \tag{2-30}$$

图 2-11(b) 所示抛物体体积，是液体单位时间内流过通流截面的体积即流量。为计算其体积，可在半径为 r 处取一层厚度为 dr 的微小圆环面积，通过此环形面积的流量为

$$dq = 2\pi r u dr = 2\pi r \frac{\Delta p}{4\mu l}(R^2 - r^2)dr \tag{2-31}$$

对式(2-31)积分，即可得流量

$$q = \int_0^R dq = \int_0^R 2\pi r \frac{\Delta p}{4\mu l}(R^2 - r^2)dr = \frac{\pi R^4 \Delta p}{8\mu l} = \frac{\pi d^4 \Delta p}{128\mu l} \tag{2-32}$$

根据平均流速的定义，液体在管内的平均流速为

$$v = \frac{q}{A} = \frac{1}{\frac{\pi}{4}d^2} \frac{\pi d^4}{128\mu l}\Delta p = \frac{d^2}{32\mu l}\Delta p \tag{2-33}$$

对比式(2-30)与式(2-33)可知，平均流速为最大流速的 1/2。

液体流经直管的沿程压力损失可由式(2-33)求得

$$\Delta p_\lambda = \Delta p = \frac{32\mu l v}{d^2} \tag{2-34}$$

由式(2-34)可看出，层流状态时，液体流经直管的压力损失与动力黏度、管长、流速成正比，与管径平方成反比。

适当变换上式沿程压力损失计算公式，可改写为如下形式。

$$\Delta p_f = \lambda \frac{l}{d} \frac{\rho v^2}{2} \tag{2-35}$$

式中，λ——沿程阻力系数；

l——管道长度；

d——管道直径；

v——液流速度；

ρ——液体密度。

对于圆管层流 $\lambda = 64/Re$，而实际上由于各种因素的影响，对光滑金属管取 $\lambda = 75/Re$，对橡胶管取 $\lambda = 80/Re$。

2. 紊流时的压力损失

层流流动中各质点是沿轴向的规则运动，而无横向运动。紊流的重要特性之一是液体各质点不再是有规则的轴向运动，而是在运动过程中互相掺混和脉动。这种极不规则的运动，引起质点间的碰撞，并形成旋涡，使紊流能量损失比层流大得多。也可以用上式计算，但式中的沿程阻力系数 λ 除与雷诺数有关外，还与管壁的粗糙度有关。实用中光滑管的阻力系数 $\lambda = 0.3164 Re^{-0.25}$；对于粗糙管 λ 值要根据不同的 Re 值和管壁粗糙程度，查阅相关手册得到。

2.4.2　局部压力损失

局部压力损失是液体流经阀口、弯管、通流截面变化等所引起的压力损失。液流通过这些地方时，由于液流方向和速度均发生变化，形成旋涡（图 2-12），使液体的质点间相

互撞击，从而产生较大的能量损耗。

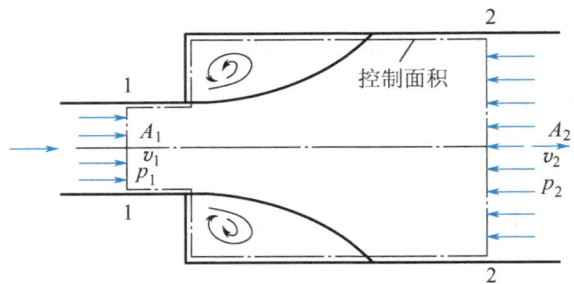

图 2-12　突然扩大处的局部损失

局部压力损失的计算式可以表达为

$$\Delta p = \zeta \frac{\rho v^2}{2} \tag{2-36}$$

式中，ζ——局部阻力系数；

　　　　v——液体的平均流速。

各种局部装置结构的 ζ 值可查有关手册。

2.4.3　总压力损失

管路系统的总压力损失等于所有沿程压力损失和所有局部压力损失之和，即

$$\sum \Delta p = \sum \lambda \frac{l}{d} \frac{\rho v^2}{2} + \sum \zeta \frac{\rho v^2}{2} \tag{2-37}$$

2.5　孔口和缝隙流量

2.5.1　孔口流量

在液压传动系统中常遇到油液流经小孔的情况，如节流调速中的节流小孔。研究液体流经这些小孔的流量压力特性，对于研究节流调速性能是很重要的。

在液压系统的管路中，装有截面突然收缩的装置，称为节流装置（节流阀）。突然收缩处的流动称为节流，一般均采用各种形式的节流口来实现节流。$l/d \leqslant 0.5$ 时为薄壁小孔，$l/d \geqslant 4$ 时为细长小孔，$0.5 < l/d < 4$ 时为短孔。其中 l 为小孔的通流长度，d 为小孔的孔径。

1. 液流流经薄壁小孔的流量

在液压系统中广泛使用的是薄壁小孔节流口，以下是相关的一些计算。

如图 2-13 所示，液体经过薄壁小孔流出时，由于惯性作用，在出口处形成了一个收缩最大的通流截面。对于薄壁圆孔，当 $d_1/d \geqslant 7$ 时，流束的收缩作用不受孔前通道内壁的

影响,这时的收缩称为完全收缩;反之,当 $d_1/d<7$ 时,孔前通道对液流进入小孔起导向作用,这时的收缩称为不完全收缩。

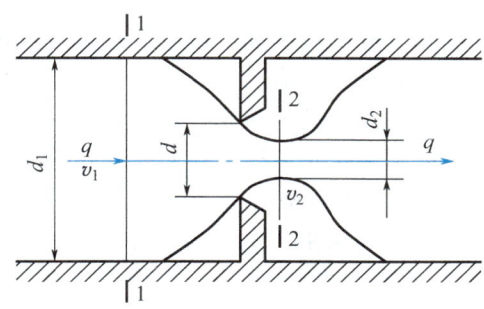

图 2 − 13 薄壁小孔液流

现对孔前通道截面 1—1 和收缩截面 2—2 列伯努利方程

$$p_1+\rho g h_1+\frac{1}{2}\rho\alpha_1 v_1^2=p_2+\rho g h_2+\frac{1}{2}\rho\alpha_2 v_2^2+\Delta p_w$$

式中,$h_1=h_2$;因为 $v_1\ll v_2$,v_1 则可忽略不计;因收缩截面的流动为紊流,则 $\alpha_2=1$;而 Δp_w 仅为局部损失,即 $\Delta p_w=\zeta\dfrac{\rho v_2^2}{2}$,代入上式后得流出孔口的速度为

$$v_2=\frac{1}{\sqrt{1+\zeta}}\sqrt{\frac{2\Delta p}{\rho}}=C_v\sqrt{\frac{2\Delta p}{\rho}} \qquad (2-38)$$

式中,$C_v=\dfrac{1}{\sqrt{1+\zeta}}$;

Δp——孔口前后的压力差。

由此可得流过薄壁孔口的流量为

$$q=A_2 v_2=C_v C_c A_T\sqrt{\frac{2\Delta p}{\rho}}=C_d A_T\sqrt{\frac{2\Delta p}{\rho}} \qquad (2-39)$$

式中,A_2——流束收缩截面面积,$A_2=\pi d_2^2/4$;

C_c——收缩系数,$C_c=A_2/A_T=d_2^2/d^2$;

A_T——孔口通流截面面积,$A_T=\pi d^2/4$;

C_d——流量系数,$C_d=C_c C_v$,它是实际流量 q 与理论流量 q_T 之比,即 $C_d=q/q_T$。

C_v、C_c、C_d 的值可由实验确定。在液流完全收缩的情况下,当 $Re\leqslant 10^5$ 时,C_d 可按下式计算。

$$C_d=0.964 Re^{-0.05}$$

当 $Re>10^5$ 时,C_d 可视为常数,取 $C_v=0.97\sim 0.98$,$C_c=0.61\sim 0.63$,$C_d=0.60\sim 0.62$。当液流为不完全收缩时,其流量系数为 $C_d\approx 0.7\sim 0.8$。

2. 液流流经细长孔和短孔的流量

液体流经细长孔时,一般都是层流状态,所以可直接应用前面已导出的直管流量计

算式（2-32）来计算，当孔口直径为 d，截面积为 $A=\pi d^2/4$ 时，可写成

$$q=\pi d^4 \frac{\Delta p}{128\mu l} \tag{2-40}$$

由式（2-40）可知，液体流经细长孔的流量和孔前后的压力差成正比，而与液体的黏度成反比，可见细长孔的流量与液压油的黏度有关，这一点是和薄壁孔口的特性大不相同的。

液体流经短孔的流量仍可用薄壁小孔的流量计算式（2-39）计算，其中的流量系数可在有关液压设计手册中查得。由于短孔介于细长孔和薄壁孔之间，故有 $q=C_d A(2\Delta p/\rho)^m$，$0.5<m<1$，短孔加工比薄壁小孔容易，故常用作固定的节流器使用。

综合各孔口的流量公式，可以归纳出如下通用流量公式。

$$q=CA\Delta p^m \tag{2-41}$$

式中，C——孔口的通流系数，当孔口为薄壁孔和短孔时，$C=C_d(2/\rho)^{0.5}$，当孔口为细长孔时，$C=d^2/(32\mu l)$；

$\quad\quad A$——孔口的通流截面面积；

$\quad\quad \Delta p$——孔口两端压力差；

$\quad\quad m$——孔口长径比决定的指数，当孔口为薄壁小孔时，$m=0.5$，当孔口为细长孔时，$m=1$。

2.5.2　缝隙流量

在液压元件的各组成零件间总存在某种配合间隙，不论它们是静止的还是运动的，都与工作介质的泄漏问题有关。由于缝隙通道狭窄，液流受壁面的影响较大，流速低，因此缝隙液流的流态均为层流。

通常来讲，缝隙流动有三种情况：一是由缝隙两端压力差造成的流动，称为压差流动；二是形成缝隙的两壁面做相对运动所造成的流动，称为剪切流动；三是前两种流动的组合，称为压差剪切流。

1. 平行平板缝隙流量

液流经平行平板缝隙流动时的流量用下式表示。

$$q=\frac{bh^3}{12\mu l}\Delta p\pm\frac{u_0}{2}bh \tag{2-42}$$

式中，b——缝隙宽度；

$\quad\quad h$——缝隙高度；

$\quad\quad l$——缝隙长度；

$\quad\quad \Delta p$——两端压差；

$\quad\quad u_0$——平行平板的相对运动速度；

$\quad\quad \mu$——动力黏度。

从式（2-42）可看出，流经平行平板缝隙的流量由两部分组成，即由压差和平行平板相对运动引起的流量组成。

如果将这一流量看作液压元件缝隙中的泄漏量，则可以看到，通过缝隙的流量与缝隙值的三次方成正比，这说明液压元件内缝隙的大小对其泄漏量的影响是很大的。

2. 圆环缝隙流量

液压元件各零件的配合间隙大多数为圆环形间隙，如活塞与缸筒之间、阀芯与阀孔之间等。理想情况下为同心环形缝隙，但实际上多为偏心环形间隙。

（1）流经同心圆环缝隙的流量

如果将圆环缝隙沿圆周方向展开，就相当于一个平行平板缝隙，因此，只要用 πd 来代替式（2-42）中的 b，就可以得到内外表面之间有相对运动的同心圆环缝隙流量公式，即

$$q = \frac{\pi d h^3}{12\mu l}\Delta p \pm \frac{\pi d u_0}{2}h \qquad (2-43)$$

（2）流经偏心圆环缝隙的流量

若内外圆环不同心，并且偏心距为 e，其流量公式为

$$q = \frac{\pi d h^3}{12\mu l}\Delta p(1+1.5\varepsilon^2) \pm \frac{\pi d u_0}{2}h \qquad (2-44)$$

式中，h——内外圆同心时的缝隙值；

ε——相对偏心率，$\varepsilon = e/h$。

2.6　液压冲击与空穴现象

2.6.1　液压冲击

1. 液压冲击现象

在液压系统中，由于某种原因，液体压力在一瞬间会突然升高，产生很高的压力峰值，这种现象称为液压冲击。当极快地换向或关闭液压回路时，致使液流速度急速地改变。由于流动液体的惯性或运动部件的惯性，会使系统内的压力发生突然升高或降低。在研究液压冲击时，必须把液体当作弹性物体，同时还须考虑管壁的弹性。

2. 减小液压冲击的方法

液压冲击的危害是很大的。发生液压冲击时管路中的冲击压力往往激增很多倍，而使按工作压力设计的管道破裂。此外，所产生的液压冲击波会引起液压系统的振动和冲击噪声。因此在设计液压系统时要考虑这些因素，应当尽量减少液压冲击的影响。为此，一般可采用如下措施。

（1）将直接冲击改变成间接冲击，可通过缓慢关闭阀门，削减冲击波的强度来达到。

（2）在阀门前设置蓄能器，以减小冲击波传播的距离。

（3）应将管中流速限制在适当范围内，或采用橡胶软管，也可以减小液压冲击。

（4）在容易出现液压冲击的系统中安装限制压力升高的安全阀。

2.6.2 空穴现象

1. 空气分离压和饱和蒸气压

在一定的温度下，如压力降低到某一值时，过饱和的空气将从油液中分离出来形成气泡，这一压力值称为该温度下的空气分离压。当液压油在某温度下的压力低于某一数值时，油液本身迅速汽化，产生大量蒸气气泡，这时的压力称为液压油在该温度下的饱和蒸气压。一般来说，液压油的饱和蒸气压相当小，比空气分离压小得多，因此，要使液压油不产生大量气泡，它的压力最低不得低于液压油所在温度下的空气分离压。

2. 产生空穴现象的原因

在流动的液体中，因某点处的压力低于空气分离压而产生大量气泡的现象，称为空穴现象。如果液体中的压力进一步降低到饱和蒸气压时，液体将迅速汽化，产生大量的蒸气泡，使空穴现象加重。空穴现象多发生在阀口和液压泵的进油口处。由于阀口的通道狭窄，液流的速度增大，则压力下降，极易产生空穴。当泵的安装高度过高、吸入管径太小、吸油管道阻力过大、泵的转速过高、密封不严使空气进入管道、回油管高出油面使空气混入油中而被泵吸入油路等是造成空穴的原因。

3. 空穴现象的危害

管道中产生空穴现象时，大量的气泡使液流的流动特性变坏，造成流量不稳，使液压装置产生噪声和振动。特别是当带有气泡的液流进入下游高压区时，气泡受到周围高压的压缩，迅速破灭，造成局部非常高的温度和冲击压力。这样的局部高温和冲击压力，使金属表面疲劳，又使工作介质变质，对金属产生化学腐蚀作用，从而使液压元件表面受到侵蚀而剥落，甚至出现海绵状的小洞穴。这种因空穴而对金属表面产生腐蚀的现象称为气蚀。气蚀会严重损伤元件表面质量，大大缩短其使用寿命，因而必须加以防范。

4. 减小空穴现象的措施

在液压系统中的任何地方，只要压力低于空气分离压，就会发生空穴现象。为了防止空穴现象的产生，就要防止液压系统中的压力过度降低，具体措施有以下几种。

（1）减小流经节流小孔前后的压力差，一般希望小孔前后压力比小于3.5。

（2）正确设计液压泵的结构参数，适当加大吸油管内径。使吸油管中液流速度不致太高，尽量避免急剧转变或存在局部狭窄处，接头应有良好密封，要及时清洗滤油器或更换滤芯以防堵塞，对高压泵宜设置辅助泵以向液压泵的吸油口供应足够的低压油。

（3）提高零件的抗气蚀能力，增加零件的机械强度，采用抗腐蚀能力强的金属材料，减小零件表面粗糙度等。

本章小结

　　本章介绍了液压传动所涉及的流体力学基础内容，为以后学习、分析、使用及设计液压元件及液压系统打下必要的理论基础。

　　液压传动工作介质的性质包括液体的密度、可压缩性和黏度，重点是工作介质黏度的三种表示方法；了解液压油的污染途径和防污措施。

　　液体静力学，这部分内容相对简单，其中重点是压力的表示方法及静止液体中的压力传递原理，难点是液体静压力作用在固体壁面上的力。

　　液体动力学方面的知识主要是液体动力学三大方程：连续性方程、伯努利方程和动量方程。

　　液压系统中的压力损失分为两类，一类是油液沿等直径直管流动时所产生的沿程压力损失，另一类是油液流经局部障碍（如弯头、接头、管道截面突然扩大或收缩）时产生的局部压力损失。

　　液压冲击的危害很大，会使管道破裂、引起液压系统的振动和冲击噪声。因此在设计液压系统时要考虑这些因素，应当采取缓冲、限流速等方法加以防护。空穴现象能使液压装置产生噪声和振动，使金属表面受到腐蚀，所以在本章的最后给出了空穴现象产生的机理及防范方法。

复习思考题

　　2-1　某液压油在大气压下的体积是 $50 \times 10^{-3}\,\mathrm{m^3}$，当压力升高后，其体积减小到 $49.9 \times 10^{-3}\,\mathrm{m^3}$，取液压油的体积模量 $K = 700.0\mathrm{MPa}$，求压力升高值。

　　2-2　用恩氏黏度计测得某液压油（$\rho = 850\mathrm{kg/m^3}$）$200\mathrm{mL}$ 流过的时间 $t_1 = 153\mathrm{s}$，$20℃$ 时 $200\mathrm{mL}$ 的蒸馏水流过的时间 $t_2 = 51\mathrm{s}$，求该液压油的恩氏黏度$°E$、运动黏度 υ 和动力黏度 μ 各为多少？

　　2-3　图 2-14 所示为一黏度计，若 $D = 100\mathrm{mm}$，$d = 98\mathrm{mm}$，$l = 200\mathrm{mm}$，外筒转速 $n = 8\mathrm{r/s}$ 时，测得的转矩 $T = 40\mathrm{N \cdot cm}$，试求其油液的动力黏度。

　　2-4　如图 2-15 所示，一个具有一定真空度的容器用一根管子倒置于液面与大气相通的水槽中，液体在管中上升的高度 $h = 1\mathrm{m}$，设液体的密度为 $\rho = 1000\mathrm{kg/m^3}$，试求容器内的真空度。

　　2-5　如图 2-16 所示，直径为 d、质量为 m 的活塞浸在液体中，并在力 F 的作用下处于静止状态。若液体的密度为 ρ，活塞浸入深度为 h，试确定液体在测压管内的上升高度 x。

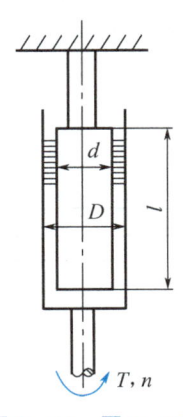

图 2-14　题 2-3 图

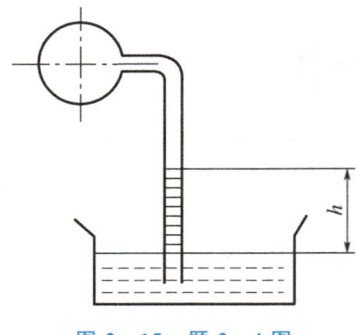

图 2-15　题 2-4 图

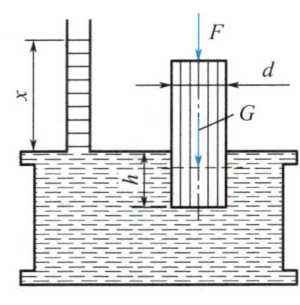

图 2-16　题 2-5 图

2-6　图 2-17 所示容器 A 中的液体的密度 $\rho_A = 900\,\text{kg/m}^3$，$B$ 中液体的密度 $\rho_B = 1200\,\text{kg/m}^3$，$Z_A = 200\,\text{mm}$，$Z_B = 180\,\text{mm}$，$h = 60\,\text{mm}$，U 形管中的测压介质为汞，试求 A、B 之间的压力差。

2-7　如图 2-18 所示，已知水深 $H = 10\,\text{m}$，截面面积 $A_1 = 0.02\,\text{m}^2$，截面面积 $A_2 = 0.04\,\text{m}^2$，求孔口的出流流量及点 2 处的表压力（取 $\alpha = 1$，不计损失）。

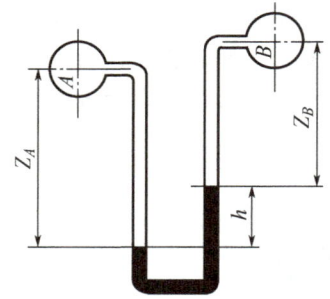

图 2-17　题 2-6 图

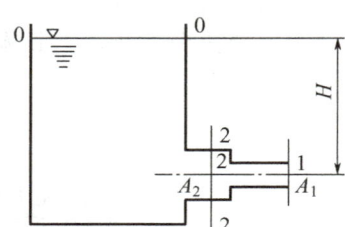

图 2-18　题 2-7 图

2-8　如图 2-19 所示，一抽吸设备水平放置，其出口和大气相通，细管处管道截面积 $A_1 = 3.2 \times 10^{-4}\,\text{m}^2$，出口处管道截面积 $A_2 = 4A_1$，$h = 1\,\text{m}$，求开始抽吸时，水平管中必须通过的流量 q（液体为理想液体，不计损失）。

2-9　图 2-20 所示为一水平放置的固定导板，将直径 $d = 0.1\,\text{m}$，流速 $v = 20\,\text{m/s}$ 的射流转过 90°，求导板作用于液体的合力大小及方向（$\rho = 1000\,\text{kg/m}^3$）。

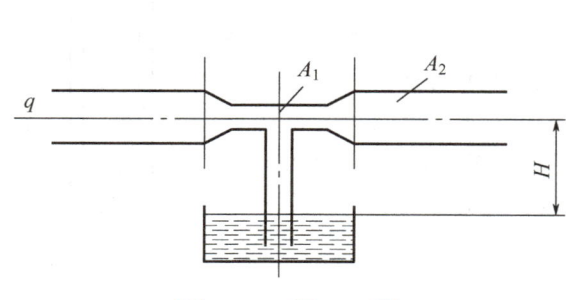

图 2-19　题 2-8 图

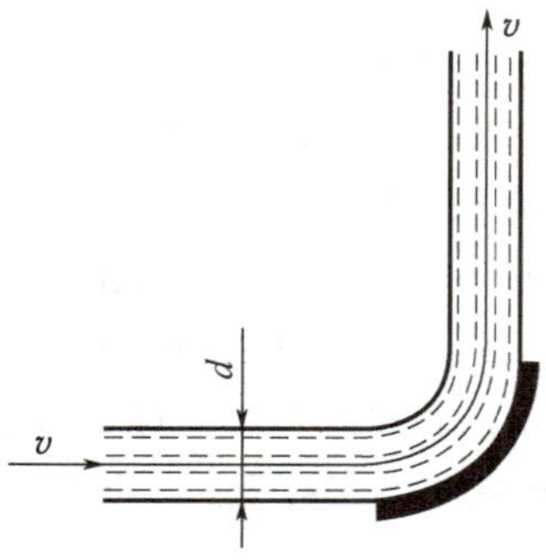

图 2-20　题 2-9 图

2-10 泵从一个大的油池中抽吸油液,流量为 $q=150\text{L/min}$,油液的运动黏度 $\upsilon=34\times10^{-6}\text{m}^2/\text{s}$,油液密度 $\rho=900\text{kg/m}^3$,吸油管直径 $d=60\text{mm}$,并设泵的吸油管弯头处局部阻力系数 $\zeta=0.2$,吸油口粗滤网的压力损失 $\Delta p=0.0178\text{MPa}$。如希望泵入口处的真空度 p_b 不大于 0.04MPa,求泵的吸油高度 H(液面到滤网之间的管路沿程损失可忽略不计)。

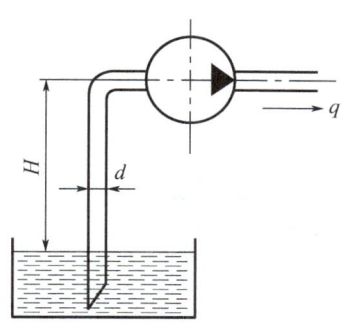

图 2-21 题 2-10 图

【第2章 参考答案】

第**3**章
液压动力元件

本章导读

本章介绍几种典型的液压泵（齿轮泵、叶片泵和柱塞泵）的工作原理、性能特点及应用范围，以及液压泵的性能参数的概念和计算方法。

学习目标

- ❯ 了解：螺杆泵、内啮合齿轮泵的工作原理及性能特点。
- ❯ 理解：各种泵的结构特点。
- ❯ 掌握：齿轮泵、叶片泵和柱塞泵的工作原理、性能特点、应用范围及性能参数的计算方法。

3.1 液压泵概述

液压传动的动力元件液压泵是一种能量转换装置。液压泵由原动机（如电动机）驱动，将输入的机械能转换为液压能，再以压力和流量的形式输送到系统中用以驱动液压执行元件（如液压缸）工作，从而为工作机提供运动和动力。

3.1.1 液压泵的工作原理及特点

1. 液压泵的工作原理

液压传动系统中使用的液压泵是依靠密闭容腔的容积变化进行工作的，统称容积式液压泵，简称液压泵。

图 3-1 所示为单柱塞泵的工作原理。该泵由输入轴、偏心轮、柱塞、缸体、弹簧、吸油阀和排油阀等机件组成。柱塞与缸体形成密闭容腔 a，在弹簧的作用下与偏心轮紧

靠。在图示位置上，柱塞处于最左端，容腔 a 的容积最小。当原动机通过输入轴带动偏心轮按图示方向旋转时，柱塞在偏心轮和弹簧的作用下向右运动，容腔 a 的容积逐渐增大，压力降低，并形成一定的真空度，油箱中的油液在其表面大气压力作用下，经吸油管和吸油阀不断进入密闭容腔 a，直到柱塞运动到最右端，吸油过程结束，此时输入轴和偏心轮转动了半周；当输入轴和偏心轮按原来方向继续旋转时，柱塞开始向左运动，容腔 a 的容积减小，油液受到挤压，经排油管和排油阀排到系统中，直到柱塞运动到最左端，排油过程结束，此时输入轴和偏心轮转动了一周。原动机带动偏心轮连续旋转，柱塞不断地左右往复运动，密闭容腔 a 的容积交替变换，液压泵就不断地完成吸油和排油过程。

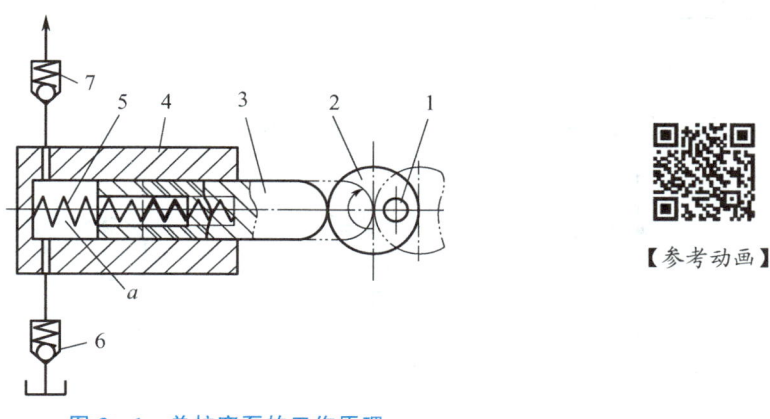

图 3-1 单柱塞泵的工作原理

1—输入轴；2—偏心轮；3—柱塞；4—缸体；5—弹簧；6—吸油阀；7—排油阀

2. 液压泵工作特点

（1）具有若干个能实现周期性变化的密闭容腔。液压泵输出流量与比容腔的容积变化量和单位时间内的变化次数成正比，与其他因素无关。

（2）油箱内液体的绝对压力必须恒等于或大于大气压力。这是容积式液压泵能够吸入油液的外部条件。因此，为保证液压泵正常吸油，油箱必须与大气相通，或采用密闭的充压油箱。

（3）具有相应的配流装置，将吸油腔和排油腔隔开，保证液压泵有规律地并连续地吸、排液体。密闭容腔增大到极限时，先要与吸油腔隔开，然后才转为非油；密闭容腔减小到极限时，先要与排油腔隔开，然后才转为吸油。液压泵的结构原理不同，其配流装置也不相同。

3.1.2 液压泵的分类及图形符号

1. 液压泵的分类

（1）按其排量是否可调节，可将液压泵分为定量泵和变量泵两类。定量泵的输出流量是不能调节的，变量泵的输出流量是可以调节的。

（2）按输出油液的方向是否可变，可将液压泵分为单向液压泵和双向液压泵。单向液压泵输出油液方向是不能变化的，双向液压泵输出油液方向是可以变化的。

（3）按结构形式，可将液压泵分为齿轮泵（内啮合与外啮合）、叶片泵（单作用和双作用）、柱塞泵（径向和轴向）和螺杆泵四大类。

（4）按液压泵的压力，可将其分为低压泵、中压泵、中高压泵、高压泵和超高压泵（表 3-1）。

表 3-1　按压力分类的液压泵类型　　　　　　　　　（单位：MPa）

液压泵类型	低压泵	中压泵	中高压泵	高压泵	超高压泵
压力范围	0~2.5	2.5~8	8~16	16~32	>32

2. 液压泵的图形符号

液压泵的一般图形符号如图 3-2 所示。

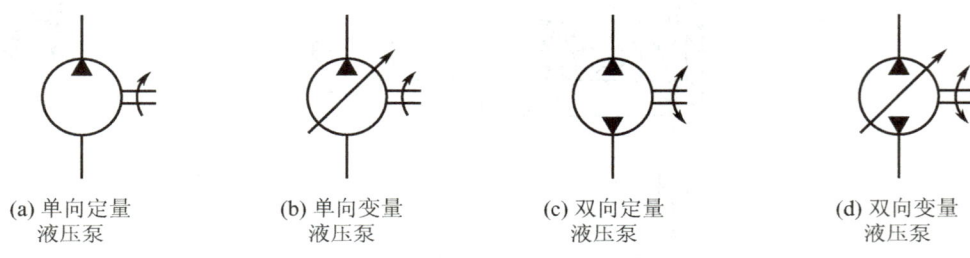

(a) 单向定量　　　　　(b) 单向变量　　　　　(c) 双向定量　　　　　(d) 双向变量
　液压泵　　　　　　　液压泵　　　　　　　　液压泵　　　　　　　　液压泵

图 3-2　液压泵的一般图形符号

3.1.3　液压泵的主要性能参数

1. 液压泵的压力

（1）工作压力 p

液压泵的压力是指液压泵实际工作时输出的压力，即液压泵工作时的出口压力。工作压力取决于工作负载，而与液压泵的流量无关。

（2）额定压力 p_n

额定压力是指液压泵在正常工作条件下，按着试验标准规定，能连续运转的最高压力。

（3）最高允许压力 p_{max}

最高允许压力是指按试验标准规定，超过额定压力允许液压泵短暂运行的最高压力。

2. 液压泵的排量和流量

（1）排量 V

排量是指液压泵轴每转一周由其几何尺寸计算得到的排出的液体体积，即在无泄漏的情况下，泵轴旋转一周所能排出的液体体积，称为泵的排量，单位为 m^3/r。

（2）理论流量 q_t

在不考虑泄漏的情况下，泵在单位时间内排出液体的体积，称为泵的理论流量，常用的单位为 m³/s 和 L/min。工程实践中，常把零压差下泵的流量视为理论流量。

泵的理论流量 q_t（m³/s）与排量的关系为

$$q_t = Vn/60 \qquad (3-1)$$

式中，V——液压泵的排量（m³/r）；

n——泵轴转速（r/min）。

（3）实际流量 q

泵工作时实际排出液体的体积，称为泵的实际流量。它等于理论流量减去因泄漏、液体受到压缩等损失的流量 Δq，即

$$q = q_t - \Delta q \qquad (3-2)$$

（4）额定流量 q_n

泵在额定压力和额定转速下输出的实际流量，称为泵的额定流量。

3. 液压泵的功率和效率

（1）液压泵的功率

液压泵是一种能量转换装置，在工作中，会产生功率损失，包括容积损失和机械损失。容积损失主要是因为泄漏造成的流量上的损失。机械损失主要是因为摩擦造成的转矩上的损失，即液压泵内运动部件之间因摩擦而引起的摩擦转矩损失及液体的黏性而引起的摩擦损失。图 3-3 所示为不考虑内部工作过程时液压泵的能量转换流程。

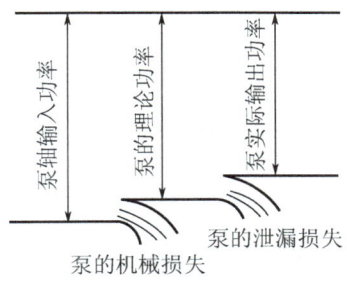

图 3-3　不考虑内部工作过程时液压泵的能量转换流程

① 理论输入功率 P_t：液压泵理论上能产生的液压功率（理论输出功率），指液压泵理论流量 q_t 与液压泵进出口压力差 Δp 的乘积（也等于泵的理论转矩 T_t 与角速度 ω 的乘积）。即

$$P_t = q_t \Delta p = T_t \omega \qquad (3-3)$$

② 实际输入功率 P_i：作用在泵轴上的机械功率，即实际驱动液压泵所需的功率。设液压泵实际输入转矩为 T，转速为 n，则

$$P_i = T\omega = T2\pi n$$

③ 实际输出功率 P_o：液压泵实际工作压力和实际流量的乘积，即

$$P_o = pq \tag{3-4}$$

④ 理论转矩 T_t：在不考虑液压泵在能量转换过程中的损失时，液压泵的驱动转矩。由式（3-3）可得

$$T_t = \frac{q_t \Delta p}{\omega} \tag{3-5}$$

⑤ 实际转矩 T：液压泵在工作过程中实际输入的转矩。若摩擦造成的转矩损失为 ΔT，则

$$T = T_t + \Delta T \tag{3-6}$$

由式（3-6）中看出，驱动液压泵的实际转矩 T 大于理论转矩 T_t。

（2）液压泵的效率

① 容积效率：液压泵的容积损失可用容积效率 η_v 来表示，即

$$\eta_v = \frac{q}{q_t} = \frac{q_t - \Delta q}{q_t} = 1 - \frac{\Delta q}{q_t} \tag{3-7}$$

如图 3-4 所示，当液压泵的工作压力增大时，泄漏量增加，液压泵的实际输出流量减少。因此，液压泵的实际流量

$$q = q_t \eta_v = Vn \eta_v \tag{3-8}$$

液压泵的容积效率随着液压泵工作压力的增大而减小，并且随着液压泵的结构类型不同而异。

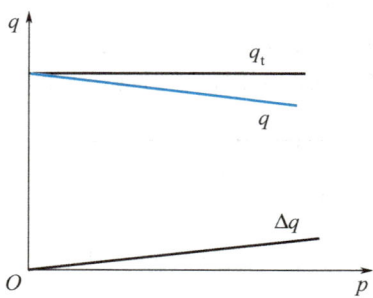

图 3-4　液压泵的流量-压力曲线

② 机械效率 η_m：液压泵的机械损失用机械效率表示，即液压泵理论输出功率与实际输入功率之比，等于液压泵的理论转矩 T_t 与实际转矩 T 之比，即

$$\eta_m = \frac{T_t}{T} = \frac{T - \Delta T}{T} = 1 - \frac{\Delta T}{T} \tag{3-9}$$

（3）液压泵的总效率 η

液压泵的总效率为液压泵实际输出功率与实际输入功率的比值，即

$$\eta = \frac{P_o}{P_i} = \frac{q \Delta p}{P_i} \tag{3-10}$$

将式（3-7）代入式（3-10），得

$$\eta = \frac{q_t \eta_v \Delta p}{P_i} = \eta_v \eta_m \tag{3-11}$$

液压泵的总效率等于容积效率与机械效率的乘积。液压泵的泄漏和摩擦损失与泵的工

作压力、油液黏度及工作转速有关。图 3-5 所示为液压泵的性能曲线。

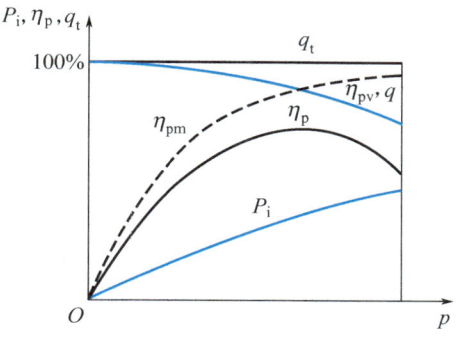

图 3-5　液压泵的性能曲线

【例 3-1】　某液压泵排量为 10mL/r，工作压力为 10MPa，转速为 1500r/min，泵的泄漏系数 $\lambda_b=2.5\times10^{-6}$ mL/(Pa·s)，机械效率为 0.90，试求：（1）输出流量；（2）容积效率和总效率；（3）输出功率和输入功率；（4）理论转矩和输入转矩。

解：（1）输出流量

$$q_b=q_{bt}-\Delta q_b=n_bV_b-\lambda_b\Delta p_s$$
$$=(1500\times10-2.5\times10^{-6}\times10\times10^6\times60)=13.5\times10^3(\text{mL/min})$$

（2）液压泵的容积效率和总效率

$$\eta_{bv}=\frac{q_b}{q_{bt}}=\frac{13.5\times10^3}{1500\times10}=0.9$$

$$\eta_b=\eta_{bv}\eta_{bm}=0.9\times0.9=0.81$$

（3）输出功率和输入功率的计算

输出功率

$$p_{bo}=\frac{p_bq_b}{60}=\frac{10\times13.5}{60}=2.25(\text{kW})$$

输入功率

$$p_{bi}=\frac{p_{bo}}{\eta_b}=\frac{2.25}{0.81}=2.78(\text{kW})$$

（4）理论转矩和输入转矩

理论转矩

$$T_{bt}=\frac{p_bV}{2\pi}\times10^{-6}=\frac{10\times10^6\times10}{2\pi}\times10^{-6}=15.92(\text{N·m})$$

输入转矩

$$T_b=\frac{T_{bt}}{\eta_m}=\frac{15.92}{0.9}=17.69(\text{N·m})$$

【例 3-2】　某液压泵的排量 $q=50\text{cm}^3/\text{r}$，总泄漏量 $\Delta q=cp$，其中 $c=29\times10^{-5}\text{cm}^3/(\text{Pa·min})$。泵以 1450r/min 的转速转动，试分别计算 $p=0$MPa，2.5MPa，5MPa，7.5MPa 和 10MPa 时泵的实际流量和容积效率。若泵的摩擦损失转矩为 2N·m，

并且与压力无关，试计算上述几种压力下的总效率。当用电动机带动时，试计算电动机功率。

解： 泵的实际流量

$$q = q_t - \Delta q = qn - cp = 50 \times 1450 - 29p \times 10^{-5} (\text{cm}^3/\text{min})$$

泵的容积效率

$$\eta_{pv} = 1 - \Delta q/q_t = 1 - 29p \times 10^{-5}/(50 \times 1450)$$

泵的机械效率

$$\eta_{pm} = T_t/T_P = T_t/(T_t + \Delta T)$$

其中

$$T_t = pq/2\pi n = (p \times 50 \times 10^{-6})/2\pi n (\text{N} \cdot \text{m})$$

$$\Delta T = 2\text{N} \cdot \text{m}$$

所以

$$\eta_{pm} = \dfrac{\dfrac{p \times 5 \times 10^{-5}}{2\pi}}{\dfrac{p \times 5 \times 10^{-5}}{2\pi} + 2} = \dfrac{5p \times 10^{-5}}{5p \times 10^5 + 4\pi}$$

根据以上算式计算的结果，可得表 3-2 及图 3-6。

表 3-2　总效率计算结果

p/MPa	0	2.5	5.0	7.5	10
$Q/(\text{L/min})$	72.5	71.8	71.1	70.3	69.6
η_{pv}	1	0.99	0.98	0.97	0.96
η_{pm}	0	0.907	0.951	0.967	0.975
η_P	0	0.898	0.934	0.938	0.936

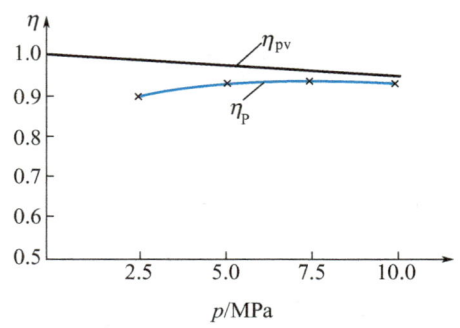

图 3-6　液压泵的效率曲线

电动机功率

$$N = P_q/\eta_P = 10 \times 10^6 \times 69.6 \times 10^{-3}/(0.936 \times 60) = 12400(\text{W}) = 12.4(\text{kW})$$

3.2 齿 轮 泵

齿轮泵按齿轮的啮合形式可分为外啮合式和内啮合式两类，按齿形由线可分为渐开线形和摆线形两类。

3.2.1 外啮合齿轮泵的工作原理

图3-7所示为渐开线齿廓外啮合齿轮泵的工作原理。该泵主要由一对几何参数完全相同的齿轮、轴、泵体和前后端盖（在齿轮的两侧，图中未标出）等零件组成。泵体、端盖和齿轮的各个齿间槽组成了多个密闭容腔。两个相互啮合齿轮的轮齿啮合线将密闭容腔隔开，形成吸油腔和压油腔，起到配流作用。在泵体上开有吸油口和排油口。

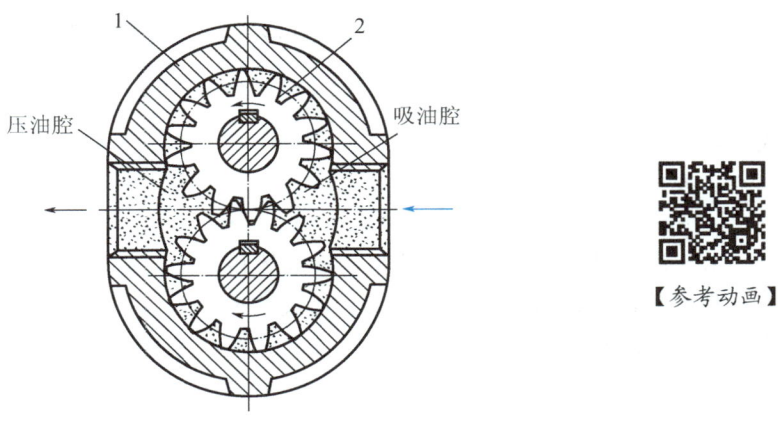

【参考动画】

图3-7 渐开线齿廓外啮合齿轮泵的工作原理
1—壳体；2—齿轮

当电动机带动齿轮按图示方向旋转时，右侧吸油腔由于互相啮合的轮齿逐渐脱开，密闭容腔的容积增大，形成局部真空，油箱中的油液在大气压力的作用下，经吸油管由吸油口进入吸油腔，将齿间槽充满，并随着齿轮旋转，把油液带到左侧压油腔内。在压油腔一侧，由于轮齿逐渐进入啮合，密闭容腔的容积减小，油液从排油口被挤出。随着齿轮的连续旋转，齿轮轮齿依次进入和退出啮合，吸油腔容积周期性地由小到大变化，压油腔容积周期性地由大到小变化，齿轮泵便连续地进行吸油和排油工作。图3-8为外啮合齿轮泵的剖面结构图及分解图。

3.2.2 外啮合齿轮泵的排量和流量计算

液压泵旋转一周每个齿间槽向外排油一次，所以齿轮泵的排量就等于它的两个齿轮所有齿间工作容积（不包括齿顶间隙容积）之和。齿轮泵的排量通常采用近似计算方法，计算时

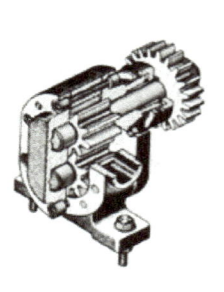
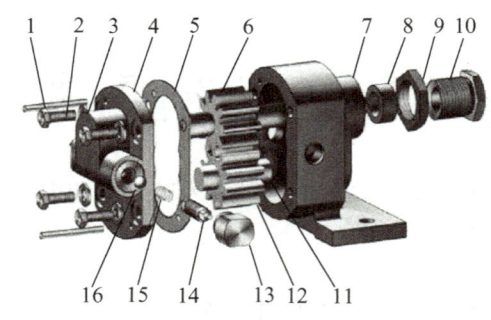

(a) 剖面结构图   (b) 分解图

图 3－8　外啮合齿轮泵的剖面结构图及分解图

1—销；2—螺栓；3—垫圈；4—泵盖；5—垫片；6—齿轮轴；7—泵体；8—填料；9—螺母；

10—压盖；11—从动轴；12—齿轮；13—防护螺母；14—调节螺母；15—弹簧；16—钢球

假设齿间槽的容积等于轮齿的体积，如果泵中采用标准齿轮，则齿轮每转一周排出的体积可近似等于其中一个齿轮的所有齿间工作容积及所有轮齿有效体积之和，即等于由一个外径为 $(mz+2m)$，内径为 $(mz-2m)$，宽度为 b 形成环形圆柱体的体积（单位为 $\mathrm{mm^3/r}$）。

$$V=\frac{\pi}{4}\left[(mz+2m)^2-(mz-2m)^2\right]b=2\pi m^2zb \tag{3-12}$$

式中，m——齿轮模数（mm）；

　　　b——齿轮齿宽（mm）；

　　　z——齿轮齿数。

由于齿间槽的容积略大于轮齿的有效体积，因此齿轮泵的排量比式（3－12）计算值要大一些，并且齿数越少，差值越大。通过实验用 3.33 代替式（3－12）中的 π 较接近实际情况，所以通常取

$$V=6.66zm^2b \tag{3-13}$$

由式（3－13）可见，齿轮泵的排量与齿数成正比，与模数的平方成正比，在齿轮分度圆直径一定时，增大模数、减少齿数可以增大齿轮泵的排量。因此，齿轮泵的齿数一般较少。

当驱动齿轮泵的原动机转速为 n 时，外啮合齿轮泵的理论流量为

$$q_t=6.66zm^2bn \tag{3-14}$$

实际输出流量为

$$q=q_t\eta_v=6.66zm^2bn\eta_v \tag{3-15}$$

式中，η_v——齿轮泵的容积效率。

式（3－15）计算的流量是外啮合齿轮泵的平均流量。实际上，由于齿轮泵在工作过程中，随着啮合点位置的不断改变，吸油腔和压油腔的每一瞬时的容积变化率是不均匀的，因此齿轮泵的瞬时流量是脉动的。脉动的大小用流量不均匀系数 δ 表示。

$$\delta=\frac{q_{max}-q_{min}}{q}\times100\% \tag{3-16}$$

式中，q_{max}——最大瞬时流量；

　　　q_{min}——最小瞬时流量。

理论研究表明，外啮合齿轮泵齿数越少，δ 越大，其值可达 20% 以上，在相同情况

下，内啮合齿轮泵的 δ 要小得多。液压系统传动的均匀性、平稳性及噪声等都与泵的流量脉动有关。

【例3-3】 某一液压泵的机械效率 $\eta_m=0.92$，当泵的转速 $n=950r/min$ 时，泵的理论流量 $q_t=160L/min$，若泵的工作压力 $p=2.95MPa$ 时，泵的实际流量 $q=152L/min$，试求：

（1）液压泵的总效率；

（2）泵在上述工况所需的电动机功率。

解：（1）泵的容积效率

$$\eta_v=\frac{q}{q_t}=\frac{152}{160}=0.95$$

总效率

$$\eta=\eta_m\eta_v=0.92\times0.95=0.874$$

（2）泵的输出功率

$$P_o=pq=\frac{2.95\times152}{60}=7.47(kW)$$

所需电动机功率

$$P_i=\frac{P_o}{\eta}=\frac{7.47}{0.874}=8.55(kW)$$

3.2.3 **外啮合齿轮泵的结构问题及其解决方法**

1. 困油现象及消除办法

为保证齿轮传动的平稳性及齿轮泵能均匀且连续地供油，齿轮泵的齿轮啮合的重合度 ε 必须大于 1（一般 $\varepsilon=1.05\sim1.30$）。于是总有两对轮齿同时啮合的阶段。这时，在两对轮齿之间形成一个与泵的吸油腔及压油腔均不相通的密闭容腔，并有油液被困在其中，这个封闭容腔容积的大小，随着齿轮的转动而发生变化，如图3-9所示。可以看出，密闭容积逐

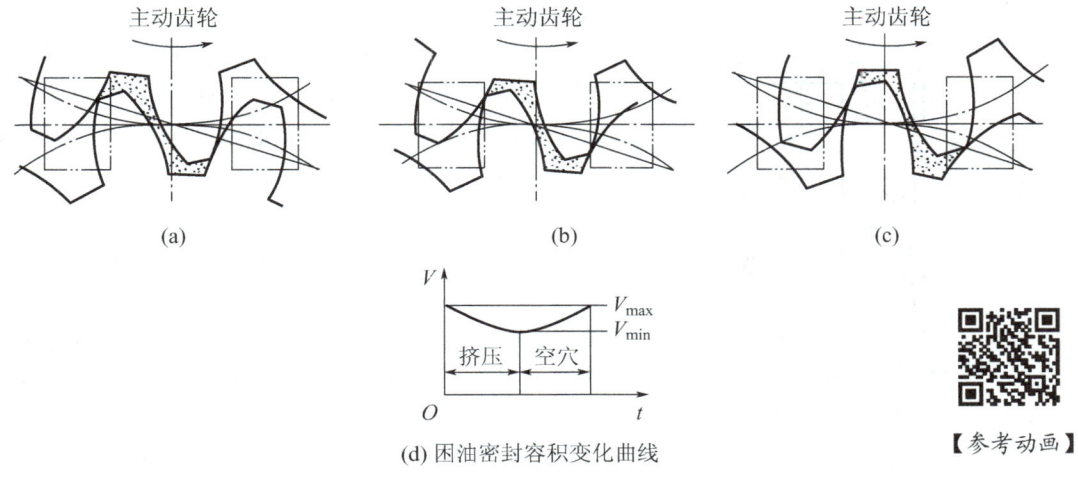

(d) 困油密封容积变化曲线

【参考动画】

图3-9 齿轮泵困油现象

渐减小［从图 3-9(a) 到图 3-9(b) 的过程］，之后又逐渐增大［从图 3-9(b) 到图 3-9(c) 的过程］。当封闭容腔容积由大变小时，会使被困油液受到挤压并从缝隙中溢出，从而产生很高的压力，使机件（如轴承等）受到附加负载（周期性的压力冲击），并导致油液发热，引起振动和噪声；当封闭容腔的容积由小变大时，又会因得不到相应油液的补充而形成局部真空，产生气穴现象，引起振动和噪声。这就是齿轮泵的困油现象。困油现象将严重影响齿轮泵的使用寿命和工作性能。

消除困油现象的方法，通常是在齿轮泵的两盖板或浮动轴套上开卸荷槽（图 3-9 中的双点画线所示为双矩形卸荷槽），如图 3-10 所示，使封闭容腔在容积由大变小时，通过左边的卸荷槽始终与压油腔相通，避免压力过高；在容积由小变大时，通过右边的卸荷槽始终与吸油腔相通，避免压力过低，出现局部真空。卸荷槽的尺寸及两槽间距通过计算确定。

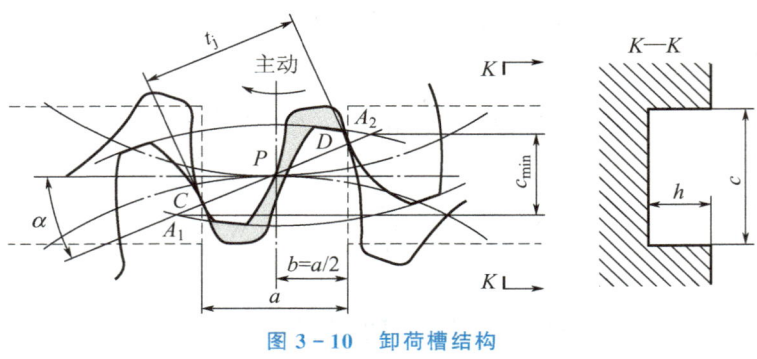

图 3-10　卸荷槽结构

2. 泄漏及减轻泄漏的措施

外啮合齿轮泵工作时，压油腔的压力油会泄漏到低压腔中。泄漏造成压力损失（能量损失），不仅使油液发热，还使齿轮泵的容积效率下降。产生内泄漏的途径有以下几种。

（1）通过齿轮齿面啮合处的间隙。

（2）通过泵体内孔表面和齿顶圆的径向间隙。

（3）通过齿轮端面和端盖之间的轴向间隙。

其中通过端面间隙的泄漏量最大，可占总泄漏量的 75%～80%。

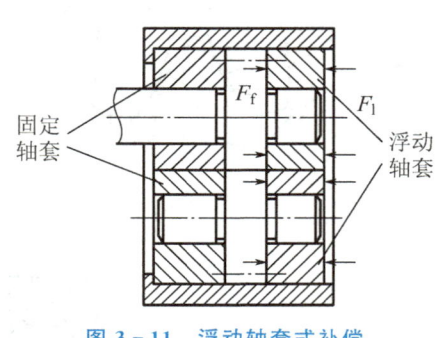

**图 3-11　浮动轴套式补偿
装置的补偿原理**

总之，普通齿轮泵由于泄漏量较大，容积效率低，其额定压力也不高，所以要提高齿轮泵的压力，保证较高的容积效率，必须要减小沿端面间隙的泄漏量。通常采用齿轮端面间隙自动补偿的方法。例如，采用浮动轴套、浮动侧板、弹性侧板，使之在液压力的作用下压紧齿轮端面，减小轴向间隙，达到减小泄漏量的目的。图 3-11 所示为浮动轴套式补偿装置的补偿原理。图中两啮合齿轮由滑动轴承支承，轴承套在泵体内可以做一定程度的轴向浮动。齿轮泵工作时，利用特制的通道把泵内压

油腔的压力油引到轴套外端面，作用在有一定形状和大小的面积上（用密封圈分隔构成），所产生液压力 F_1，使轴套压向齿轮端面，将齿轮两侧面压紧。同时齿轮端面的液压力还作

用在轴套内端面上，形成反推力 F_f。设计时应使压紧力 F_1 略大于反推力 F_f，以保证在各种压力下，轴套始终自动贴紧齿轮端面，磨损后能自动补偿，又不会产生过大的压紧力，在提高容积效率的同时保证有较高的机械效率。

图 3-12 所示为两种轴向间隙补偿装置的典型结构。

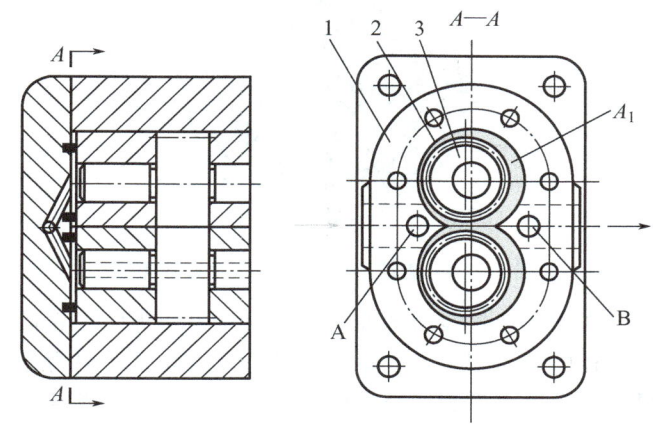

(a) 补偿面为偏心8字形的浮动轴套

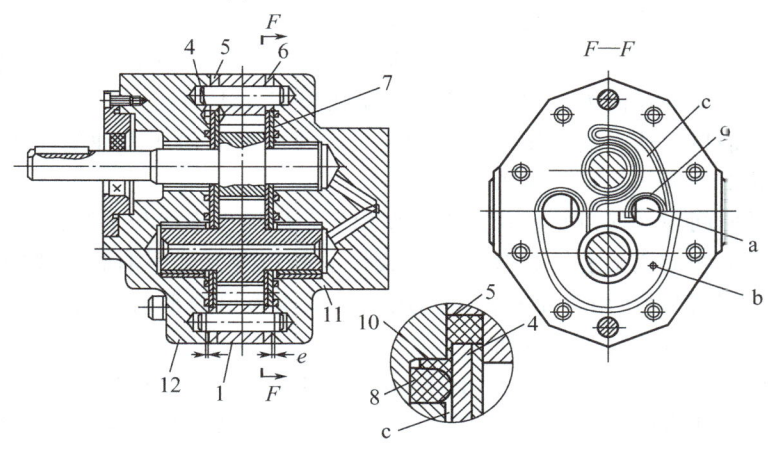

(b) 弹性侧板补偿端面间隙

图 3-12　两种轴向间隙补偿装置的典型结构

1—泵体；2—O 形密封圈；3—低压区；4，7—侧板；5，6—垫板；8—弓形密封圈；9—密封圈；
10—密封挡圈；11—后盖；12—前盖；a—压油通道；b—小孔；c—密封腔；
e—滑动轴承内端面与泵内端面间距离；A—泄漏油孔；B—高压引油孔；A_1—补偿面

3. 径向不平衡力及其减小措施

齿轮泵工作时，作用在泵轴上的径向力 F 由沿齿轮圆周作用的液体压力产生的径向力和齿轮啮合产生的径向力组成。

由于在压油腔和吸油腔中齿轮外圆与齿廓表面部分分别承受着工作压力（高压）和吸油压力（低压），在齿轮和壳体内孔的径向间隙中，可近似地认为液体压力由高压腔中的压力逐渐分级下降到吸油腔中的压力，其分布情况如图 3-13 所示。

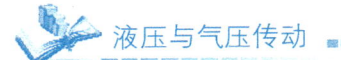

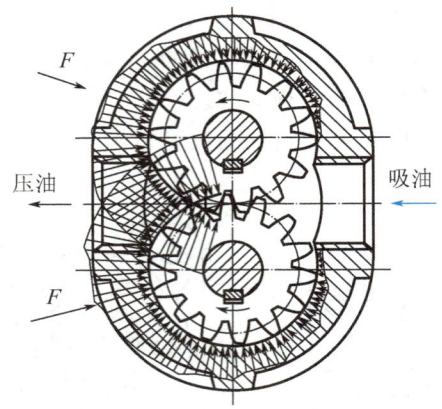

图 3 – 13　齿轮泵液压径向作用力分布

　　所以在某一瞬时，作用在齿轮表面各处的液压力是不相等的，它们的合力不为零，这个力相当于给齿轮一个径向的作用力。齿轮啮合时轮齿齿面受法向力作用，将该力平移到齿轮的转动中心，得到一个径向力和一个力偶。这两个径向力合成后的力 F 就是作用在齿轮轴上的径向力，这个力使轴和轴承受载。工作压力越大，径向力也越大。当径向力过大时，轴弯曲变形较大，使齿顶与泵体内表面接触，产生刮壳现象，同时也加速了轴承的磨损，降低了机械效率和轴承的使用寿命。因此各类齿轮泵，特别是高压齿轮泵，都要采取相应措施减小齿轮泵的径向力。在结构上，常采用以下方法。

　　（1）缩小压油口。适当缩小压油口截面尺寸，使压油腔内压力油仅作用在 1～2 个齿上，作用在齿轮上的面积小，径向力小。

　　（2）增大径向间隙。使齿轮在径向力的作用下，齿顶也不能和泵体相互接触。

　　（3）扩大吸油腔或压油腔。将吸油腔（或压油腔）扩大到压油腔（或吸油腔）一侧，只保留 1～2 个齿起密封作用，使其他对称区域的液压力得到平衡，以减小作用在轴承上的径向力。图 3 – 14 所示为扩大压油腔。

　　（4）开设压力平衡油槽。如图 3 – 15 所示，开设两个压力平衡油槽，分别与低压油腔和高压油腔相通，使齿轮径向力自相平衡。但这种方法的缺点是平衡油槽改变了径向密封状态，内泄漏增加，容积效率降低。

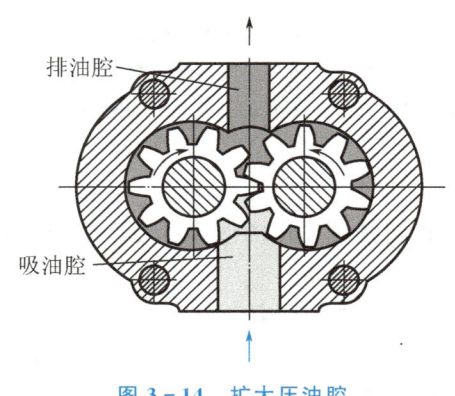

图 3 – 14　扩大压油腔

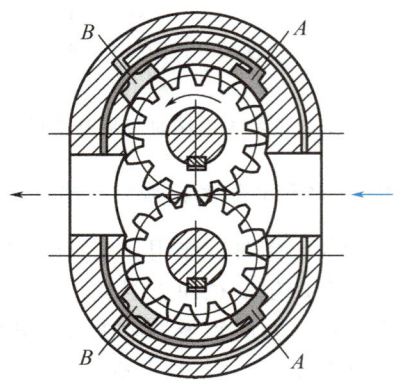

图 3 – 15　齿轮泵液压平衡油槽

3.2.4　外啮合齿轮泵的优缺点及应用

1. 优点

外啮合齿轮泵的主要优点是结构简单，体积小，质量轻，制造方便，价格低廉，自吸能力强，对油液的污染不敏感，工作可靠，维护容易。

2. 缺点

外啮合齿轮泵的主要缺点是流量和压力脉动大，噪声大，效率低。

3. 应用

外啮合齿轮泵主要应用在工程机械、机床低压系统。

3.2.5　内啮合齿轮泵

内啮合齿轮泵分为渐开线内啮合齿轮泵和摆线内啮合齿轮泵（又名转子泵）两种。

1. 渐开线内啮合齿轮泵

如图 3-16(a) 所示，相互啮合的渐开线小齿轮（主动齿轮）和内齿轮（从动齿轮）与两侧板形成密闭容腔，装在两个齿轮中间的月牙板（配流装置）将该密闭容腔隔开分成吸油腔和压油腔。当小齿轮按图示方向转动时，内齿轮也按与小齿轮相同的方向旋转。上半部分轮齿开始退出啮合，密闭容腔的容积变大，开始吸油；上半部分轮齿进入啮合，密闭容腔的容积变小，开始压油。当小齿轮连续旋转时，渐开线内啮合齿轮泵连续地从吸油腔吸油，从压油腔压油。

渐开线内啮合齿轮泵的优点是无困油现象，吸油充分，不会引起气蚀；流量和压力脉动小，噪声和振动小；齿轮磨损小，使用寿命长；容许使用最高转速（高转速下的离心力能使油液更好地充入密封空间），可获得较大的容积效率。渐开线内啮合齿轮的缺点是主要零件的加工难度大，成本高。

2. 摆线内啮合齿轮泵

摆线内啮合齿轮泵的工作原理如图 3-16(b) 所示。它的小齿轮（内转子）比内齿轮（外转子）少一个齿，能形成几个独立密封空间，不需设置隔板。当小齿轮按图示方向转动时，所有小齿轮的轮齿都进入啮合。处于左侧的各个密闭容腔的容积变大，形成真空，开始吸油；而位于右侧的各个密闭容腔的容积变小，开始压油。内转子第一个轮齿转过一周完成一个工作循环，吸油一次，压油一次。

摆线内啮合齿轮泵的优点是结构更简单、紧凑，工作容积大，而且由于啮合的重叠系数大，传动平稳，噪声小。摆线内啮合齿轮泵的缺点是由于齿数少，流量脉动较大，啮合处间隙泄漏大，容积效率低。摆线内啮合齿轮泵一般用于系统中的补油和润滑。

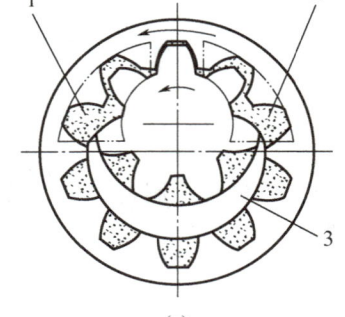
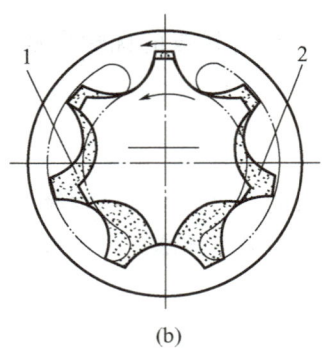

【参考动画】

图 3-16 内啮合齿轮泵的工作原理

1—吸油腔；2—压油腔；3—隔板

3.2.6 螺杆泵简介

螺杆泵实质上是一种外啮合的摆线齿轮泵，通过在一个公共外套中旋转的一根或数根相互啮合的螺杆沿轴向输送油液。图 3-17 所示为三螺杆泵的工作原理。三个相互啮合的双头螺杆装在壳体内，主动螺杆是凸螺杆，从动螺杆是凹螺杆。三个螺杆的外圆与壳体的对应弧面保持着良好的配合。在横截面内，它们的齿廓由几对摆线共轭曲线组成，螺杆的啮合线把主动轮和从动轮的螺旋槽分割成多个相互隔离的密封容腔。随着螺杆的旋转，这些密封容腔一个接一个在左端形成，不断从左向右移动（主动螺杆每转一转，每个密封容腔移动一个导程），并在右端消失。密封容腔形成时，容积逐渐增大，进行吸油；密闭空间消失时，容积逐渐减小，将油压出。螺杆泵的螺杆直径越大，螺旋槽越深，排量就越大；吸油口和压油口之间的密封工作腔至少应有一个完整的密封工作腔，螺杆越长，密封工作腔越多，密封就越好，泵的额定压力就越高。

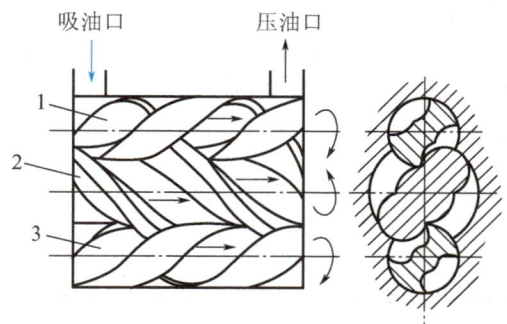

图 3-17 三螺杆泵的工作原理

1，3—从动螺杆；2—主动螺杆

螺杆泵的结构简单紧凑，体积小，质量轻，运转平稳，输油均匀，噪声小，自吸能力较强，转速和流量范围大，对油液污染不敏感，因此在一些精密工作机械的液压系统中得到了应用。螺杆泵的主要缺点是螺杆形状复杂，制造困难。图 3-18 所示为螺杆泵结构简图。

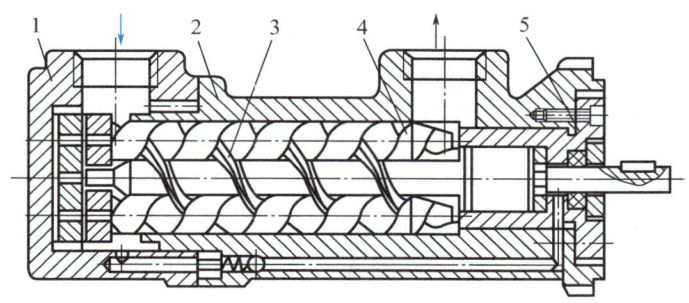

图 3－18　螺杆泵结构简图

1—后盖；2—壳体；3—主动螺杆；4—从动螺杆；5—前盖

3.3　叶　片　泵

叶片泵按叶片在泵轴每转过程中，密闭容腔吸排油一次还是两次，分为单作用叶片泵和双作用叶片泵；按排量是否可变，分为定量泵和变量泵。

3.3.1　单作用叶片泵

1. 工作原理

图 3－19 所示为单作用叶片泵的工作原理。该泵由定子、转子、壳体、叶片、配流盘和端盖（图中未标）等组成。定子的内表面是圆柱面，定子和转子中心有偏心距 e，叶片安装在转子槽中，可沿径向滑动。当转子旋转时，叶片在离心力的作用下紧贴在定子内表面上，在两相邻叶片、配油盘、定子和转子间形成了若干密封容腔。转子如图示方向旋转时，位于右侧叶片随定子与转子间的间隙增大向槽外伸出，使密闭容腔的容积逐渐增大，产生局部真空，油液通过吸油口和配流盘进入密闭容腔（吸油腔）。位于左侧叶片随定子

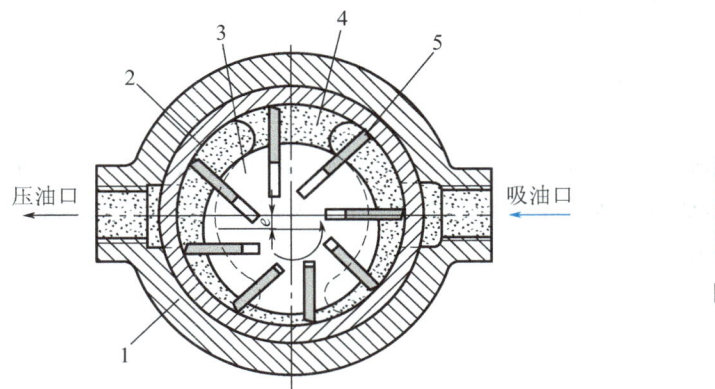

【参考动画】

图 3－19　单作用叶片泵的工作原理

1—壳体；2—定子；3—转子；4—配流盘；5—叶片

与转子间的间隙减小向槽内缩回，密闭容腔的容积逐渐缩小（变为压油腔），油液受到挤压通过配流盘和压油口被排出。在吸油区与压油区之间各有一段封油区将它们相互隔开。转子每转一周，每个密闭容腔完成吸油和压油各一次，故称其为单作用叶片泵。

2. 排量和流量计算

单作用叶片泵的排量 V 可按图 3-20 所示计算。当单作用叶片泵的转子每转一转时，每两相邻叶片间的密闭容腔的容积变化量为 V_1-V_2，近似地把 AB 和 CD 看作是中心 O_1 半径为 $(R+e)$ 和 $(R-e)$ 的圆弧，则

$$V_1-V_2=\frac{\left[(R+e)^2-(R-e)^2\right]\pi B\beta}{2\pi}=2e\beta BR \tag{3-17}$$

式中，B——叶片宽度（mm）；

$\qquad R$——定子内半径（mm），$R=D/2$，D 为定子直径；

$\qquad e$——偏心距（mm）。

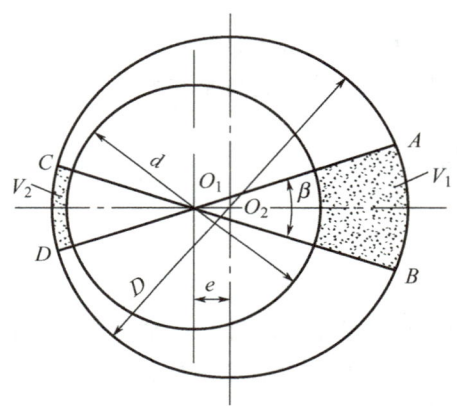

图 3-20 单作用叶片泵排量计算

若叶片数为 Z，则排量 $V(\mathrm{mm^3/r})$ 近似表达为

$$V=(V_1-V_2)Z=2e\beta BRZ=4\pi eBR=2\pi eBD$$

泵的实际输出流量 $q(\mathrm{mm^3/s})$ 为

$$q=2\pi BeDn\eta_{\mathrm v}/60 \tag{3-18}$$

式中，n——转子的转速（r/min）；

$\qquad \eta_{\mathrm v}$——泵的容积效率。

单作用叶片泵的流量也是有脉动的，泵内的叶片数越多，流量脉动越小。此外，奇数叶片泵的脉动率比偶数叶片泵的脉动率小，所以单作用叶片泵的叶片数总取奇数，一般为 13 片或 15 片。

3. 结构特点

单作用叶片泵的特点如下。

（1）由式（3-18）可知，改变转子和定子之间的偏心距便可以改变排量。通常单作用叶片泵都做成变量泵。

（2）处于压油腔的叶片顶部受到压力油的作用，要把叶片推入转子槽内。为了使叶片顶部可靠地和定子内表面接触，叶片底部要通过特殊的沟槽和油液相通。在压油区叶片底部通高压油，在吸油区叶片底部通低压油，使叶片顶部和底部受到的液压力平衡，叶片只是靠离心力与定子表面接触，同时减小了叶片与定子之间的磨损。

（3）转子上的径向液压力不平衡，轴与轴承负荷较大，这使单作用叶片泵工作压力提高受到限制。

3.3.2　单作用变量叶片泵

单作用变量叶片泵应用最多的是限压式变量叶片泵。这种泵是利用负载（即工作压力）的变化自动改变排量，从工作原理上可分为外反馈式和内反馈式两种。下面介绍外反馈限压式变量叶片泵。

1. 外反馈限压式变量叶片泵的工作原理

外反馈限压式变量叶片泵主要由定子、转子、叶片、传动轴、滑块、滚针、控制活塞、调压弹簧、流量及压力调节螺钉和泵体等组成，其结构如图 3-21 所示。

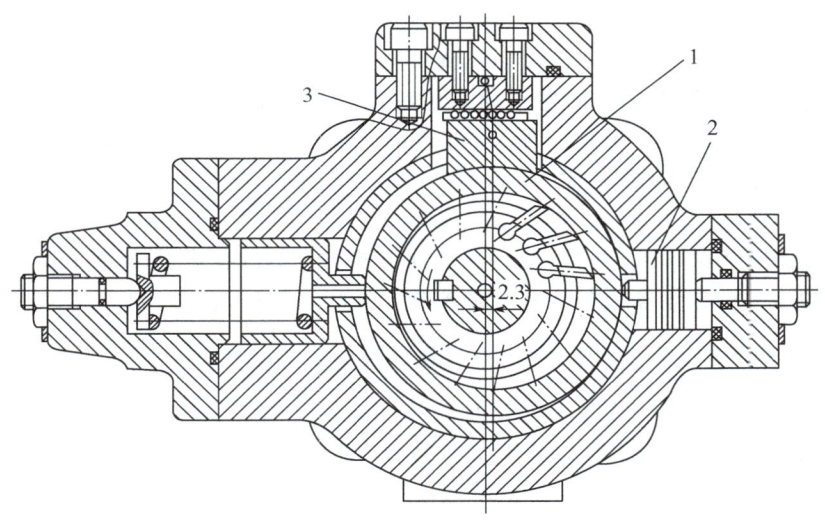

图 3-21　外反馈限压式变量叶片泵的结构
1—定子；2—控制活塞；3—滑块

外反馈限压式变量叶片泵的工作原理如图 3-22 所示。转子的中心 O_1 是固定的，定子可以左右移动。在定子左侧的调压弹簧的作用下，定子被推向最右端，使定子中心 O_2 与转子中心 O_1 产生一最大偏心距 e_{max}。e_{max} 的大小可通过位于定子右侧的流量调节螺钉调节定子右侧的控制活塞的右极限位置而得到。针对不同的 e_{max}，相应的最大流量 q_{max} 也就确定了。该泵配流盘上的吸油窗口和压油窗口对泵的中心线是对称的。

控制活塞油室通泵的出口，泵工作时，出口压力 p 经泵内通道作用在控制活塞有效作用面积 A 上，这样控制活塞上的液压作用力 $F=pA$ 与弹簧的作用力 $F_s=K_s x_0$（K_s 为弹簧刚度，x_0 为偏心距是 e_0 时弹簧的预压缩量）方向相反。当 $F=F_s$ 时，控制活塞所受的液压力与弹簧预紧力相平衡，此时的压力 p 称为泵的限定压力，用 p_B 表示，则

$$p_B A = K_s x_0$$

当系统压力 $p < p_B$ 时，则

$$p_B A < K_s x_0$$

这表明定子不动，最大偏心距 e_{max} 保持不变，泵的输出流量最大。

【参考动画】

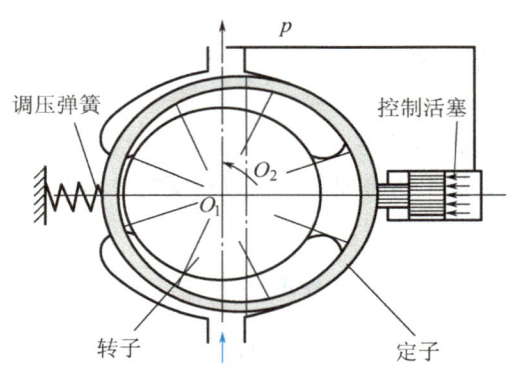

图 3 − 22　外反馈限压式变量叶片泵的工作原理

当系统压力 $p > p_B$ 时，则

$$p_B A > K_s x_0$$

这时定子向左移动。如果定子向左移动的位移是 x，调压弹簧被压缩，则弹簧力增加到 $F_s = K_s(x_0 + x)$，当弹簧力与液压力达到平衡时，即 $pA = K_s(x_0 + x)$，偏心距减小到 $e = e_{max} - x$，泵输出流量也随之减小。工作压力越高，位移 x 越大，偏心距 e 越小，泵的流量也越小。

当泵的压力达到某一数值时，偏心距接近于零，泵不再有流量输出。这种变量泵是由出油口引出的压力油作用在控制活塞上来控制变量的，故称这种控制方式为外反馈式。

2. 外反馈限压式变量叶片泵的压力-流量特性曲线

图 3 − 23 为外反馈限压式变量叶片泵的特性曲线。曲线 ABC 表示了泵在工作时流量与压力的变化关系。曲线 ABC 上的 B 点为拐点，对应的压力是限定压力 p_B。当泵的工作压力小于 p_B 时，偏心距 $e = e_{max}$，流量最大，为一定值 q_A。但泵的实际输出流量 q 是按斜

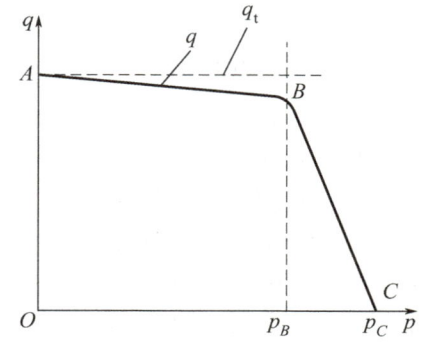

图 3 − 23　外反馈限压式变量叶片泵的特性曲线

线 AB 变化的（随着输出压力的增大，泵的泄漏量也增加，泵的实际输出流量减小，因此，AB 段略有向下倾斜）。当泵的工作压力 p 超过 p_B 后，即在曲线拐点 B 之后，泵的输出压力大于 p_B，偏心距 e 减小，即 $e < e_{max}$，输出流量随输出压力的增高而自动减小，按 BC 段曲线变化，C 点所对应的压力 p_C 为极限压力，此时，偏心距 $e = 0$，泵的输出流量为零。

当改变调压弹簧的预压缩量时，即改变特性曲线中拐点 B 的压力大小，这时曲线 BC 左右平移；当调整流量调节螺钉时，改变定子的最大偏心距 e_{max}，即改变泵的最大流量，曲线 AB 段上下平移；当更换不同刚度的限压弹簧时，可改变曲线 BC 段的斜率，弹簧刚度 K_s 值越小（越"软"），BC 段越陡，p_C 值越小；反之，弹簧刚度 K_s 值越大（越"硬"），曲线 BC 段越平缓，p_C 值也越大。

外反馈限压式变量叶片泵与定量叶片泵相比，结构复杂；由于做相对运动的机件增多，泄漏和摩擦增加，容积效率和机械效率比定量叶片泵低。但是，它能按负载压力自动调节流量，对于既要实现快速行程，又要实现工作进给（慢速运动）的执行元件来说是一种合适的油源。快速行程需要大流量，负载压力较低，可使用其特性曲线的 AB 段；工作进给时负载压力升高，需要流量减小，正好使用其特性曲线的 BC 段，合理利用功率，有利于节能和简化液压系统。外反馈限压式变量叶片泵主要用于机床和压力机这样要求执行元件有快速、慢速和保压阶段的场合。

3.3.3 双作用叶片泵

1. 组成及工作原理

图 3-24 所示为双作用叶片泵的工作原理。它由定子、转子、叶片、前后配流盘、泵壳等组成。定子和转子是同心的，定子内表面是由两段半径为 R 的长圆弧面、两段半径为 r 的短圆弧面及连接四段圆弧面的四段过渡曲面构成。当转子沿图示方向转动时，叶片在离心力和底部压力油的作用下，在叶片槽中沿径向运动并紧贴在定子的内表面上。于是相邻两叶片之间形成了多个密闭容腔。在第 2 象限和第 4 象限，叶片外伸，密闭容腔的容积逐渐增大，油液通过配流盘上的吸油窗口被吸入，形成吸油区。同时在第 1 象限和第 3 象

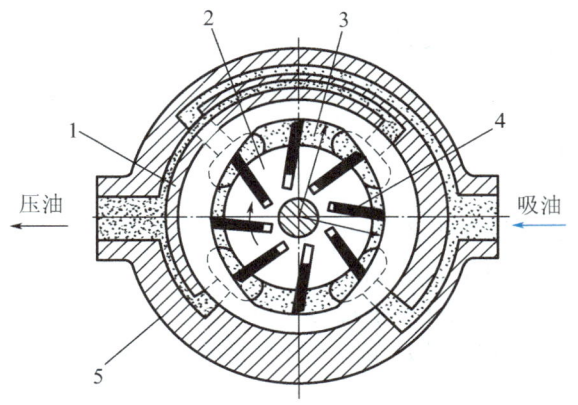

【参考动画】

图 3-24　双作用叶片泵的工作原理

1—定子；2—转子；3—配流盘；4—叶片；5—壳体

限，叶片内缩，密闭容腔的容积逐渐减小，油液通过配流盘上的压油窗口被挤出，形成压油区。吸油区和压油区之间有一段封油区把它们隔开。转子每转一周，各个密闭容腔吸油和压油各两次，故称这种泵为双作用叶片泵。泵的两个吸油区和两个压油区是径向对称的，作用在转子上的液压力基本上是平衡的，所以又称平衡式叶片泵。

图 3 - 25 所示为双作用叶片泵的实物照片与结构简图。

(a) 实物照片

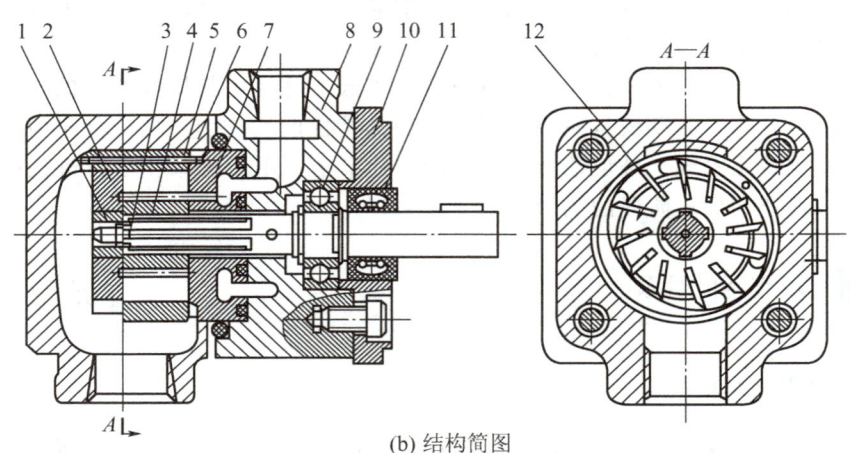

(b) 结构简图

图 3 - 25　双作用叶片泵的实物照片与结构简图

1，9—滚针轴承；2，7—配流盘；3—传动轴；4—转子；5—定子；6，8—泵体；

10—盖板；11—密封圈；12—叶片

2. 排量和流量计算

如图 3 - 26 所示，两叶片间密闭容腔的最大容积为 V_1，最小容积为 V_2，若不考虑叶片厚度和安装倾角，双作用叶片泵排量 V_p（mm³/r）为

$$V_p = 2Z(V_1 - V_2) = 2Z\frac{360\pi}{360Z}B(R^2 - r^2) = 2\pi B(R^2 - r^2) \qquad (3-19)$$

式中，B——叶片的宽度（mm）；

　　　Z——叶片数；

　　　R——定子内表面长圆弧半径（mm）；

　　　r——定子内表面短圆弧半径（mm）。

实际上叶片是有厚度的，因此转子每转一周，每个叶片在定子与转子间体积变化量不起吸油和压油的作用，则双作用叶片泵的实际排量 V（mm³/r）为

$$V = 2\pi B(R^2 - r^2) - \frac{2\delta B(R-r)}{\cos\theta}Z = 2B\left[\pi(R^2 - r^2) - \frac{(R-r)}{\cos\theta}\delta Z\right] \qquad (3-20)$$

式中，δ——叶片厚度（mm）；

θ ——叶片倾角（°）。

双作用叶片泵的实际流量 q（mm³/s）为

$$q=2B\left[\pi(R^2-r^2)-\frac{R-r}{\cos\theta}\delta Z\right]n\eta_{\text{v}}/60 \qquad (3-21)$$

式中，n——叶片泵的转速（r/min）；

η_{v}——叶片泵的容积效率。

双作用叶片泵的瞬时流量会有微小的脉动，除螺杆泵外，其脉动率是其他类型泵中最小的。

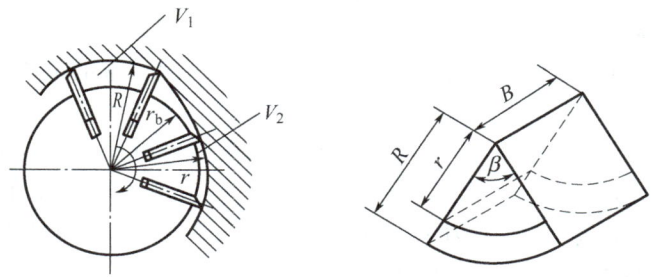

图 3-26　双作用叶片泵流量计算图

3. 结构特点

（1）定子内表面曲线

如图 3-27 所示，定子内表面曲线由两段半径为 R 的长圆弧和两段半径为 r 的短圆弧及圆弧间的四段过渡曲线组成。其中过渡曲线的形状与叶片泵的性能和寿命有很大的关系。理想的过渡曲线应保证叶片在转子槽中滑动时径向运动速度和加速度变化均匀，并且应使叶片在过渡曲线和圆弧交接点处的加速度突变较小，叶片顶部与定子内表面不产生脱空（叶片顶部短时间与定子内表面不接触），从而保证叶片对定子表面的冲击尽可能小，对定子的磨损小，降低噪声，瞬时流量脉动小。定子过渡曲线有阿基米德螺线、等加速-等减速曲线、正弦曲线和高次曲线等几种。其中阿基米德螺线和正弦曲线已很少应用。

当定子采用等加速-等减速过渡曲线（图 3-28）时，该曲线使叶片在过渡区的前一半做等加速运动，在后一半做等减速运动，没有速度突变，不产生硬冲击。在圆弧与过渡曲

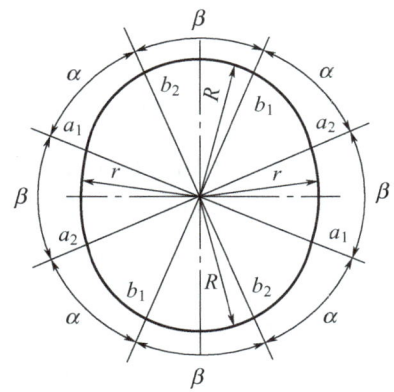

图 3-27　双作用叶片泵定子曲线

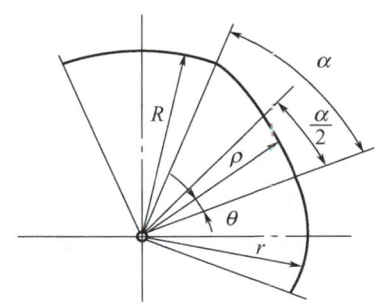

图 3-28　定子等加速-等减速过渡曲线

线交接处仍有加速度突变，但突变值远比阿基米德螺线小，产生软冲击。软冲击所引起的惯性力和造成定子的磨损比硬冲击小得多。

高次曲线能充分满足叶片的速度变化及加速度变化的特性要求，在控制叶片振动、定子内表面磨损、降低噪声等方面具有突出的优越性，为高性能、低噪声、高寿命的叶片泵广泛采用。

（2）叶片及叶片倾角

叶片泵流量的脉动率与泵的叶片数和叶片厚度有关系。叶片数越少，脉动率越小；叶片越薄，脉动率越小。同时，叶片数应与过渡曲线的形状匹配，并满足密闭容腔的分隔要求。研究表明，为降低流量的脉动率，叶片数应为偶数，最好为4的倍数，所以双作用叶片泵的叶片数一般取12或16。叶片厚度在满足强度和刚度要求的前提下，越薄脉动率越小，一般取$\delta=1.8\sim2.5\text{mm}$。

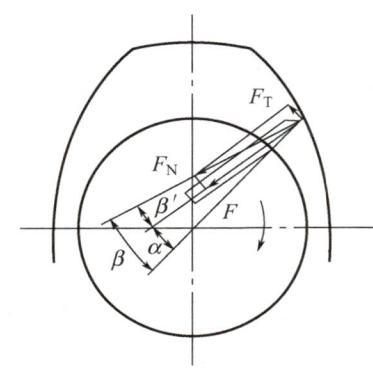

图 3-29　叶片的倾角

设当叶片转至压油区时，定子内表面给叶片顶部反作用力为F_N，其方向沿定子内表面曲线的法向方向，该力可分解为两个力，即与叶片垂直的力F_T和沿叶片槽方向的力F，如图3-29所示。其中力F_T的作用使叶片与转子槽侧壁产生很大的摩擦力，并且容易使叶片折断。力F_T的大小取决于压力角β（即作用力F_N方向与叶片运动方向的夹角）的大小，压力角越大则力F_T越大。当转子槽按旋转方向倾斜α角时，可使原径向排置叶片的压力角β减少为β'，这样就可以减小与叶片垂直的力F_T，使叶片在转子槽中移动灵活，减少磨损。由于不同转角处的定子曲线的法线方向不同，由理论和实践得出，一般叶片倾角$\alpha=10°\sim14°$。

（3）配流盘

配流盘的作用是给泵进行配油。为了保证配流盘的吸油窗口和压油窗口在工作中能隔开，就必须使配流盘上封油区夹角ε（即吸油窗口和压油窗口之间的夹角）大于或等于两个相邻叶片间的夹角（图3-30），即

$$\varepsilon\geqslant\frac{2\pi}{Z} \tag{3-22}$$

式中，Z——叶片数。

若夹角$\varepsilon<\dfrac{2\pi}{Z}$，会使吸油窗口和压油窗口相通，使泵的容积效率降低。此外定子圆弧部分的夹角β应当等于或大于配流盘上封油区夹角ε，以免产生困油和气穴现象。

此外，当两相邻叶片之间的油液从定子封油区（即定子圆弧部分）突然转入压油窗口时，使其油压力迅速达到泵的输出压力，油液瞬间被压缩，使压油腔中的油液倒流进来，泵的瞬时流量减少，引起流量脉动和噪声。为了避免产生这种现象，在配流盘上叶片从封油区进入压油窗口一边开卸荷三角槽，如图3-30所示。这样可使相邻叶片间的密封容积逐渐地进入压油窗口，压力逐渐上升，从而消除困油现象和由于压力突变而引起的瞬时流量脉动和噪声。卸荷三角槽的尺寸通常由实验来确定。

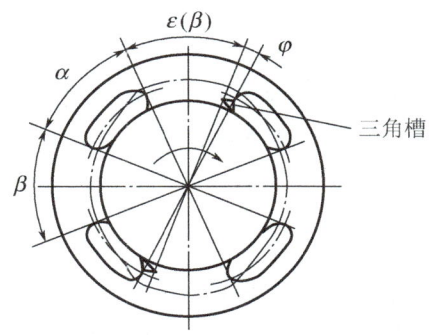

图 3-30   定子曲线圆弧部分夹角和配盘封油区夹角关系

转子旋转时，保证叶片与定子内表面的可靠接触，是形成密封容腔、保证叶片泵正常工作的必要条件。在吸油过程中，叶片靠离心力保证贴在定子内表面上。但在压油过程中，叶片顶部作用有液压力 $pB\delta$（p 为排油压力，B 为叶片宽，δ 为叶片厚度），叶片只靠离心力不能保证其与定子内表面的可靠接触。为此配流盘（图 3-31）的环形槽 b 将出口压力油引入叶片底部，使叶片底部与顶部液压力平衡。配流盘的两个凹槽 c 为吸油口。两个腰形通孔 d 为排油口，配流盘背面的环形槽 e 与其相通，也与泵的出油口相通。

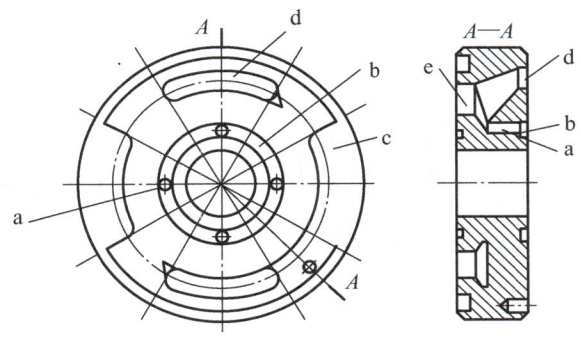

图 3-31   一种叶片底部通压力油的配流盘结构

盘面上的环形槽 b 通过四个小孔口（与环形槽 e 相通），将出口压力油引入其内，转子叶片底部所在圆与环形槽 b 的位置重合，因此，每个叶片的底部始终有压力油的作用，使叶片在离心力和液压力的作用下保证叶片与定子内表面可靠接触。此种叶片底部通油方式，当叶片处于压油区时，叶片不会影响泵的排量；但当叶片处于吸油区时，叶片将使其排量减少。

3.3.4   提高叶片泵工作压力的措施

为了保证叶片与定子内表面可靠接触，叶片根部一般通以压力油。当叶片处于压油区时，其顶部受高压作用，与根部的高压油作用相平衡，叶片靠离心力被月出贴向定子内表面。当叶片处于吸油区时，由于其顶部为吸油压力，根部为压油压力，这一压差使叶片以很大的压力压向定子内表面。随着泵的工作压力提高，这一压差也增大，加速了定子内表面吸油区的磨损。因此，为减小定子内表面的磨损及提高泵的工作压力，常采取以下措施。

1. 减小作用在叶片底部的油液压力

将泵的压油腔的油液通过阻尼槽或内装式小型减压阀接通到处于吸油区的叶片底部，使叶片经过吸油腔时，叶片压向定子内表面的作用力不至于过大。

2. 改善叶片受力状况

（1）子母叶片方式

图 3-32 所示为子母叶片结构。叶片由子叶片和母叶片组成，子叶片可在母叶片中自由滑动，中间油室的压力油通过配流盘工作面上的环形槽及压力油槽自压油腔引入。叶片底部经压力平衡孔与叶片顶部相通。通过计算分析可知，只要适当地选择 e 和 b 的大小，就能控制接触压力。

（2）双叶片方式

如图 3-33 所示，在转子的槽中装有两个叶片，它们之间可以相对自由滑动，在叶片顶端和两侧面倒角之间构成 V 形通道，使叶片底部的压力油经过通道进入叶片顶部，因此使叶片底部和顶部的压力相等，但承压面积不相等。适当选择叶片顶部棱边的宽度，既可保证叶片顶部有一定的作用力压向定子，又不至于产生过大的作用力而引起定子的过度磨损。

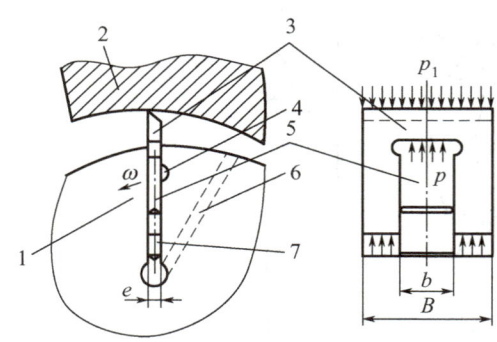

图 3-32　子母叶片的结构

1—转子；2—定子；3—母叶片；4—压力油槽；
5—中间油室；6—压力平衡孔；7—子叶片

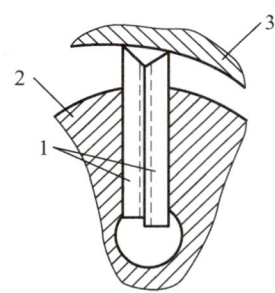

图 3-33　双叶片方式的工作原理

1—叶片；2—转子；3—定子

3. 减小叶片底部承受压力油作用的面积

图 3-34（a）所示为子母叶片的结构。母叶片和子叶片之间的油室 f 始终经槽 e、d、a 和压力油相通，而母叶片的底部的 g 腔则经转子上的孔 b 和所在油腔相通。这样叶片处于吸油腔时，母叶片只有在油室 f 的高压油的作用下压向定子的内表面，作用力不至于过大。图 3-34（b）所示为阶梯叶片的结构。在这里，阶梯叶片和阶梯叶片槽之间的油室 d 始终和压油腔相通，而叶片底部则和所在油腔相通。这样，在通吸油腔时，叶片只在油室 d 的油液压力的作用下压向定子的内表面。由于作用面积减小，其作用力不至于过大，但这种结构的工艺性较差。

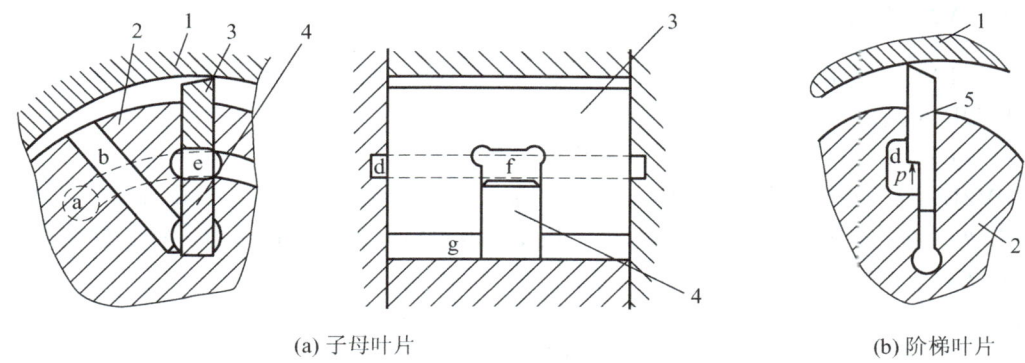

(a) 子母叶片　　　　　　　　　　(b) 阶梯叶片

图 3－34　特种叶片的结构

1—定子；2—转子；3—母叶片；4—子叶片；5—叶片

3.3.5　叶片泵典型结构

1. YB1 型定量叶片泵

（1）YB1 型定量叶片泵的特点

YB1 型定量叶片泵的额定压力为 6.3MPa，压力脉动小，噪声低，寿命长，因而应用广泛。

（2）YB1 型定量叶片泵的结构（图 3－35）

YB1 型定量叶片泵由轴、转子、叶片、定子、左泵体、右泵体、左配流盘、右配流盘、泵盖等组成。该泵进出油口相对位置可成 0°、90°、180°、270°安装，而且在不更换零件的情况下，通过装配可以改变油泵的旋转方向。

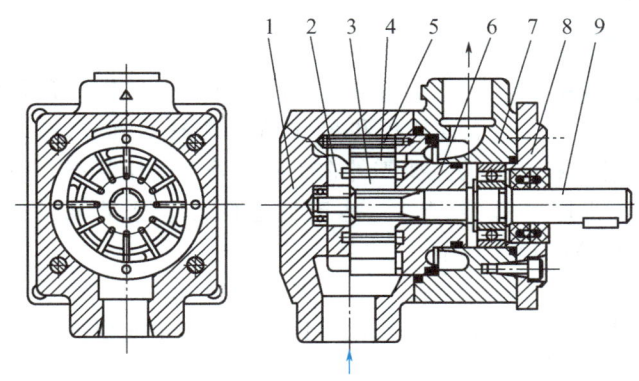

图 3－35　YB1 型定量叶片泵结构图

1—左泵体；2—左配流盘；3—转子；4—叶片；
5—定子；6—右配流盘；7—右泵体；
8—泵盖；9—轴

2. PV2R 型高压叶片泵

（1）PV2R 型高压叶片泵的特点

PV2R 型高压叶片泵的额定压力为 16MPa，属于高压泵。

（2）PV2R 型高压叶片泵的结构（图 3-36）

PV2R 型高压叶片泵由左泵体、左配流盘、转子、叶片、定子、右配流盘、右泵体、轴等组成。该泵采用薄型叶片及提高定子强度等方法提高泵的工作压力。定子过渡曲线为高次曲线，泵的噪声较低。

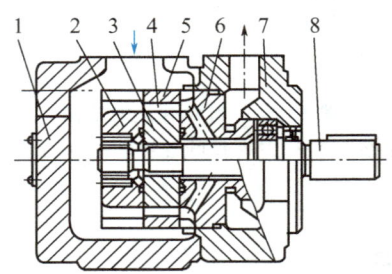

图 3-36　PV2R 型高压叶片泵

1—左泵体；2—左配流盘；3—转子；4—叶片；5—定子；6—右配流盘；7—右泵体；8—轴

3.4　柱　塞　泵

图 3-37　柱塞泵实物照片

柱塞泵（图 3-37）是依靠柱塞在其缸体内往复运动时密闭容腔的容积变化来实现吸油和压油的。由于柱塞和缸体内孔均为圆柱表面，容易得到高精度的配合，因此这类泵的泄漏小，容积效率高，可以在高压下工作。

1. 柱塞泵的优点

（1）工作压力高

由于密封容积是由缸体中的柱塞孔和柱塞构成的，其配合表面质量和尺寸精度容易达到要求，密封性好，结构紧凑，容积效率高。此外，柱塞泵的主要零件在工作中处于受压状态，使零件材料的机械性能得到充分的利用，所以零件强度高。基于上述两点，这类泵工作压力一般为 20~40MPa，最高可达 1000MPa。

（2）易于变量

只要改变柱塞行程便可改变泵的流量，并且易于实现单向变量或双向变量。

（3）流量范围大

只要改变柱塞直径或数量，便可得到不同的流量。

2. 柱塞泵的缺点

对油污染敏感，滤油精度要求高，结构复杂，加工精度高，价格较高。

3. 柱塞泵的分类

按缸体与泵轴的相对位置关系，柱塞泵可分为轴向柱塞泵和径向柱塞泵两大类。

3.4.1 径向柱塞泵

径向柱塞泵的柱塞运动方向与泵轴线垂直。径向柱塞泵可分为轴配流与阀配流两种。

1. 径向柱塞泵的工作原理

图 3-38 所示为径向柱塞泵的工作原理。该泵由缸体（转子）、定子环、柱塞、衬套和配流轴等组成。缸体由配流轴支承，由原动机带动旋转，所以又称转子；缸体与定子环有一偏心距 e；柱塞沿径向安装在缸体孔中；衬套压紧在缸体内，随缸体一起回转。配油轴固定不动。当原动机带动缸体沿顺时针方向旋转时，柱塞随缸体一起转动的同时，在离心力的作用下伸出压紧在定子环的内壁上。处于上半周的柱塞向外运动，柱塞底部与缸体孔组成的密闭容腔的容积不断增大，产生局部真空，经衬套上的油孔从配油轴上的吸油口 a 吸油；位于下半周的柱塞被定子内壁推回缸体孔内，柱塞底部的密闭容腔的容积减小，油液从配油轴上的排油口 b 向外排出。缸体旋转一周，每个柱塞底部的密闭容腔都完成一次吸油和压油。

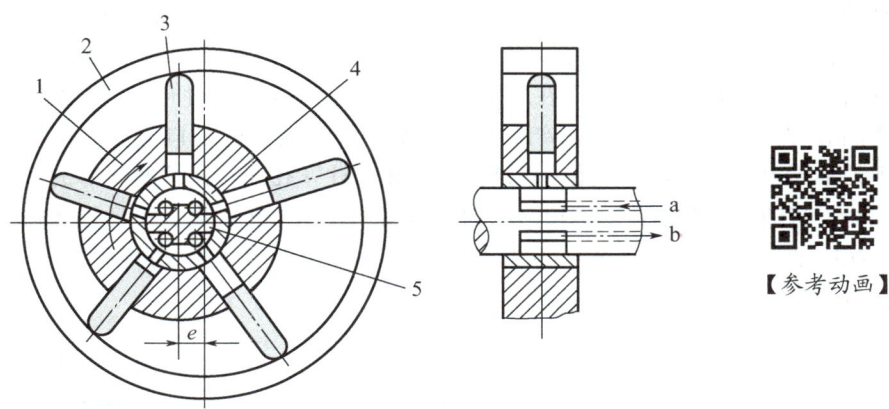

【参考动画】

图 3-38　径向柱塞泵的工作原理
1—缸体；2—定子环；3—柱塞；4—衬套；5—配流轴

由于径向柱塞泵径向尺寸大，结构较复杂，自吸能力差，而且配油轴受到径向不平衡液压力的作用，易磨损，从而限制了它的转速和压力的提高。

2. 排量与流量计算

径向柱塞泵的排量 $V(\mathrm{mm^3/r})$ 为

$$V=\frac{\pi}{4}d^2 2eZ$$

泵的实际输出流量 $q(\mathrm{mm^3/s})$ 为

$$q=\frac{\pi d^2}{4}2eZn\eta_\mathrm{v}=\frac{\pi d^2}{2\times 60}eZn\eta_\mathrm{v} \tag{3-23}$$

式中，d——柱塞直径（mm）；

     e——转子和定子间的偏心距（mm）；

     Z——柱塞数；其余符号意义及单位同前。

由式（3-23）可以看出，改变偏心距 e，可以改变泵的流量，使之成为变量泵。改变偏心的方向，进油口和出油口也随之改变，成为双向泵。

由于柱塞在缸体内径向移动速度是变化的，而各个柱塞在同一瞬时径向移动速度也是不一样的，因此径向柱塞泵的瞬时流量是脉动的。当柱塞数采用奇数时，流量脉动率比偶数的小很多。

3.4.2   轴向柱塞泵

轴向柱塞泵的柱塞运动方向与泵轴线平行或相交角度不大于 45°。轴向柱塞泵可分为斜轴泵、斜盘泵和旋转斜盘泵三种。以下仅介绍斜盘式轴向柱塞泵。

1. 斜盘式轴向柱塞泵的工作原理

图 3-39 所示为斜盘式轴向柱塞泵的工作原理。该类泵由斜盘、转子（缸体）、柱塞、配流盘和传动轴等组成。斜盘和配油盘不转动，传动轴带动缸体转动。柱塞沿轴向安装在缸体孔中，柱塞孔以圆形均布在缸体上，孔内的柱塞靠底部的机械装置如弹簧或低压油的作用伸出压紧在斜盘上。配流盘上的两个腰形窗口始终分别与泵的进出油口相通。当传动轴沿图示方向旋转时，柱塞在自下而上的半周内逐渐向外伸出，柱塞底部与缸体孔组成的密闭容腔的容积不断增大，产生局部真空，经配流盘的窗口 a 从油箱吸油；柱塞在自上而下的半周内，在斜盘的作用下逐渐缩回缸体的柱塞孔内，使柱塞底部的密闭容腔的容积不断减小，将油液从配油盘上的窗口 b 向外排出。缸体每转一周，每个柱塞往复运动一次，完成一次吸油和压油。改变斜盘的倾角，可以改变柱塞往复运动行程的大小，从而改变泵的排量。

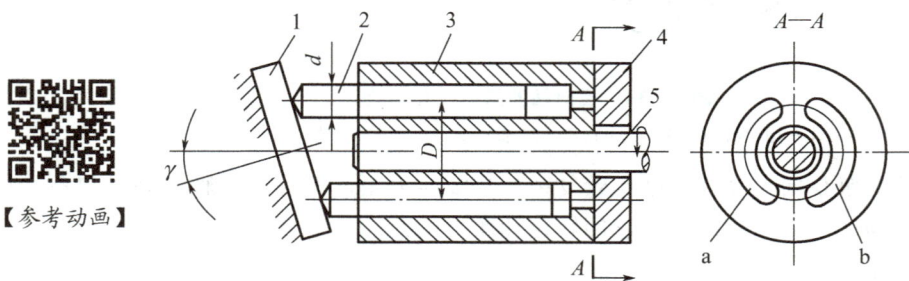

【参考动画】

图 3-39 斜盘式轴向柱塞泵的工作原理
1—斜盘；2—柱塞；3—转子（缸体）；4—配流盘；5—传动轴

2. 排量与流量计算

斜盘式轴向柱塞泵的排量 V（mm³/r）为

$$V = \frac{\pi d^2}{4} DZ \tan\gamma$$

（3-24）

泵的实际输出流量 $q(\text{mm}^3/\text{s})$ 为

$$q = \frac{\pi d^2}{4 \times 60} D \tan\gamma Z n \eta_v \qquad (3-25)$$

式中，D——柱塞分布圆直径（mm）；

$\qquad \gamma$——斜盘倾角（°），$\gamma \leqslant 20°$；其余符号意义及单位同前。

斜盘式轴向柱塞泵的流量是脉动的，当柱塞数为奇数时，脉动较小，因此一般常用的柱塞数取 7 或 9。

斜盘式轴向柱塞泵结构紧凑，径向尺寸小，质量轻，转动惯量小，容积效率较高，易于实现变量，压力可以很高（可达 30MPa 以上），但它对油液的污染比较敏感。

3. 典型结构及其特点

图 3-40 所示为国产 SCY14-1B 型斜盘式轴向柱塞泵的结构。该泵由右侧的主体结构和左侧的变量机构两部分组成。其主体结构主要由缸体、柱塞、滑履、回程盘、斜盘、弹簧、配油盘和传动轴等组成。柱塞的球状头部安装在滑履内，以缸体为支撑的弹簧通过钢球推压回程盘，回程盘和柱塞、滑履一同转动。传动轴通过左边的花键带动缸体旋转，在弹簧、回程盘、滑履和斜盘等的作用下，柱塞在随缸体旋转的同时在缸体中做轴向往复运动，使柱塞底部的密封容积发生周期性的变化，通过配油盘完成吸油和排油过程。在排油过程中借助斜盘推动柱塞缩回缸体孔内；在吸油时依靠回程盘、钢球和弹簧组成的回程装置将滑履紧紧压在斜盘表面上滑动，该泵具有自吸能力。在滑履与斜盘相接触的部分有

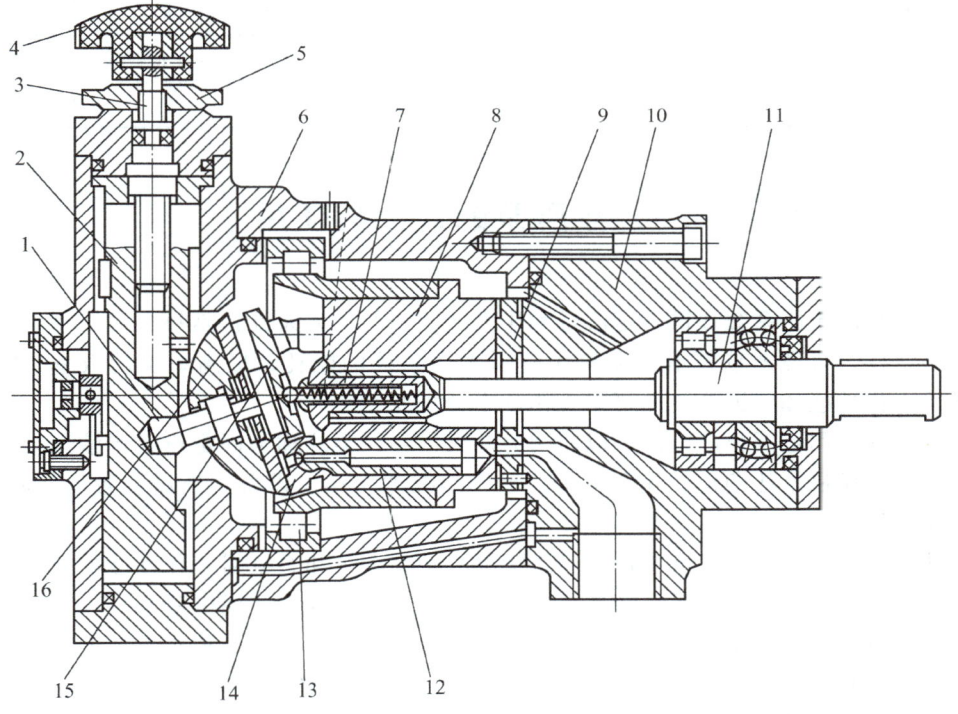

图 3-40　国产 SCY14-1B 型斜盘式轴向柱塞泵的结构

1—轴销；2—变量活塞；3—丝杠；4—手轮；5—螺母；6—泵体；7—弹簧；8—缸体；9—配油盘；10—前泵体；11—传动轴；12—柱塞；13—轴承；14—滑履；15—回程盘；16—斜盘

一油室，它通过柱塞中间的小孔与缸体中的工作腔相连，压力油进入油室后在滑履与斜盘的接触面间形成了一层油膜，起静压支承的作用，使滑履作用在斜盘上的力大大减小，因而磨损也减小。

变量机构主要由手轮、丝杠、变量活塞和轴销等组成。由式（3-23）可知，改变斜盘的倾角，即可改变轴向柱塞泵的排量和输出流量。转动手轮，使丝杠转动，带动变量活塞上下移动，通过轴销使斜盘的倾角发生变化，从而达到变量的目的。

3.5　液压泵的性能比较

表 3-3 为液压系统中常用液压泵的性能比较。

表 3-3　液压系统中常用液压泵的性能比较

性　　能	外啮合齿轮泵	双作用叶片泵	限压式变量叶片泵	径向柱塞泵	轴向柱塞泵	螺杆泵
输出压力	低压	中压	中压	高压	高压	低压
流量调节	不能	不能	能	能	能	不能
效率	低	较高	较高	高	高	较高
输出流量脉动	很大	很小	一般	一般	一般	最小
自吸特性	好	较差	较差	差	差	好
对油的污染敏感性	不敏感	较敏感	较敏感	很敏感	很敏感	不敏感
噪声	大	小	较大	大	大	最小

3.6　液压泵的选择与使用

液压泵是向液压系统提供一定流量和压力的油液的动力元件，是每个液压系统不可缺少的核心元件。合理地选择液压泵对于降低液压系统的能耗、提高系统的效率、降低噪声、改善工作性能和保证系统的可靠工作都十分重要。

液压泵的应用范围很广，但可以归纳为两大类：一类统称为固定设备用液压装置，如各类机床、液压机、注塑机、轧钢机等；另一类统称为移动设备用液压装置，如起重机、汽车、飞机等。

设计液压系统时，应根据主机的工作情况、功率大小和系统对工作性能的要求，首先确定液压泵的类型，然后按系统所要求的压力、流量大小确定其规格型号。

一般在负载小、功率小的机械设备中，可用齿轮泵和双作用叶片泵；精度较高的机械设备（如磨床）可用螺杆泵和双作用叶片泵；负载较大并有快速和慢速行程的机械设备（如组合机床）可用限压式变量叶片泵；负载大、功率大的机械设备可使用柱塞泵；机械设备的辅助装置，如送料、夹紧等要求不太高的地方，可使用价廉的齿轮泵。具体使用时应注意的事项见表 3-4～表 3-6。

表 3－4　齿轮泵的选择与使用

项　目		注　意　事　项	
参数选择	额定压力	根据不同的系统工作压力选择合适的齿轮泵。泵的额定压力应为液压系统安全阀开启压力的1.1～1.5倍	说明：在室内和对环境噪声有要求的情况下，注意选用对噪声有控制结构的产品，外啮合齿轮泵的噪声大，内啮合齿轮泵的噪声小；应综合考虑选用齿轮泵的可靠性、经济性和使用维护方便性
	公称排量	选用泵的公称排量前，先根据系统所需流量和初选的泵转速计算其参考值。由于齿轮泵为定量泵，因此最终选择的泵流量应尽可能与系统所需流量相符合，以免功率损失过大	
	转速	根据选定的齿轮泵公称排量和系统所需流量，计算出齿轮泵的实际转速，在选用时尽可能接近产品的额定转速	
	驱动功率	在齿轮泵公称排量、转速和工作压力确定以后，即可计算所需输入功率	
使用须知	驱动方式	齿轮泵可以采用电动机或内燃机作为原动机。但泵的传动装置不能对齿轮泵主动齿轮轴产生附加的轴向力和径向力。齿轮泵主动齿轮轴伸与原动机输出轴之间必须采用浮动连接	
	吸油高度	泵的吸油高度应尽可能小。齿轮泵自吸能力因排量不同而异，一般要求不低于16kPa。通常要求泵的吸油高度不超过0.5m，在进油管道较长的管路系统中应加大进油管径，以免流动阻力太大使吸油不畅而影响泵的工作性能	
	油液选用与过滤	工作油液应严格按照泵的产品样本规定选用；多数齿轮泵的早期故障起因于油液的污染，故工作油液应进行过滤。低压齿轮泵对污染不敏感，可选取过滤精度较低的滤油器，而高压齿轮泵的污染敏感度较高，故应在系统设置过滤精度较高的滤油器	
	安装与运行	在安装泵之前，应按有关规定彻底清洗管道，并用油液将泵充满，通过泵的轴伸转动主动齿轮以使油液进入泵内各配合表面；安装时，要拧紧进、出油口的管接头连接螺钉，密封要可靠，以免引起吸空或漏油，影响泵的性能；通过点动检查泵的旋向和驱动轴的旋向是否一致；第一次运行时建议断开泵的排油，以便将空气排出泵体。起动前必须检查系统中的安全阀是否在调定的压力值；应避免泵带负荷起动，以及在有负荷的情况下停车。泵在工作前应进行不少于10min的空负荷运行和短时间的带负荷运行，然后检查泵的工作情况，不应有渗漏、过度发热、异常声响等；如泵长期不用，最好将它和原动机分离保管。再度使用时，应有不少于10min的空负荷运转，并进行以上试运转例行检查	

表 3-5　叶片泵的选择与使用

项　　目		注　意　事　项	
参数选择	额定压力	现阶段的叶片泵额定压力有 7MPa、10MPa、16MPa 和 21MPa 四个档次供选择	说明：对环境噪声有要求时，应选用低噪声的叶片泵产品，一般双作用叶片泵的噪声比单作用叶片泵的噪声低； 综合考虑选用叶片泵的寿命和价格因素，特别在选择变量叶片泵或双作用叶片泵时，要同时从节能效果和成本等多方面进行比较
	公称排量	选择原则同齿轮泵	
	转速		
	驱动功率		
使用须知	驱动方式	叶片泵可以采用电动机或内燃机作为原动机。但泵的传动装置不能对叶片泵的泵轴产生附加的轴向力和径向力	
	吸油高度	通常要求泵的吸油高度不超过 0.5m，在进油管道较长的管路系统中应加大进油管径，以免流动阻力太大使吸油不畅而影响泵的工作性能	
	油液选用与过滤	应严格按照泵的产品样本规定选用。推荐使用抗磨液压油，黏度在 17～38mm²/s，推荐使用 24mm²/s； 油液应保持清洁，系统过滤精度不低于 25 μm，在吸油口外应另置过滤精度为 70～150 μm 的滤油器，以防止吸入污物和杂质	
	安装与运行	在安装泵时，泵轴线与原动机轴线的同轴度应保持在 0.1mm 以内，并且泵轴与原动机之间应采用挠性连接，泵轴不得承受径向力； 泵轴转向应符合产品要求	

表 3-6　柱塞泵的选择与使用

项　　目		注　意　事　项	
参数选择	额定压力	参照表 3-1 的相关条目选择	说明：综合考虑选用泵的使用寿命与价格因素； 通常车辆用泵的大修周期为 2000h 以上，室内泵的使用大修周期为 5000h 以上； 通常斜盘式轴向柱塞泵要比斜轴式轴向柱塞泵价格低，定量泵比变量泵价格低。柱塞泵比叶片泵、齿轮泵价格高，但性能和寿命要优于它们
	公称排量		
	转速	最高转速不宜与最高压力同时使用； 轴向柱塞泵转速的选择应严格按照产品技术规格表中规定的数据，不得超过最高转速值	
	驱动功率	定量泵可按齿轮泵和叶片泵的方法进行选择；对于变量泵，与变量方式及流量-压力特性曲线有关，此时应按使用说明书的规定进行选择	
使用须知	驱动方式	柱塞泵可以采用电动机或内燃机作为原动机	
	吸油高度	泵的吸油管长度和内径应符合产品使用说明书的规定	

（续）

项　　目		注 意 事 项
使用须知	油液选用与过滤	按照泵的产品样本规定选用，推荐使用抗磨液压油，黏度在 $10\sim100mm^2/s$，在使用中应尽量使油的黏度处于 $16\sim25nm^2/s$； 油液应保持清洁，推荐使用过滤精度为 $10\mu m$ 的滤油器
	油口连接	有螺纹连接和法兰连接两种，通常小排量泵采用螺纹连接，多数采用法兰连接
	安装与运行	在安装泵时，泵轴与原动机之间应采用挠性连接，并保证二者同心； 柱塞泵在起动前要检查油箱里是否注满了油，管路连接是否正确，原动机的转向与泵的转向是否一致，有关螺钉是否拧紧等。在上述问题检查无误后，对于要求注油的泵，应按产品说明书的规定在首次使用或起动前，向规定油口注油并打开放气塞，将泵壳里的气体排出，再将放气塞拧紧，然后起动。在刚起动时要低速暖机运行或者空负荷跑合一段时间，检查系统在无负荷状态下功能一切正常后方可增加负载，正式运行。正常运行后，泵要防止吸空。要经常注意油箱油位、油温及油液是否清洁，要定期换油和滤油器

本章小结

　　液压泵是能量转换装置，它把原动机输入的机械能转换为油液的压力能。液压泵必须有周期变化的密封容积和配流装置才能工作。原动机带动泵轴旋转，通过一定的机构使泵内的密封容积变化，并用配流装置使密封容腔轮流和油箱或系统相通。当密封容积变大时从油箱吸油，密封容积变小时向系统输出压力油。

　　泵的排量只与泵本身的结构参数有关。泵的额定流量是额定压力和额定转速下泵的输出流量。因为泵内存在泄漏，所以泵的实际流量和理论流量是不同的。额定压力体现了泵的能力，运行中泵的实际工作压力是随外界负载的变化而变化的。排量和压力决定了泵的输出特性。泵的总效率为容积效率与机械效率的乘积。容积效率反映了泄漏的影响，而机械效率反映了机械损失。

　　齿轮泵的结构简单、价格便宜、抗污染能力强。一般齿轮泵的额定压力较低，为 $2\sim3MPa$，高压齿轮泵的额定压力可达 $16\sim21MPa$，但其流量脉动大、噪声高，一般用于传动平稳性要求不高的场合。单作用叶片泵可以变量，但额定压力低，为 $6.3MPa$，一般用于机床液压系统中。双作用叶片泵输出流量平稳，噪声低，额定压力一般为 $6.3\sim10MPa$，高性能叶片泵额定压力可达 $14\sim21MPa$。柱塞泵一般为高压泵，额定压力高达 $21\sim40MPa$，容积效率高。变量柱塞泵可以根据负载变化改变排量，节约能量，用于功率大、负载大的场合。每种泵都有它们的特点和合理的使用范围，须根据具体要求，权衡利弊来选用。

3-1 容积式液压泵工作的必要条件是什么？

3-2 液压泵的工作压力取决于什么？液压泵的工作压力和额定压力有什么区别？

3-3 液压泵的输出流量取决于什么？

3-4 液压泵的排量与流量有什么不同？各取决于哪些因素？

3-5 如何计算液压泵的输入功率、输出功率和液压泵的能量损失？产生这些损失的原因是什么？

3-6 如图3-41所示，已知液压泵的额定压力和额定流量，设管道内压力损失可忽略不计，在图3-41(c)所示系统的支路上装有节流小孔，试求图示各种工况下液压泵出口处的工作压力值。

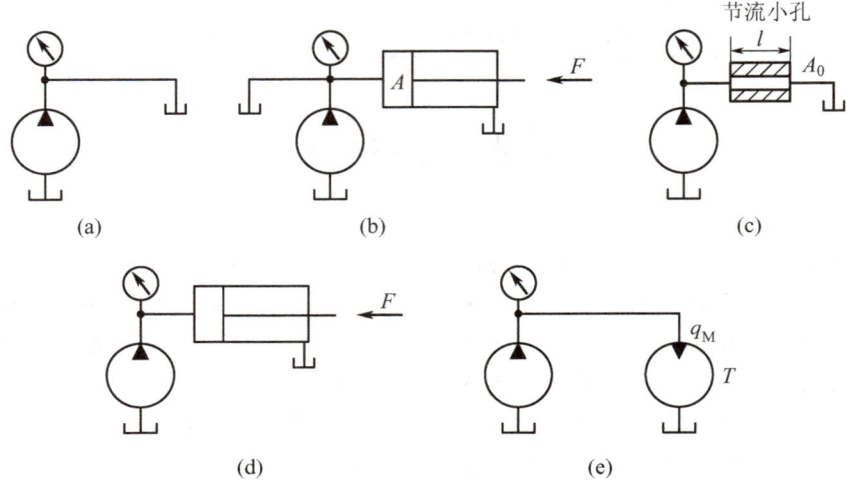

图3-41 题3-6图

3-7 什么是齿轮泵的困油现象？困油现象有哪些危害？有无解决的方法？

3-8 提高齿轮泵压力的主要障碍是什么？提高齿轮泵的工作压力通常采取哪些措施？

3-9 试说明叶片泵的工作原理，并比较说明双作用叶片泵和单作用叶片泵各有什么优缺点。

3-10 柱塞泵的柱塞数通常选奇数还是偶数？为什么？

3-11 叶片泵转速 $n=1500 \text{r/min}$，输出压力 $p=6.3 \text{MPa}$ 时，输出流量 $q=53 \text{L/min}$，测得泵轴消耗功率为 7kW，当泵空载时，输出流量为 56L/min，求该泵的容积效率和总效率。

3-12 某液压泵的机械效率 $\eta_m=0.92$，泵的转速 $n=1450 \text{r/min}$ 时，理论流量 $q_t=180 \text{L/min}$，若泵的工作压力 $p=3 \text{MPa}$ 时，其实际流量 $q=172 \text{L/min}$。试求：

(1) 液压泵的总效率；

(2) 泵在上述工况所需的电动机功率；

(3) 驱动液压泵所需的转矩。

3-13 某液压泵输出油压 $p=10MPa$，转速 $n=1450r/min$，泵的排量 $V_p=46.2mL/r$，容积效率为0.95，总效率为0.9。求驱动该泵所需电动机的功率 P_1 及泵的输出功率 P_2。

3-14 泵的额定流量 $q_n=100L/min$，额定压力 $p_n=2.5MPa$，当转速 $n=1450r/min$ 时，机械效率 $\eta_m=0.9$。由实验测得，当泵出口压力为零，流量 $q=106L/min$，压力 $p=2.5MPa$ 时，流量 $q=100.7L/min$。试求：

（1）泵的容积效率；

（2）如泵的转速下降到600r/min，在额定压力下工作时，估算此时泵的流量为多少？

（3）上述两种转速下泵的驱动功率。

3-15 某齿轮泵的两个标准齿轮的参数相同。齿数 $Z=13$，模数 $m=3mm$，齿宽 $B=20mm$，在额定压力下，转速 $n=1500r/min$ 时，泵的实际输出流量 $q=50L/min$。求泵的容积效率。

3-16 某液压泵在转速 $n=950r/min$ 时，理论流量 $q_t=160L/min$，在压力 $p=29.5MPa$ 和同样的转速下，测得的实际流量 $q=150L/min$，总效率为0.87。试求：

（1）泵的容积效率；

（2）泵在上述工况下所需的电动机功率；

（3）泵在上述工况下的机械效率；

（4）驱动此泵需多大转矩？

【第3章　参考答案】

第 **4** 章
液压执行元件

 本章导读

液压执行元件是将液压泵提供的液压能转换为机械能的能量转换装置，包括液压缸和液压马达。液压缸输出的是直线运动和摆动，液压马达输出的是旋转运动。本章主要介绍液压缸的分类、特点、典型结构及设计计算等。

学习目标

- 了解：液压执行元件的作用、类型和特点。
- 掌握：活塞式液压缸的结构、原理、输出力和速度的计算。
- 应用：掌握液压缸的设计计算过程和方法，并能够在实践中按照要求设计液压缸；了解液压执行元件的使用与维护，以及常见故障和排除方法等。

4.1 液压缸的分类与特点

液压缸的形式多种多样，按照结构特点不同可分为活塞式液压缸、柱塞式液压缸、摆动式液压缸三大类。活塞式液压缸和柱塞式液压缸用以实现直线运动，输出推力和速度；摆动式液压缸用以实现小于 360°的转动，输出转矩和角速度。

按照作用方式不同，液压缸又可分为单作用式液压缸和双作用式液压缸两种。单作用式液压缸中的液压力只能使活塞（或柱塞）单方向运动，而反方向运动必须靠外力（弹簧力或自重等）实现；双作用式液压缸则可由液压力实现两个方向的运动。

4.1.1 活塞式液压缸

活塞式液压缸又称活塞缸，是液压传动中最常见的执行元件。活塞式液压缸根据使用要求不同，可分为双杆式和单杆式两种；根据固定方式不同，可分为缸筒固定式和缸杆固定式两种。

1. 双杆式活塞液压缸

活塞两端均有一根直径相等的活塞杆伸出的液压缸称为双杆式活塞液压缸。它一般由缸体、缸盖、活塞、活塞杆和密封件等构成。图 4-1(a) 所示为缸筒固定的双杆式活塞液压缸。它的进口和出口布置在缸筒两端，活塞通过活塞杆带动工作台移动，当活塞的有效行程为 l 时，整个工作台的运动范围为 $3l$，所以占地面积大，一般适用于小型机床。当工作台行程要求较长时，可采用图 4-1(b) 所示的活塞杆固定的形式。这时，缸体与工作台相连，活塞杆通过支架固定在机床上，动力由缸体传出。这种安装形式下，工作台的移动范围只等于液压缸有效行程 l 的两倍，因此占地面积小；进出油口可以设置在固定不动的空心的活塞杆的两端，但必须使用软管连接。

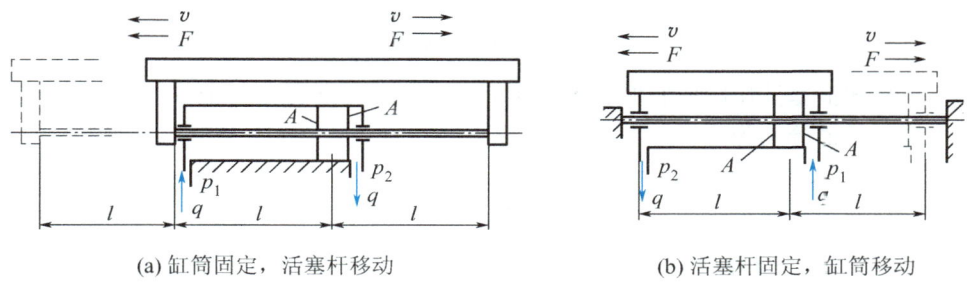

(a) 缸筒固定，活塞杆移动   (b) 活塞杆固定，缸筒移动

图 4-1 双杆式活塞液压缸

由于双杆式活塞液压缸两端的活塞杆直径通常是相等的，因此其左、右两腔的有效面积也相等，当分别向左、右腔输入相同压力和相同流量的油液时，液压缸左、右两个方向的推力和速度相等。当活塞的直径为 D，活塞杆的直径为 d，液压缸进、出油腔的压力分别为 p_1 和 p_2，输入流量为 q 时，双杆式活塞液压缸的推力 F 和速度 v 为

$$F = A(p_1 - p_2)\eta_{cm} = \frac{\pi}{4}(D^2 - d^2)(p_1 - p_2)\eta_{cm} \qquad (4-1)$$

$$v = \frac{q}{A}\eta_{cv} = \frac{4q\eta_{cv}}{\pi(D^2 - d^2)} \qquad (4-2)$$

式中，A——活塞的有效工作面积；

    q——缸的输入流量；

    D——活塞直径（即缸筒内径）；

    d——活塞杆直径；

    p_1——缸的输入压力；

    p_2——缸的输出压力；

    η_{cm}——缸的机械效率；

    η_{cv}——缸的容积效率。

双杆式活塞液压缸在工作时，设计成一个活塞杆是受拉的，而另一个活塞杆不受力，因此这种液压缸的活塞杆可以做得细些。

2. 单杆式活塞液压缸

如图 4-2 所示，单杆式活塞液压缸的活塞只有一端带活塞杆，也有缸体固定和活塞杆固定两种形式，但它们的工作台移动范围都是活塞有效行程的两倍。

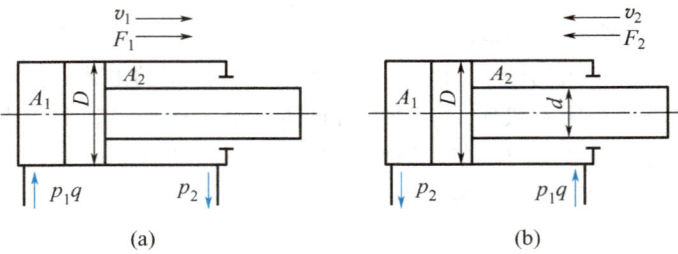

图 4-2 单杆式活塞液压缸

由于单杆式活塞液压缸两腔的有效工作面积不等，因此它在两个方向上的输出推力和速度也不等，其值分别为

$$F_1 = (p_1 A_1 - p_2 A_2)\eta_{cm} = \left[\frac{\pi}{4} p_1 D^2 - \frac{\pi}{4} p_2 (D^2 - d^2)\right]\eta_{cm}$$

$$= \left[\frac{\pi}{4}(p_1 - p_2)D^2 + \frac{\pi}{4} p_2 d^2\right]\eta_{cm} \tag{4-3}$$

$$v_1 = \frac{q}{A_1}\eta_{cv} = \frac{4q\eta_{cv}}{\pi D^2} \tag{4-4}$$

$$F_2 = (p_1 A_2 - p_2 A_1)\eta_{cm} = \left[\frac{\pi}{4} p_1 (D^2 - d^2) - \frac{\pi}{4} p_2 D^2\right]\eta_{cm}$$

$$= \left[\frac{\pi}{4}(p_1 - p_2)D^2 - \frac{\pi}{4} p_1 d^2\right]\eta_{cm} \tag{4-5}$$

$$v_2 = \frac{q}{A_2}\eta_{cv} = \frac{4q\eta_{cv}}{\pi (D^2 - d^2)} \tag{4-6}$$

式中，A_1——无杆腔活塞有效工作面积；

  A_2——有杆腔活塞有效工作面积；

  q——缸的输入流量；

  D——活塞直径（即缸筒内径）；

  d——活塞杆直径；

  p_1——缸的输入压力；

  p_2——缸的输出压力；

  η_{cm}——缸的机械效率；

  η_{cv}——缸的容积效率。

由于 $A_1 > A_2$，所以 $F_1 > F_2$，$v_1 < v_2$。两个方向上的输出速度 v_2 和 v_1 的比值称为速度比，记作 φ，则

$$\varphi = \frac{v_2}{v_1} = \frac{D^2}{D^2 - d^2} = \frac{1}{1 - \left(\dfrac{d}{D}\right)^2} \tag{4-7}$$

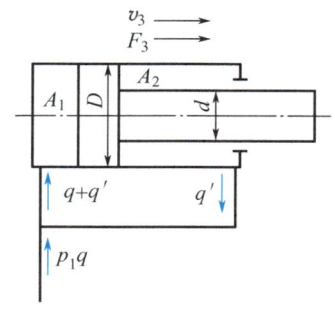

图 4-3 差动连接缸

单杆式活塞液压缸在其左右两腔都接通高压油时称为差动连接缸，如图 4-3 所示。差动连接缸左右两腔的油液压力相同，但是由于左腔（无杆腔）的有效面积大于右腔（有杆腔）的有效面积，因此活塞向右运动，同时使右腔中排出的油液（流量为 q'）也进入左腔，加大了流入左腔的流量（$q+q'$），从而也加快了活塞移动的速度。实际上活塞在运动时，由于差动连接时两腔间的管路中有压力损失，因此右腔中油液的压力稍大于左腔中的油液压力，而这个差值一般都较小，

可以忽略不计，则差动连接时活塞推力 F_3 为

$$F_3 = p_1(A_1 - A_2)\eta_{cm} = \frac{\pi}{4}d^2 p_1 \eta_{cm} \qquad (4-8)$$

右腔中排出的油液流量为 q'，此时 $q' = v_3 A_2$；进入左腔的流量为（$q+q'$），此时 $q' + q = v_3 A_1$，考虑了缸的容积效率 η_{cv} 后，活塞运动速度 v_3 为

$$v_3 = \frac{q\eta_{cv}}{A_1 - A_2} = \frac{4q\eta_{cv}}{\pi d^2} \qquad (4-9)$$

欲使差动连接缸的往复运动速度相等，即 $v_3 = v_2$，则由式(4-5) 和式(4-8) 得 $D = \sqrt{2}d$。由式(4-8)、式(4-9) 可知，差动连接时液压缸的推力比非差动连接时小，速度比非差动连接时大，正好利用这一点，可使在不加大油源流量的情况下得到较快的运动速度。这种连接方式被广泛应用于组合机床的液压动力系统和其他机械设备的快速运动中。

4.1.2　柱塞式液压缸

图 4-4(a) 所示为柱塞式液压缸。它只能实现一个方向的液压传动，反向运动要靠外力。若需要实现双向运动，则必须成对使用。如图 4-4(b) 所示，这种液压缸中的柱塞和缸筒不接触，运动时由缸盖上的导向套来导向，因此缸筒的内壁不需精加工，特别适用于行程较长的场合。

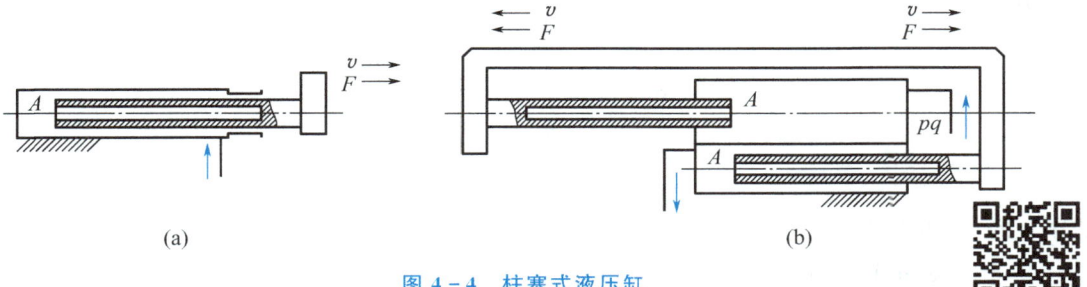

(a)　　　　　　　　　　　　　　　(b)

图 4-4　柱塞式液压缸

柱塞式液压缸输出的推力和速度分别为

$$F = pA\eta_{cm} = \frac{\pi}{4}d^2 p\eta_{cm} \qquad (4-10)$$

$$v = \frac{q\eta_{cv}}{A} = \frac{4q\eta_{cv}}{\pi d^2} \qquad (4-11)$$

式中，A——柱塞的有效工作面积；

$\quad\quad d$——柱塞的直径；

$\quad\quad p$——液体的工作压力；

$\quad\quad q$——柱塞缸的输入流量。

4.1.3　摆动式液压缸

摆动式液压缸是输出转矩并实现往复运动的执行元件，也称摆动液压马达。当它通入压力油时，主轴能输出转角小于 360°的摆动运动。常见的摆动式液压缸有单叶片和双叶片两种形式，如图 4-5 所示。摆动式液压缸主要由缸体、叶片、定子块和叶片轴等组成。定子块固定在缸体上，叶片与叶片轴连接为一体。当油口 A 和油口 B 交替输入压力油时，叶片带动叶片轴往复运动，输出转矩和角速度。双叶片式的摆动角小于单叶片式，但输出转矩是单叶片式的两倍。

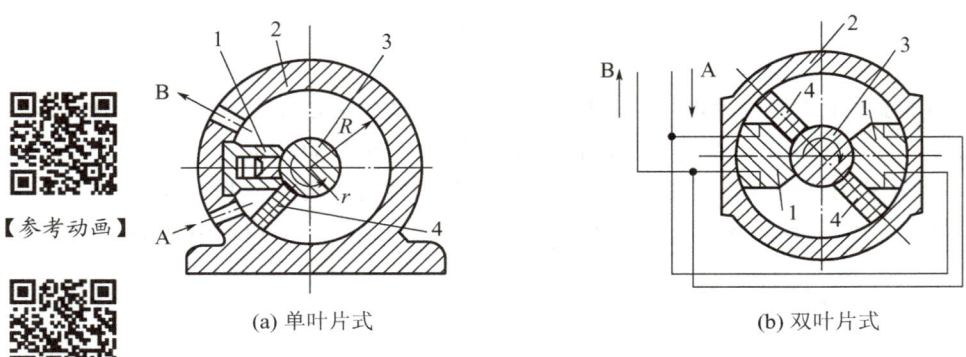

（a）单叶片式　　　　　　　　（b）双叶片式

图 4-5　摆动式液压缸

1—定子块；2—缸体；3—摆动轴；4—叶片

当考虑容积效率 η_{cv} 和机械效率 η_{cm} 时，叶片式摆动液压缸的摆动轴输出转矩 T 和角速度 ω 分别为

$$T=\frac{Zb}{8}(D^2-d^2)(p_1-p_2)\eta_{cm} \tag{4-12}$$

$$\omega=\frac{8q\eta_{cv}}{Zb(D^2-d^2)} \tag{4-13}$$

式中，Z——叶片数；

$\quad\quad q$——缸的输入流量；

$\quad\quad D$——缸体内孔直径；

$\quad\quad d$——叶片轴直径；

$\quad\quad p_1$——缸的进油压力；

$\quad\quad p_2$——缸的背压力。

4.2 其他类型的常用液压缸

增压缸

  增压缸又称增压器，是利用活塞和柱塞有效面积的不同使液压系统的局部区域获得高压，分为单作用和双作用两种类型。单作用增压缸的工作原理如图 4-6（a）所示。当输入活塞缸的液体压力为 p_1，活塞直径为 D，柱塞直径为 d 时，柱塞缸中输出的液体压力为高压，其值为

$$p_2 = \frac{A_1}{A_2} p_1 = \frac{D_1^2}{D_2^2} p_1 = k p_1 \tag{4-14}$$

式中，k——增压比，$k = A_1/A_2 = D_1^2/D_2^2$，代表其增压程度。

  显然增压能力是在降低有效能量的基础上得到的，也就是说增压缸仅仅是增大输出的压力，并不能增大输出的能量。

  单作用增压缸在柱塞运动到终点时，不能再输出高压液体，需要将活塞退回到左端位置，再向右行时才又输出高压液体。为了克服这一缺点，可采用双作用增压缸，如图 4-6(b) 所示，由两个高压端连续向系统供油。

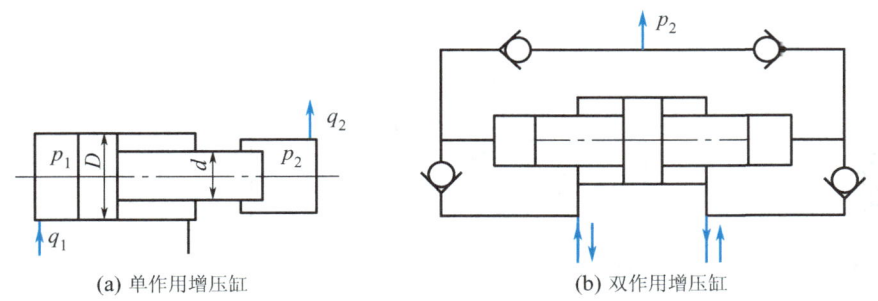

(a) 单作用增压缸   (b) 双作用增压缸

图 4-6 增压缸

伸缩缸

  伸缩缸又称多级缸，由两个或多个活塞缸套装而成，前一级活塞缸的活塞杆内孔是后一级活塞缸的缸筒，伸出时可获得很长的工作行程，缩回时可保持很小的结构尺寸。伸缩缸被广泛用于起重运输车辆上。

  伸缩缸也有单作用式和双作用式之分，如图 4-7(a) 及图 4-7(b) 所示，前者靠外力回程，后者靠液压回程。

  伸缩缸的外伸动作是逐级进行的。首先是最大直径的缸筒以最低的油液压力开始外

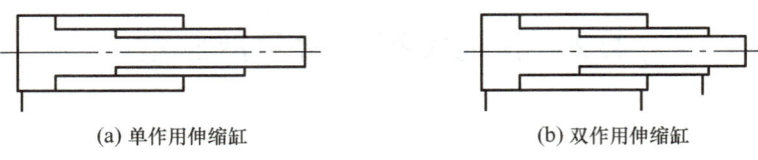

(a) 单作用伸缩缸　　　　　(b) 双作用伸缩缸

图 4 - 7　伸缩缸

伸，当到达行程终点后，稍小直径的缸筒开始外伸，直径最小的末级最后伸出。随着工作级数变大，外伸缸筒直径越来越小，工作油液压力随之升高，工作速度变快。第 i 级活塞缸输出的力和速度值为

$$F_i = \frac{\pi}{4} p_1 D_i^2 \tag{4-15}$$

$$v_i = \frac{4q}{\pi D_i^2} \tag{4-16}$$

式中，q——缸的输入流量；

　　　D_i——第 i 级缸体内孔直径；

　　　p_1——缸的进油压力。

4.2.3　齿条活塞缸

齿条活塞缸由两个柱塞缸和一套齿条传动装置组成，如图 4 - 8 所示。柱塞的移动经齿轮齿条传动装置变成齿轮的传动，用于实现工作部件的往复摆动或间歇进给运动。

【参考动画】

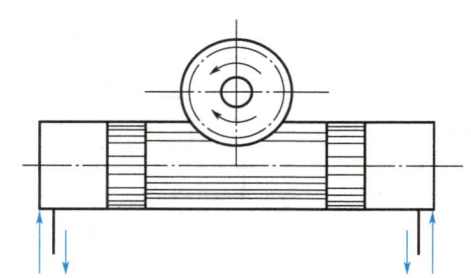

图 4 - 8　齿条活塞缸

齿条活塞缸工作时，齿轮轴输出的扭矩 T 和回转角速度 ω 计算公式为

$$T = p \frac{\pi D^2}{4} \frac{D_f}{2} \tag{4-17}$$

$$\omega = \frac{8q}{\pi D^2 D_f} \tag{4-18}$$

式中，p——缸的工作压力；

　　　q——缸的输入流量；

　　　D_f——齿轮的分度圆直径；

　　　D——缸的直径。

4.3 液压缸的典型结构

以双作用单杆活塞液压缸为例,如图4-9所示。它主要由缸底、缸筒、缸盖(兼导向套)、活塞和活塞杆组成。缸筒一端与缸底焊接,另一端缸盖(导向套)与缸筒用卡键、套和弹簧挡圈固定,以便拆装、检修,两端设有油口A和B。活塞与活塞杆利用卡键、卡键帽和弹簧挡圈连在一起。活塞与缸筒的密封采用的是一对Y形密封圈。由于活塞与缸筒有一定间隙,采用由尼龙1010制成的耐磨环(又称支承环)定心导向。杆和活塞的内孔由O形密封圈密封。较长的导向套则可保证活塞杆不偏离中心,导向套外径由O形密封圈密封,而其内孔则由Y形密封圈和防尘圈分别防止油外漏及灰尘带入缸内。缸与杆端销孔与外界连接,销孔内有尼龙衬套抗磨。

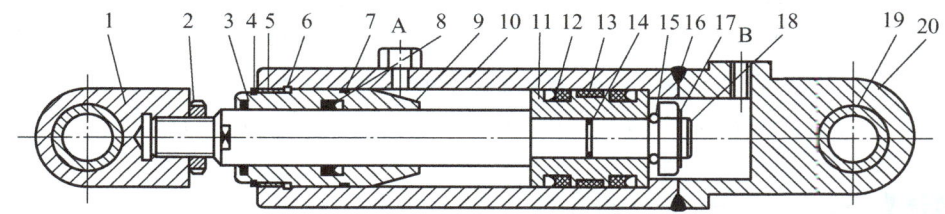

图4-9 双作用单杆活塞液压缸

1—耳环;2—螺母;3—防尘圈;4,17—弹簧挡圈;5—套;6,15—卡键;7,14—O形密封圈;8,12—Y形密封圈;9—缸盖(兼导向套);10—缸筒;11—活塞;13—耐磨环;16—卡键帽;18—活塞杆;19—衬套;20—缸底;A、B—油口

从上述的液压缸典型结构中可以看到,液压缸的结构基本上可以分为缸筒和缸盖、活塞和活塞杆、密封装置、缓冲装置和排气装置五部分。

4.3.1 缸筒与缸盖的连接

缸筒和缸盖也称缸体组件,其使用材料、连接方式与工作压力有关。当工作压力 $p<$ 10MPa 时,使用铸铁;当工作压力 $10\text{MPa}\leqslant p<20\text{MPa}$ 时,使用无缝钢管;当工作压力 $p\geqslant20\text{MPa}$ 时,使用铸钢或锻钢。

图4-10所示为缸筒和缸盖的常见结构形式。图4-10(a)所示为法兰连接式,其特点是结构简单,容易加工和装拆,但外形尺寸较大且质量较重,常用于铸铁制造的缸筒上。图4-10(b)所示为半环连接式,它的缸筒壁部因开了环形槽而削弱了强度,为此有时要加厚缸壁,其容易加工和装拆,质量较轻,常用于无缝钢管或锻钢制造的缸筒上。图4-10(c)所示为螺纹连接式,它的缸筒端部结构复杂,外径加工时要求保证内外径同心,装拆要使用专用工具,它的外形尺寸较小且质量较轻,常用于无缝钢管或铸钢制造的缸筒上。图4-10(d)所示为拉杆连接式,结构的通用性大,容易加工和装拆,但外形尺寸较大,质量较重。图4-10(e)所示为焊接连接式,结构简单,尺寸小,但缸底处

内径不易加工，并且可能引起变形。

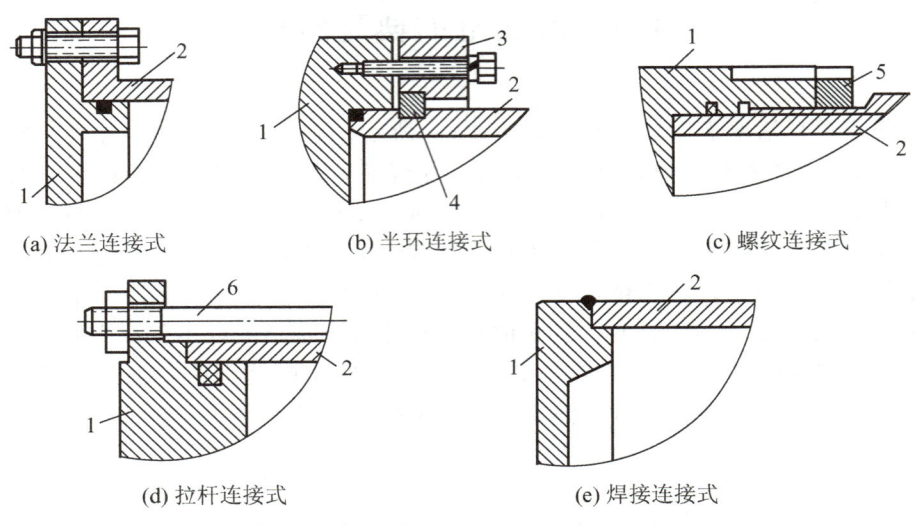

(a) 法兰连接式　　　(b) 半环连接式　　　(c) 螺纹连接式

(d) 拉杆连接式　　　(e) 焊接连接式

图 4-10　缸筒和缸盖的常见结构形式

1—缸盖；2—缸筒；3—压板；4—半环；5—防松螺帽；6—拉杆

活塞与活塞杆的连接

图 4-11 所示是活塞和活塞杆常见的几种结构形式。

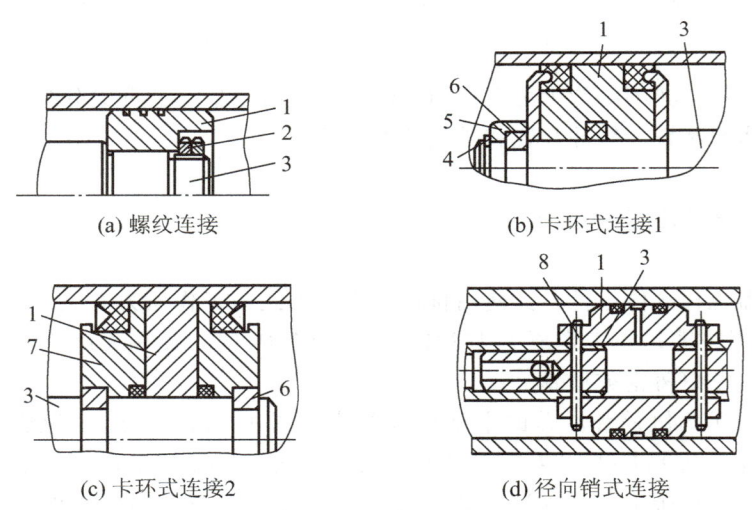

(a) 螺纹连接　　　　　(b) 卡环式连接1

(c) 卡环式连接2　　　　(d) 径向销式连接

图 4-11　活塞和活塞杆常见的几种结构形式

1—活塞；2—螺母；3—活塞杆；4—弹簧卡；5—轴套；6—半环；7—密封圈座；8—锥销

图 4-11(a) 所示为活塞与活塞杆之间采用螺纹连接，适用于负载较小，受力无冲击的液压缸。螺纹连接虽然结构简单、安装方便、可靠，但在活塞杆上车螺纹将削弱其强度。图 4-11(b) 和图 4-11(c) 所示为卡环式连接方式。图 4-11(b) 所示结构中活塞杆

上开有一个环形槽，槽内装有两个半环以夹紧活塞，半环由轴套套住，而轴套的轴向位置用弹簧卡圈来固定。图 4-11(c) 所示结构中的活塞杆，使用了两个半环，它们分别由两个密封圈座套住，活塞安放在密封圈座的中间。图 4-11 (d) 所示是一种径向销式连接结构，用锥销把活塞固连在活塞杆上。这种连接方式特别适用于双出杆式活塞。在一些缸径较小的液压缸中，也常把活塞与活塞杆做成一体。

4.3.3 液压缸的密封

液压缸中常见的密封装置如图 4-12 所示。

图 4-12(a) 所示为间隙密封，依靠运动间的微小间隙来防止泄漏。为了提高这种装置的密封能力，常在活塞的表面上制出几条细小的环形槽，以增大油液通过间隙时的阻力。它的结构简单，摩擦阻力小，可耐高温，但泄漏大，加工要求高，磨损后无法恢复原有密封能力，只有在尺寸较小、压力较低、相对运动速度较高的缸筒和活塞间使用。图 4-12(b) 所示为摩擦环密封，依靠套在活塞上的摩擦环（尼龙或其他高分子材料制成）在 O 形密封圈的弹力作用下贴紧缸壁而防止泄漏。这种材料效果较好，摩擦阻力较小且稳定，可耐高温，磨损后有自动补偿能力，但加工要求高，装拆较不便，适用于缸筒和活塞之间的密封。图 4-12(c)、图 4-12(d) 所示为密封圈（O 形密封圈、V 形密封圈等）密封。它利用橡胶或塑料的弹性使各种截面的环形圈贴紧在静、动配合面之间来防止泄漏。它结构简单，制造方便，磨损后有自动补偿能力，性能可靠，在缸筒和活塞之间、缸盖和活塞杆之间、活塞和活塞杆之间、缸筒和缸盖之间都能使用。

对于活塞杆外伸部分来说，由于它很容易把脏物带入液压缸，使油液受污染，使密封件磨损，因此常需要在活塞杆密封处增添防尘圈，并放在向着活塞杆外伸的一端。

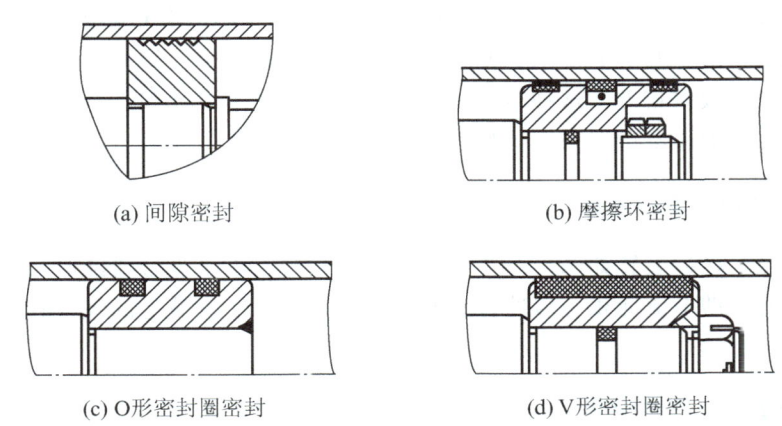

(a) 间隙密封　　　　　　　　　　　　　(b) 摩擦环密封

(c) O形密封圈密封　　　　　　　　　　(d) V形密封圈密封

图 4-12　液压缸常见的密封装置

4.3.4 液压缸的缓冲装置和排气装置

液压缸一般都设置缓冲装置，特别是对大型、高速或要求高的液压缸，为了防止活塞在行程终点时和缸盖相互撞击，引起噪声、冲击，必须设置缓冲装置。

缓冲装置的工作原理是利用活塞或缸筒在其走向行程终端时封住活塞和缸盖之间的部

分油液，强迫它从小孔或细缝中挤出，以产生很大的阻力，使工作部件受到制动，逐渐减慢运动速度，达到避免活塞和缸盖相互撞击的目的。液压缸常用的缓冲装置如图 4-13 所示。

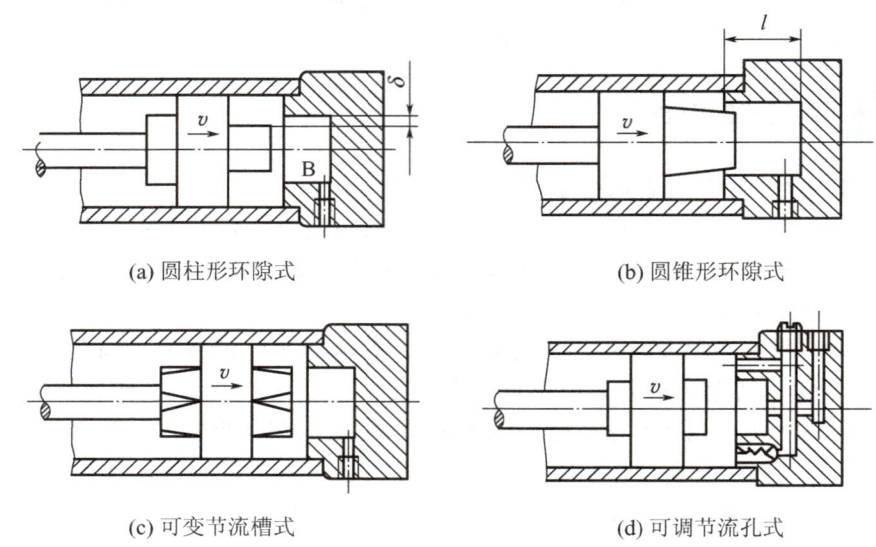

(a) 圆柱形环隙式　　　　　　　　　(b) 圆锥形环隙式

(c) 可变节流槽式　　　　　　　　　(d) 可调节流孔式

图 4-13　液压缸常用的缓冲装置

1. 圆柱形环隙式缓冲装置

圆柱形环隙式缓冲装置如图 4-13(a) 所示。当缓冲柱塞进入与其相配的缸盖上的内孔时，孔中的液压油只能通过间隙排出，产生缓冲压力，从而实现减速缓冲。这种缓冲装置在缓冲过程中，由于其节流面积不变，因此缓冲开始时产生的缓冲制动力很大，但很快就降低了，其缓冲效果较差。这种缓冲装置结构简单，便于设计和降低制造成本，所以在一般系列化的成品液压缸中多采用这种缓冲装置。

2. 圆锥形环隙式缓冲装置

圆锥形环隙式缓冲装置如图 4-13(b) 所示。由于缓冲柱塞为圆锥形，因此缓冲间隙随位移量而改变，即节流面积随缓冲行程的增大而缩小，使机械能的吸收较均匀，其缓冲效果较好。

3. 可变节流槽式缓冲装置

可变节流槽式缓冲装置如图 4-13(c) 所示。在缓冲柱塞上开有三角槽，随着柱塞逐渐进入配合孔中，其节流面积越来越小，缓冲压力变化平缓，但需要专门设计。

4. 可调节流孔式缓冲装置

可调节流孔式缓冲装置如图 4-13(d) 所示。在缓冲过程中，缓冲腔油液经小孔节流排出，调节节流孔的大小，可控制缓冲腔内缓冲压力的大小，以适应液压缸不同的负载和速度工况对缓冲的要求，同时当活塞反向运动时，高压油从单向阀进入液压缸内，活塞也不会因推力不足而产生起动缓慢或困难等现象。

图 4-14 所示为液压缸排气装置。液压缸在安装过程中或长时间停放重新工作时，液压缸内和管道系统中会渗入空气，为了防止执行元件出现爬行、噪声和发热等不正常现象，需把缸内和系统中的空气排出。一般可在液压缸的最高处设置进出油口把气带走，也可在最高处设置图 4-14(a) 所示的排气孔或专门的排气阀 [图 4-14(b)、图 4-14(c)]。

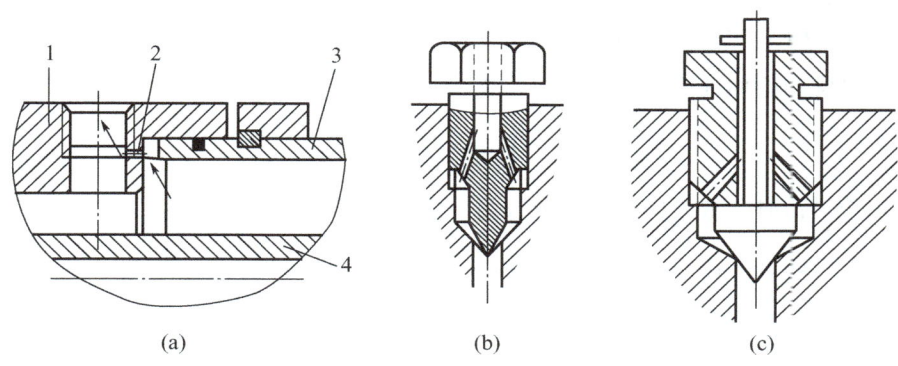

图 4-14 液压缸排气装置

1—缸盖；2—排气孔；3—缸体；4—活塞杆

4.4 液压缸的设计计算

液压缸一般为标准件，使用时可按照需要从标准系列中直接选用，但是在某些场合选用标准缸可能达不到使用目的，这就需要自行设计和制造。

液压缸是液压传动的执行元件，与主机工作机构有直接的联系。对于不同的机种和机构，液压缸具有不同的用途和工作要求。因此，在设计液压缸之前，必须先对整个液压系统进行工况分析，编制负载图，选定系统的工作压力（详见第 9 章），然后根据使用要求选择结构类型，按负载情况、运动要求、最大行程等确定其主要工作尺寸，进行强度、稳定性和缓冲验算，最后进行结构设计。

1. 液压缸的设计内容和步骤

（1）选择液压缸的类型和各部分结构形式。
（2）确定液压缸的工作参数和结构尺寸。
（3）结构强度、刚度的计算和校核。
（4）导向、密封、防尘、排气和缓冲等装置的设计。
（5）绘制装配图、零件图、编写设计说明书。

2. 液压缸主要尺寸的确定

液压缸的主要尺寸有缸筒内径 D、活塞杆外径 d 和缸筒长度 L。

（1）缸筒内径 D

液压缸的缸筒内径 D 是根据负载的大小来选定工作压力或往返运动速度比，求得液压缸的有效工作面积，从而得到缸筒内径 D，再从 GB/T 2348—1993《液压气动系统及元件　缸内径及活塞杆外径》中选取最近的标准值作为所设计的缸筒内径。

根据负载和工作压力的大小确定 D 的具体步骤如下。

若单杆活塞缸无杆腔进油时

$$F_1=\frac{\pi}{4}D^2p_1-\frac{\pi}{4}(D^2-d^2)p_2 \Rightarrow D=\sqrt{\frac{4F_1}{\pi(p_1-p_2)}-\frac{d^2p_2}{p_1-p_2}} \qquad (4-19)$$

液压缸设计时常初选回油压力 $p_2=0$，所以有

$$D=\sqrt{\frac{4F_1}{\pi p_1}} \qquad (4-20)$$

若有杆腔进油时，缸筒内径计算公式为

$$F_2=\frac{\pi}{4}(D^2-d^2)p_1-\frac{\pi}{4}D^2p_2 \Rightarrow D=\sqrt{\frac{4F_2}{\pi(p_1-p_2)}+\frac{d^2p_1}{p_1-p_2}} \qquad (4-21)$$

同样，若 $p_2=0$，有

$$D=\sqrt{\frac{4F_2}{\pi p_1}+d^2} \qquad (4-22)$$

最后将以上各式计算求得的 D 值，选择其中最大者，根据手册查表圆整得到标准值。

（2）活塞杆外径 d

活塞杆外径 d 通常先从满足速度或速度比的要求来选择，然后校核其结构强度和稳定性。若速度比（简称速比）为 ϕ，计算公式为

$$d=D\sqrt{\frac{\phi-1}{\phi}} \qquad (4-23)$$

如果对液压缸无速比要求，可根据液压缸的工作压力来确定速比，见表 4-1，然后根据选择的速比计算活塞杆外径，或根据活塞杆受力状况来确定活塞杆外径，见表 4-2。

表 4-1　液压缸的工作压力和速比

液压缸的工作压力 p_1/MPa	≤10	10～20	<20
速比 ϕ	1.33	1.46～2	2

表 4-2　液压缸的工作压力和活塞杆外径

活塞杆承受力情况	受拉伸	受压缩		
液压缸的工作压力 p_1/MPa	与 p_1 无关	<5	5～7	>7
活塞杆外径	$(0.3～0.5)D$	$(0.5～0.55)D$	$(0.6～0.7)D$	$0.7D$

（3）缸筒长度 L

缸筒长度 L 由最大工作行程长度加上各种结构需要来确定，即

$$L=l+B+A+M+C \qquad (4-24)$$

式中，l——活塞的最大工作行程；

B——活塞宽度，一般为 $(0.6\sim1)D$；

A——活塞杆导向长度，取 $(0.6\sim1.5)D$；

M——活塞杆密封长度，由密封方式确定；

C——其他长度，如缓冲所需长度等，可根据具体结构确定。

需要指出的是，为了减小加工的难度，一般缸筒的长度最好不超过内径的 20 倍。

3. 液压缸的校核

对于液压缸的缸筒壁厚、活塞杆外径和缸盖固定螺栓直径，在高压系统中必须进行强度校核。

（1）缸筒壁厚的校核

缸筒壁厚校核时分薄壁和厚壁两种情况，当 $D/\delta\geq10$ 时为薄壁，壁厚按式(4-25)进行校核。

$$\delta\geq\frac{pD}{2[\sigma]} \qquad (4-25)$$

式中，δ——薄缸筒壁厚；

p——为缸最大工作压力；

D——为缸筒内径；

$[\sigma]$——缸筒材料的许用应力，$[\sigma]=\dfrac{\sigma_b}{n}$，$\sigma_b$ 为材料的抗拉强度，n 为安全系数，当 $D/\delta\geq10$ 时，一般取 $n=5$。

当 $D/\delta<10$ 时，称为厚壁筒，高压缸的缸筒大都属于此类。壁厚的校核和安装支撑方式有关，具体校核公式参考有关设计手册。

（2）活塞杆外径的校核

活塞杆在稳定工况下，如果只受轴向推力或拉力 F，可按式(4-26)进行校核。

$$d\geq\sqrt{\frac{4F}{\pi[\sigma]}} \qquad (4-26)$$

式中，F——活塞杆上的作用力；

$[\sigma]$——活塞杆材料的许用应力，$[\sigma]=\sigma_b/1.4$。

但当活塞杆承受的弯曲力矩不可忽略或者活塞杆上设有螺纹退刀槽等结构时，不能用式(4-26)进行计算，这时需按照液压设计手册中的相关公式进行计算校核。

（3）缸盖固定螺栓直径的校核

液压缸盖固定螺栓直径按式(4-27)计算。

$$d\geq\sqrt{\frac{5.2kF}{\pi Z[\sigma]}} \qquad (4-27)$$

式中，F——液压缸负载；

Z——固定螺栓个数；

k——螺纹拧紧系数，$k=1.12\sim1.5$，$[\sigma]=\sigma_z/(1.2\sim2.5)$，$\sigma_z$ 为材料的屈服极限。

4. 液压缸的稳定性校核

活塞杆受轴向压缩负载时，若活塞杆的支撑长度 L（当活塞杆全部伸出时，活塞杆的顶端连接点与液压缸支撑点之间的距离）与活塞杆的外径之比 $L/d \geqslant 10 \sim 15$，需要对活塞杆弯曲稳定性进行校核，应使活塞杆承受的力 F 不超过使它保持稳定工作所允许的临界负载 F_k，以免发生纵向弯曲，破坏液压缸的正常工作。F_k 的值与活塞杆材料性质、截面形状、外径和长度及缸的安装方式等因素有关，可按材料力学有关公式或者液压设计手册中有关公式进行校核。

5. 缓冲计算

液压缸的缓冲计算主要是估计缓冲时缸中出现的最大冲击压力，以便用来校核缸筒强度、制动距离是否符合要求。缓冲计算中如发现工作腔中的液压能和工作部件的动能不能全部被缓冲腔所吸收，制动中就可能产生活塞和缸盖相碰现象。

液压缸在缓冲时，缓冲腔内产生的液压能 E_1 和工作部件产生的机械能 E_2 分别为

$$E_1 = p_c A_c l_c \tag{4-28}$$

$$E_2 = p_p A_p l_c + \frac{1}{2} m v_0^2 - F_f l_c \tag{4-29}$$

式中，p_c——缓冲腔中的平均缓冲压力；

$\quad\quad p_p$——高压腔中的油液压力；

$\quad A_c$、A_p——缓冲腔、高压腔的有效工作面积；

$\quad\quad l_c$——缓冲行程长度；

$\quad\quad m$——工作部件的质量；

$\quad\quad v_0$——工作部件的运动速度；

$\quad\quad F_f$——摩擦力。

式（4-29）中等号右边第一项为高压腔中的液压能，第二项为工作部件的动能，第三项为摩擦能。当 $E_1 = E_2$ 时，工作部件的机械能全部被缓冲腔液体所吸收，由式（4-28）及式（4-29）得

$$p_c = \frac{E_2}{A_c l_c} \tag{4-30}$$

如缓冲装置为节流口可调式缓冲装置，在缓冲过程中的缓冲压力逐渐降低。假定缓冲压力线性地降低，则最大缓冲压力（即冲击压力）为

$$p_{cmax} = p_c + \frac{m v_0^2}{2 A_c l_c} \tag{4-31}$$

如缓冲装置为节流口变化式缓冲装置，则由于缓冲压力 p_c 始终不变，最大缓冲压力的值如式（4-31）所示。

6. 液压缸设计中应注意的问题

液压缸的设计是否合理，直接影响到它的使用性能和维护工作，所以，在设计液压缸时，要注意以下几个方面的问题。

（1）选择合理的液压缸结构形式，各部件的具体结构尽可能按照液压设计手册中推荐的结构进行设计。设计时，还要考虑液压缸的标准化和系列化问题，液压缸的主要参数尽可能选择标准值。

（2）设计活塞杆时，尽量使其在受拉状态下承受最大负载；在受压时，要进行稳定性校核，确保在受压状态下具有良好的稳定性。

（3）在保证能满足系统要求的条件下，应尽可能地使液压缸外形尺寸小，结构简单，还要考虑加工制造、安装固定和维修的方便性。

（4）要考虑液压缸缓冲和排气问题，必要时系统中应设计相应的装置。

（5）在设计密封和防尘装置时，不仅要考虑密封和防尘装置的可靠性，还要考虑其所受的摩擦和使用寿命。

4.5 液 压 马 达

4.5.1 液压马达的特点和分类

1. 特点

液压马达是把液压能转换为机械能的一种能量转换装置。从能量互相转换的观点看，泵和马达是统一体的矛盾着的两个方面，它们可以依一定的条件而变化。当电动机带动其转动时，即为泵，输出压力油（流量和压力）；当向其通入压力油时，即为马达，输出机械能（扭矩和转速）。从工作原理上讲，它们是可逆的，但由于用途不同，在结构上各有其特点。因此，在实际工作中大部分的泵和马达是不可逆的。两者在结构上的差异如下。

（1）液压马达一般都要求能正反转，所以在内部结构上应具有对称忾，而液压泵一般是单方向旋转的，没有这一要求。

（2）为了减小吸油阻力，减小径向力，一般液压泵的吸油口比出油口的尺寸大。而液压马达低压腔的压力稍高于大气压力，所以没有上述要求。

（3）液压马达要求能在很宽的转速范围内正常工作，因此，应采用滚动轴承或静压轴承。因为当马达速度很低时，若采用动压轴承，就不易形成润滑滑膜。

（4）叶片泵依靠叶片跟转子一起高速旋转而产生的离心力使叶片始终贴紧定子的内表面，起封油作用，形成工作容积。若将其当马达用，必须在液压马达的叶片根部装上弹簧，以保证叶片始终贴紧定子内表面，以便马达能正常起动。

（5）液压泵在结构上需保证具有自吸能力，而液压马达则没有这一要求。

（6）液压马达必须具有较大的起动转矩。所谓起动转矩，就是马达由静止状态起动时，马达轴上所能输出的转矩。该转矩通常大于在同一工作压差时处于运行状态下的转矩，所以，为了使起动转矩尽可能接近工作状态下的转矩，要求马达转矩的脉动小，内部摩擦小。

由于液压马达与液压泵具有上述不同的特点，使得很多类型的液压马达和液压泵不能互逆使用。

2. 分类

液压马达按照排量是否可变，可以分为定量马达和变量马达两种。

液压马达按额定转速，可以分为高速和低速两大类。一般将额定转速高于 500r/min 的称为高速液压马达，而额定转速低于 500r/min 的称为低速液压马达。

对于高速液压马达，按照其结构形式又可分为齿轮马达、叶片马达和轴向柱塞马达等，其主要特点是转速较高，转动惯量小，便于起动和制动，调速和换向的灵敏度高，但是输出转矩较小。通常高速液压马达的输出转矩仅几十到几百牛·米，所以又称高速小转矩液压马达。

低速液压马达基本都采用径向柱塞式结构，常用的有多作用内曲线径向柱塞式和单作用曲轴连杆径向柱塞式。低速液压马达主要特点是排量大，体积大，输出转矩大，低速稳定性好，可在每分钟几转甚至零点几转下平稳运转，因此可直接与工作机构连接，不需要减速装置，使传动机构大为简化。低速液压马达输出转矩通常可达几千到几万牛·米，所以又称低速大转矩液压马达。

4.5.2　液压马达的主要性能参数

1. 液压马达的转矩

液压马达在工作中输出的转矩是由负载转矩决定的，而液压马达的工作能力又是通过工作容积的大小来反映的。液压马达的工作容积用排量 V 表示，这是一个重要的参数。根据排量 V 的大小可以计算在给定压力下液压马达所能输出转矩的大小，也可以计算在给定负载转矩下马达工作压力的大小。当液压马达进油口和出油口之间的压力差为 ΔP，输入液压马达的流量为 q，液压马达输出的理论转矩为 T_t，角速度为 ω 时，如果不计损失，液压马达输入的液压功率应当全部转化为液压马达输出的机械功率，即

$$\Delta p q_t = T_t \omega \tag{4-32}$$

又因为 $q_t = Vn$，$\omega = 2\pi n$，所以液压马达的理论转矩为

$$T = \frac{1}{2\pi} \Delta p V \tag{4-33}$$

实际问题中由于摩擦损失，马达的实际转矩为

$$T = \frac{1}{2\pi} \Delta p V \eta_m \tag{4-34}$$

2. 液压马达的转速

马达的转速取决于供给液压油的流量 q 和液压马达本身的排量 V。由于液压马达内部有泄漏，并不是所有进入液压马达的液体都推动液压马达做功，一小部分液体因泄漏损失掉，所以马达的实际转速要比理想情况低一些。

$$n = \frac{q}{V} \eta_v \tag{4-35}$$

3. 液压马达的效率

对于液压马达来说，由于摩擦损失造成转矩损失 ΔT，使液压马达的实际输出的转矩 T 总是小于理论转矩 T_t，因此液压马达的机械效率为

$$\eta_m = \frac{T}{T_t} = \frac{T_t - \Delta T}{T_t} = 1 - \frac{\Delta T}{T_t} \qquad (4-36)$$

液压马达的理论输入流量 q_t 与实际输入流量 q 之比称为液压马达的容积效率，Δq 为泄漏的流量损失，则容积效率为

$$\eta_v = \frac{q_t}{q} = \frac{q - \Delta q}{q} = 1 - \frac{\Delta q}{q} \qquad (4-37)$$

4.5.3 液压马达的工作原理

1. 齿轮马达的工作原理

外啮合齿轮液压马达的工作原理如图 4-15 所示，当压力为 p 的高压油输入进油腔时，处于进油腔的所有轮齿均受到高压油的作用。在轮齿 2 和 2′ 上的液压力相互抵消，轮齿 1、3 和 1′、3′ 上的液压力不能相互抵消，从而在齿轮 1 和 2 上分别产生了不平衡力。作用在齿轮 1 上的不能相互抵消的部分液压力迫使齿轮1顺时针旋转，作用在轮齿 3 上的液压力则迫使齿轮 1 逆时针旋转。由于在轮齿 3 上的液压油作用面积较轮齿 1 大，因此其合力必然是导致齿轮 1 逆时针旋转。与之相对应，齿轮 2 在轮齿 1′ 和 3′ 的合力作用下必然顺时针旋转，这样齿轮马达实现了周期旋转运动，向外输出转矩和转速。

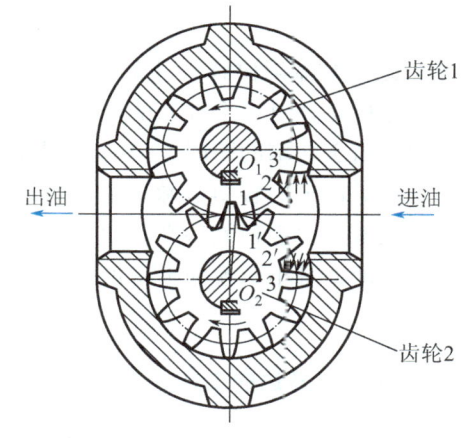

图 4-15 外啮合齿轮液压马达的工作原理

齿轮液压马达为了要满足双向旋转的使用要求，其结构对称，所有内泄漏均通过泄油口单独引到壳体外；为了减少转矩脉动，齿轮马达的齿数比泵的齿数多。

齿轮液压马达密封性较差，容积效率、工作压力较低，输出转矩较小，转速和转矩随啮合点位置的变化而变化，并且脉动较大。因此，齿轮液压马达仅适用于对转矩均匀性要求不高的高速小转矩的机械设备。

2. 轴向柱塞马达的工作原理

轴向柱塞马达的工作原理如图 4-16 所示，当压力为 p 的高压油输入进油腔时，处于进油腔的柱塞（图 4-16 中左侧柱塞），在压力油的作用下外伸压在斜盘上，而斜盘对柱塞产生垂直于斜盘方向的反作用力 N，其可分解为沿柱塞方向的力 F 和垂直于柱塞方向的

力 T。若作用在柱塞底部的油液压力为 p，柱塞直径为 d，力 F 和 N 之间的夹角为 γ 时，它们分别为

$$F = p\frac{\pi d^2}{4} \qquad\qquad (4-38)$$

$$T = F\tan\gamma \qquad\qquad (4-39)$$

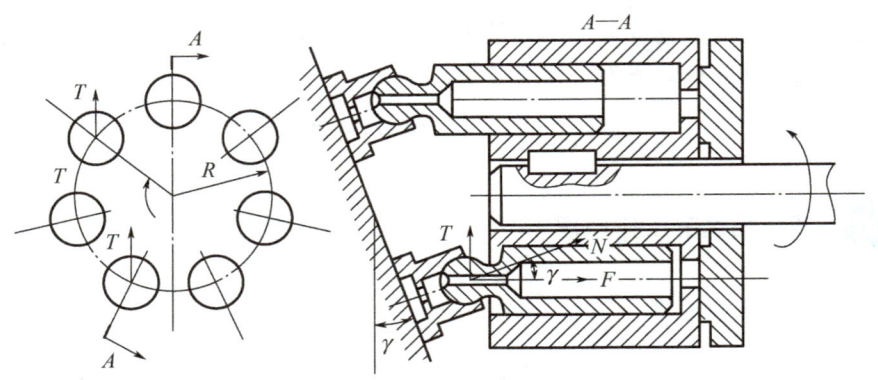

图 4 - 16　轴向柱塞马达的工作原理

力 T 通过柱塞对缸体产生转矩，使缸体旋转，缸体再通过传动轴向外输出转矩和转速。上述分析是针对一个柱塞的情况，整个轴向柱塞马达的输出转矩是由 z 个柱塞的合转矩构成的。由于柱塞的瞬时方位角呈周期性变化，液压马达总的输出转矩也周期性变化，因此液压马达输出的转矩是脉动的，通常只计算马达的平均转矩。

轴向柱塞马达容积效率高，调速范围大，因此必须通过减速器来带动工作机构。其结构尺寸和转动惯量小，换向灵敏度高，输出转矩小，故适用于转矩小、转速高和换向频繁的场合。

3. 径向柱塞马达的工作原理

径向柱塞马达属于低速大转矩马达。它的主要特点是输出转矩大（可达几千至几万牛·米），低速稳定性好（一般可在 10r/min 以下平稳运转，有的可低到 0.5r/min 以下），因此可直接与工作机构连接。径向柱塞马达通常分为两种类型，即单作用连杆径向柱塞马达和多作用内曲线径向柱塞马达。出于篇幅所限，这里仅介绍多作用内曲线径向柱塞马达。

多作用内曲线径向柱塞马达的工作原理如图 4-17 所示。当压力为 p 的高压油进入进油腔后，通过配流轴进入进油区柱塞底部，柱塞受到压力油的作用而向外伸出，使滚轮压在导轨上，导轨面给滚轮一个反向力 F，方向垂直于导轨面，指向滚轮中心。力 F 可分解为沿柱塞轴向方向的力 F_t 和垂直于柱塞轴向的力 F_r，作用力 F_t 推动转子旋转，产生输出转矩和转速。

该类马达转速为 0~100r/min，适用于负载转矩很大、转速低、平稳性要求高的场合，如挖掘机、拖拉机、起重机牵引部件等。

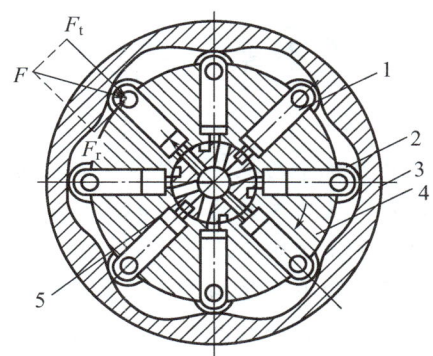

图 4 - 17　多作用内曲线径向柱塞马达的工作原理

1—柱塞；2—滚轮；3—定子；4—转子（缸体）；5—配流轴

4.5.4 液压马达的常见故障及排除方法

液压马达的常见故障及排除方法见表 4 - 3。

表 4 - 3　液压马达的常见故障及排除方法

故 障 现 象	故 障 分 析	排 除 方 法
转速低或 输出功率不足	(1) 液压泵输出流量或压力不足； (2) 液压马达内部泄漏严重； (3) 液压马达外部泄漏严重； (4) 液压马达磨损严重； (5) 液压油黏度小； (6) 进油口堵塞； (7) 回油阻力大； (8) 液压油不洁； (9) 密封不严，空气进入	(1) 查明原因，采取相应措施； (2) 标明泄漏部位和原因，采取密封措施； (3) 加强密封； (4) 更换磨损的零件； (5) 更换黏度适当的液压油； (6) 排出污物； (7) 疏通回油路； (8) 加强过滤； (9) 排出气体，紧固密封
噪声大	(1) 进油口堵塞； (2) 进油口漏气； (3) 液压油不清洁，气泡混入； (4) 液压马达安装不良； (5) 液压马达零件磨损	(1) 排出污物； (2) 拧紧接头； (3) 加强过滤，排除气体； (4) 重新调整、安装； (5) 更换磨损零件
泄漏	(1) 管接头未拧紧； (2) 接合面未拧紧； (3) 密封件损坏； (4) 配油装置发生故障； (5) 互相运动零件间的间隙过大	(1) 拧紧管接头； (2) 拧紧螺钉； (3) 更换密封件； (4) 检修配油装置； (5) 重新调整间隙或修理、更换零件

本章小结

　　液压缸和液压马达都是液压系统中的执行元件，两者之间的区别在于液压缸主要用于实现直线运动和摆动，而液压马达实现的是连续的旋转运动。液压缸是液压系统中应用最广泛的一种液压执行元件。本章讲述了几种常见的液压缸的工作原理，并以双作用单杆活塞液压缸为例介绍了液压缸的典型结构。液压缸一般为标准件，但有时也需专门设计，要了解设计液压缸的主要内容和一般步骤。液压马达根据结构形式的不同，主要分为齿轮式、叶片式、柱塞式三大类，要掌握各类液压马达的工作原理、特点和使用场合。本章介绍的执行元件是以后学习和分析液压基本回路和系统的重要基础。

复习思考题

　　4-1　什么是液压执行元件？包括哪几类？

　　4-2　液压马达和液压泵在具体结构上存在哪些差异？可否通用？

　　4-3　从结构上看，液压缸可以分为几类？

　　4-4　活塞式液压缸的典型结构包括哪几部分？

　　4-5　什么是液压缸的差动连接？其流量如何计算？主要应用在什么场合？

　　4-6　某一系统工作阻力 $F_{阻}=30$ kN，工作压力 $p=4\times10^6$ Pa，试确定双杆式活塞液压缸的活塞直径 D 和活塞杆外径 d。（取 $d=0.7D$，背压为零）

　　4-7　单杆式活塞液压缸差动连接中，若液压缸左腔有效作用面积 $A_1=4\times10^{-3}$ m^2，右腔有效作用面积 $A_2=2\times10^{-3}$ m^2，输入压力油的流量 $q_v=4.16\times10^{-4}$ m^3/s，压力 $p=1\times10^6$ Pa。试求：

　　（1）活塞向右运动的速度；

　　（2）活塞可克服的阻力。

　　4-8　在图 4-18 所示的液压系统中，液压泵的铭牌参数为 $q=18$L/min，$p=6.3$MPa，设活塞直径 $D=90$mm，活塞杆外径 $d=60$mm，在不计压力损失且 $F=28000$N 时，试求在各图示情况下压力表的指示压力。

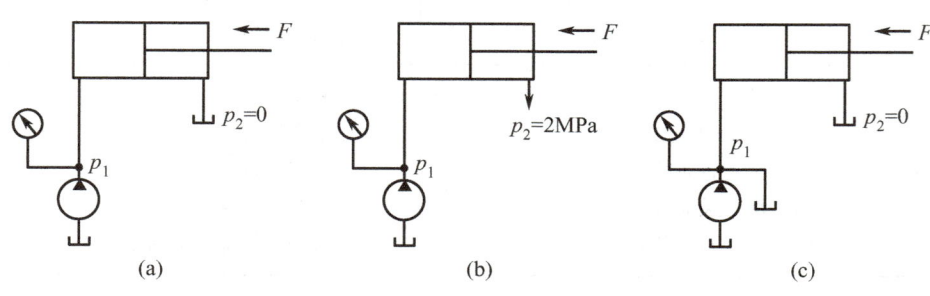

图 4-18　题 4-8 图

4-9　图4-19所示的串联液压缸，A_1和A_2为有效工作面积，F_1和F_2是两活塞杆的外负载，在不计损失的情况下，试求p_1、p_2和v_1、v_2。

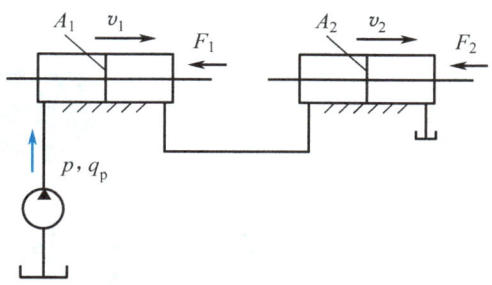

图4-19　题4-9图

4-10　图4-20所示的并联液压缸，$A_1=A_2$，$F_1>F_2$，当右侧液压缸的活塞运动时，试求v_1、v_2和液压泵的出口压力p。

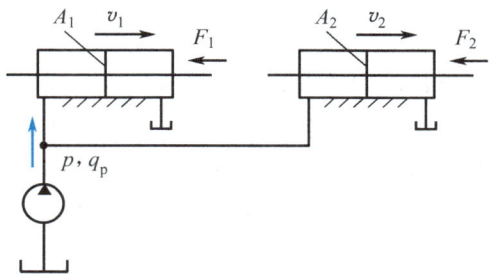

图4-20　题4-10图

【第4章　参考答案】

第 5 章
液压控制元件

本章导读

液压控制阀是液压系统中的控制元件，用来控制和调节液压系统中流体的流动方向、压力和流量，以满足液压执行元件驱动工作装置的要求，是直接影响液压系统工作过程和工作性能的重要元件。液压控制阀按用途可分为方向控制阀、压力控制阀和流量控制阀三大类。本章主要介绍液压控制阀的作用、工作原理、主要性能和在液压系统中的应用。

学习目标

- 了解：叠加阀、插装阀和比例阀。
- 理解：溢流阀的流量压力特性、流量阀中节流口的流量特性。
- 掌握：方向阀、压力阀和流量阀的作用、工作原理、主要性能和在液压系统中的应用。其中应重点掌握换向阀的换向原理、图形符号、滑阀机能及操纵方式，压力阀的工作原理和性能，流量阀的节流调速原理和性能。

5.1 概　　述

液压控制阀（简称液压阀）是液压系统中的控制元件，用来控制液压系统中流体的压力、流量和流动方向，从而使之满足各类执行元件不同的动作要求，是直接影响液压系统工作过程和工作特性的重要元件。

液压阀虽然形式不同，控制功能各异，但具有共性：在结构上都是由阀体、阀芯和操纵控制装置组成的；在工作原理上，所有阀的阀口大小、进口和出口压差及通过阀的流量之间的关系都符合孔口流量公式（$q = CA\Delta p^m$），只是各种阀控制的参数不同。根据液压阀的用途、操纵方式、连接方式、结构形式和控制方式不同可将液压阀进行分类，具体见表 5-1。

表 5 - 1　液压阀的分类

分 类 方 法	种　　类	详 细 分 类
按用途分	压力控制阀	溢流阀、减压阀、顺序阀、平衡阀、卸荷阀、比例压力控制阀、压力继电器
	方向控制阀	单向阀、液控单向阀、换向阀、比例换向控制阀
	流量控制阀	节流阀、单向节流阀、调速阀、分流阀、比例流量控制阀
按操纵方式分	人力操纵阀	手把及手轮、踏板、杠杆
	机械操纵阀	挡块、弹簧、液压、气动
	电动操纵阀	电磁铁、电液联合控制
按连接方式分	管式连接	螺纹连接、法兰式连接
	板式连接及叠加式连接	单层连接板式、双层连接板式、集成块妥板、叠加阀
	插装式连接	螺纹式插装、法兰式插装
按结构形式分	滑阀	圆柱滑阀、旋转阀、平板滑阀
	座阀	锥阀、球阀
	射流管阀	湿式射流管阀、干式射流管阀
	喷嘴挡板阀	单喷嘴挡板阀、双喷嘴挡板阀
按控制方式分	比例阀	电液比例压力阀、电液比例流量阀、电液比例换向阀、电液比例复合阀、电液比例多路阀、气动比列压力阀和气动比例流量阀
	伺服阀	单级电液流量伺服阀、两级电液流量伺报阀、三级电液流量伺服阀、电液压力伺服阀、气液伺服阀、机液伺服阀、气动伺服阀
	数字控制阀	数字控制压力阀、数字控制流量阀和数字控制方向阀

液压传动系统对液压阀的基本要求如下。

（1）动作灵敏，使用可靠，工作时冲击和振动小、噪声小，使用寿命长。

（2）油液通过液压阀时压力损失小。

（3）密封性能好，内泄漏要小，无外泄漏。

（4）结构紧凑，安装、维护、调整、使用方便，通用性好。

5.2　方向控制阀

　　方向控制阀主要用来控制液压系统中的油路的通断或改变油液的流动方向，从而控制执行元件的起动、停止或改变其运动方向。方向控制阀主要有单向阀和换向阀。

5.2.1　单向阀

液压系统中常用的单向阀有普通单向阀和液控单向阀两种。

1. 普通单向阀

普通单向阀的作用是只允许液流沿一个方向流动，反向液流被截止。图 5－1(a) 所示为一种普通单向阀的结构。该阀由阀体、阀芯和弹簧等组成。它的阀芯左部呈锥形，加工了四个径向孔 a 和轴向孔 b。当压力油从左端的通口 P_1 流入阀体时，压力油作用在阀芯的左端，克服阀芯右端的弹簧力使阀芯向右移动，阀芯锥面离开阀座，阀口开启，油液通过阀口、阀芯上的径向孔 a 和轴向孔 b，从阀体右端的通口 P_2 流出。当压力油从阀体右端的通口 P_2 流入时，作用在阀芯右端的液压力和弹簧力一起使阀芯锥面压紧在阀座孔上，使阀口关闭，油液不能通过。普通单向阀的图形符号如图 5－1(b) 所示。

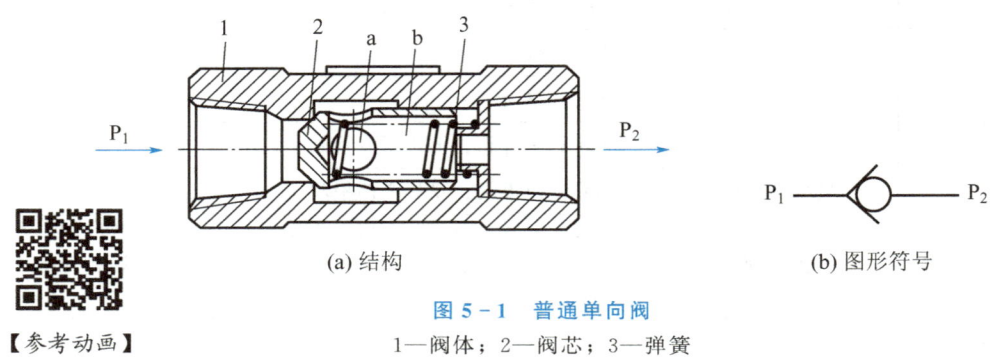

【参考动画】

(a) 结构　　　　　　　　　　　　　(b) 图形符号

图 5－1　普通单向阀
1—阀体；2—阀芯；3—弹簧

普通单向阀的阀芯也可以用钢球式结构，它制造起来方便，但密封性较差，一般用于小流量的场合。

对普通单向阀的主要性能要求：正向流通时压力损失小，反向截止时密封性能好；动作灵敏，工作时撞击和噪声小。

为减小正向流动阻力，普通单向阀弹簧的刚度一般都选得较小。普通单向阀的开启压力一般为 0.03～0.05MPa。如果换上刚度较大的弹簧，可作背压阀使用，安装在液压系统的回油路上，用以产生 0.2～0.6MPa 的背压。此外，普通单向阀常被安装在泵的出口处，一方面防止系统中的液压冲击影响泵的正常工作，另一方面在泵不工作时防止系统的油液倒流经泵回油箱。普通单向阀还被用来分隔油路以防止油路间的相互干扰。普通单向阀和其他阀组合，可组成复合阀，如单向节流阀、单向顺序阀等。

2. 液控单向阀

液控单向阀是可以用来实现逆向流动的单向阀。如图 5－2(a) 所示，液控单向阀比普通单向阀增加了活塞、顶杆和控制油口 K，活塞右侧 a 腔接泄油口（图中未示出）。控制油口 K 处无压力油通入时，它的作用和普通单向阀一样，压力油只能从通口 P_1 流向通口 P_2，不能反向倒流。当控制油口 K 通入压力油，并且作用在活塞左侧的液压力大于阀芯右侧的液压力和弹簧力时，活塞向右移动，同时通过顶杆推动阀芯也右移，阀芯的锥面离开阀座孔，使油口 P_1 和 P_2 相通，油液可从 P_2 口流向 P_1 口。在图示形式的液控单向阀中，控制压力最小须为主油路压力的 $30\%\sim50\%$。液控单向阀的图形符号如图 5 - 2(b) 所示。

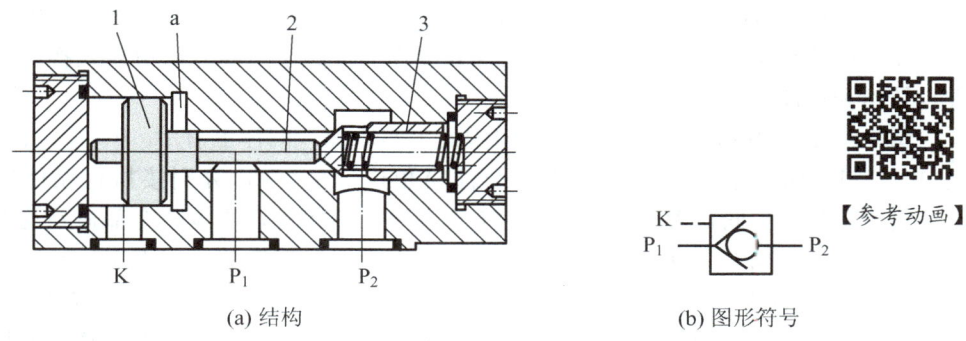

(a) 结构   【参考动画】   (b) 图形符号

图 5 - 2 液控单向阀

1—活塞；2—顶杆；3—阀芯

液控单向阀因泄漏油液方式的不同而有内泄式和外泄式两种。在高压系统中，液控单向阀反向开启前 P_2 口的压力很高，所以要使单向阀反向开启的控制压力也很高。为了减小控制压力，可以采用带卸荷阀芯的液控单向阀，如图 5 - 3 所示。当控制油口 K 通入压力油时，推动活塞上移，先顶开卸荷阀芯，使主油路卸压，然后顶开单向阀芯。这样可大大减小控制压力，使其控制压力约为主油路工作压力的 5%，因此可用于压力较高的场合。

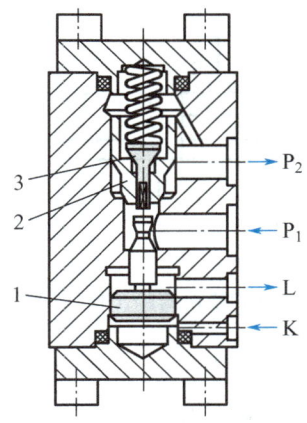

图 5 - 3 带卸荷阀芯的液控单向阀

1—活塞；2—单向阀芯；3—卸荷阀芯

液控单向阀在液压系统中的主要用途有两个。

（1）对液压缸进行锁闭（一般用两个液控单向阀组成液压锁）。

（2）作立式液压缸的支撑阀。

5.2.2　换向阀

换向阀利用阀芯和阀体间的相对位置不同，来变换阀体上各油口的通断关系，实现各油路连通、切断或改变油流的方向，从而使液压执行元件起动、停止或变换运动方向。

　　换向阀的种类繁多，通常按以下方式进行分类。按照阀芯相对阀体的运动方式，可分为滑阀和转阀；按照控制方式，可分为手动、机动、电磁、液动、电液动和气动；按照阀的工作位置和控制的通路数，可分为两位两通、两位三通、两位四通、三位四通和三位五通等；按照换向阀的阀芯在阀体中的定位方式，可分为钢球定位、弹簧复位和弹簧对中等。

　　在液压传动系统中广泛采用的是滑阀式换向阀。这里主要介绍滑阀式换向阀的工作原理、结构和性能。

　　图 5 - 4(a) 所示为一种滑阀式换向阀的工作原理，阀体上有 P、T_1、T_2、A、B 五个通口，P 口与液压泵相接，T_1、T_2 口与油箱相连，A、B 口分别接执行元件液压缸的两腔。当阀芯处于中间位置时，阀体上的五个油口互不相通，流体的全部通路均被切断，活塞不动。当阀芯向右移动一定距离时，P、T_2 口打开，T_1 口关闭，由液压泵输出的压力油从 P 口经 A 口进入液压缸左腔，活塞向右运动，液压缸右腔的油从 B 口经 T_2 口流回油箱；反之，若阀芯向左移动某一距离时，压力油从 P 口经 B 口进入液压缸右腔，左腔的油从 A 口经 T_1 口流回油箱，活塞便向左运动。因而可以通过移动阀芯来实现执行元件的正向运动、反向运动或停止。

　　换向阀的功能主要由其控制的通路数和工作位置决定。图 5 - 4(a) 所示的换向阀有三个工作位置和五条通路，称为三位五通阀。它的图形符号如图 5 - 4(b) 所示。

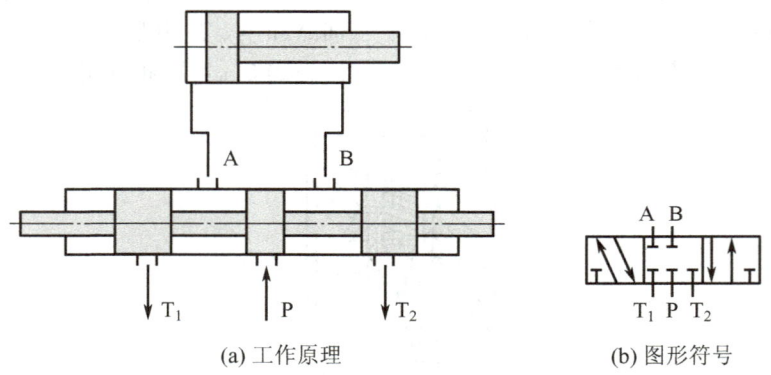

(a) 工作原理　　　　　　　　(b) 图形符号

图 5 - 4　滑阀式换向阀的工作原理和图形符号

1. 主体结构

　　阀体和阀芯是滑阀式换向阀的结构主体。表 5 - 2 列出了常见滑阀式换向阀主体部分的结构原理图、图形符号和使用场合。

表 5 - 2　常见滑阀式换向阀主体部分的结构原理图、图形符号和使用场合

名称	结构原理图	图形符号	使用场合
二位二通阀	A　P	A／P	控制油路的接通与切断（相当于一个开关）
二位三通阀	A　P　B	A　B／P	控制液流方向（从一个方向变换为另一个方向）

（续）

名 称	结构原理图	图形符号	使 用 场 合	
二位四通阀		A B P T	不能使执行元件在任一位置上停止运动	执行元件正向、反向运动时回油方式相同
三位四通阀		A B P T	控制执行元件换向	能使执行元件在任一位置上停止运动	执行元件正向、反向运动时回油方式相同
二位五通阀		A B T₁ P T₂	不能使执行元件在任一位置上停止运动	执行元件正向、反向运动时回油方式不同
三位五通阀		A B T₁ P T₂	能使执行元件在任一位置上停止运动	执行元件正向、反向运动时回油方式不同

表 5-2 中图形符号的含义如下。

（1）一个方框表示阀的一个工作位置，有几个方框就表示几位阀。

（2）方框上下与外部连接线表示阀的通口数，有几条线就表示几通阀。

（3）方框内的箭头表示油路接通，但箭头方向不一定是液流的实际流向；符号"⊤"或"⊥"表示此通口被阀芯封闭，即不通。

（4）通常用字母 P 表示压力油口，与系统供油路连接；用 T 表示回油口，与油箱连接；用 A、B 表示工作油口，与执行元件连接。

（5）换向阀都有两个或两个以上的工作位置，其中一个是常态位，即阀芯未受到操纵力作用时所处的位置。绘制液压系统图时，油路一般应连接在换向阀的常态位上。三位阀的中位是常态位，二位阀则是靠近弹簧的方框内的通路状态为其常态位。

2. 操纵方式

换向阀中阀芯相对于阀体的运动需要有外力操纵来实现，常用的操纵方式有手动、机动、电磁动、液动和电液动等。

（1）手动换向阀

手动换向阀是利用手动杠杆等机构来改变阀芯和阀体的相对位置实现换向的。图 5-5 所示为三位四通手动换向阀。

97

图 5-5(a) 所示为弹簧自动复位式三位四通手动换向阀的结构。向左扳动手柄时，杠杆推动阀芯向右移动，通口 P 和 B 相通，A 和 T 相通；反之，通口 P 和 A 相通，通口 B 通过阀芯上的径向孔和轴向孔与 T 口相通。松开手柄，阀芯在右端弹簧的作用下自动回复到中位，四个通口互不相通。该阀适用于动作频繁、工作持续时间短的场合，操作比较安全，常用于工程机械的液压传动系统中。

如果将阀芯右端改为图 5-5(b) 所示的结构，当阀芯向左或向右移动后，就可借助钢球使阀芯保持在左端或右端的工作位置，故称为钢球定位式手动换向阀，适用于机床等需要保持工作状态时间较长的场合。

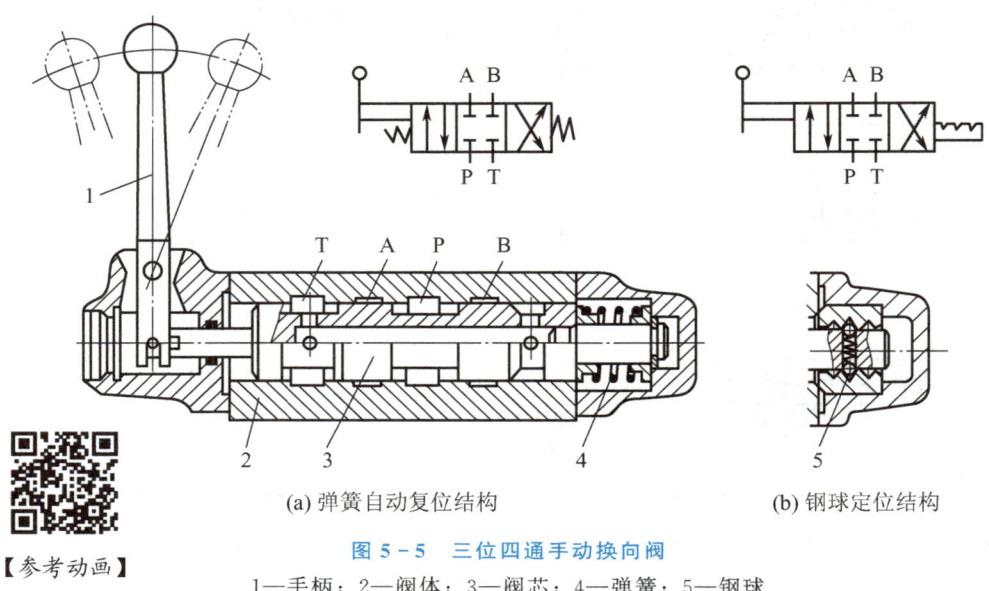

【参考动画】

(a) 弹簧自动复位结构   (b) 钢球定位结构

图 5-5 三位四通手动换向阀

1—手柄；2—阀体；3—阀芯；4—弹簧；5—钢球

（2）机动换向阀

机动换向阀主要用来控制机械运动部件的行程，借助于安装在工作台上的挡铁或凸轮来迫使阀芯移动，从而控制油液的流动方向。机动换向阀通常是二位的，有二通、三通、四通和五通几种，其中二位二通机动阀又分为常闭和常开两种。

图 5-6(a) 所示为滚轮式二位二通常闭式机动换向阀结构，在图示位置阀芯被弹簧压向左端，油腔 P 和 A 不通，当挡铁或凸轮压住滚轮迫使阀芯移动到右端时，使油腔 P 和 A 接通。图 5-6(b) 所示为其图形符号。

（3）电磁换向阀

电磁换向阀是利用电磁铁通电吸合后产生的吸力推动阀芯移动控制液流方向的。它是电气系统与液压系统之间的信号转换元件，其电气信号由液压设备中的按钮开关、限位开关、行程开关等电气元件发出，从而可以使液压系统方便地实现各种操作及自动顺序动作。

电磁铁按使用电源的不同，可分为交流和直流两种；按衔铁工作腔是否有油液，可分为干式和湿式两种。交流电磁铁起动力较大，不需要专门的电源，吸合、释放快，动作时间为 0.01~0.03s，其缺点是若电源电压下降 15% 以上，则电磁铁吸力明显减小，若衔铁不动作，干式电磁铁会在 10~15min 后烧坏线圈（湿式电磁铁为 1~1.5h），并且冲击及噪声较大，使用寿命短，因而在实际使用中交流电磁铁允许的切换频率一般为一分钟 10 次，不得超过一分钟 30 次。直流电磁铁工作较可靠，吸合、释放动作时间为 0.05～ 0.08s，允许使用的切换频率较高，一般可达一分钟 120 次，最高可达一分钟 300 次，并且冲击小、体积小、使用寿命长，但需要专门的直流电源，成本较高。

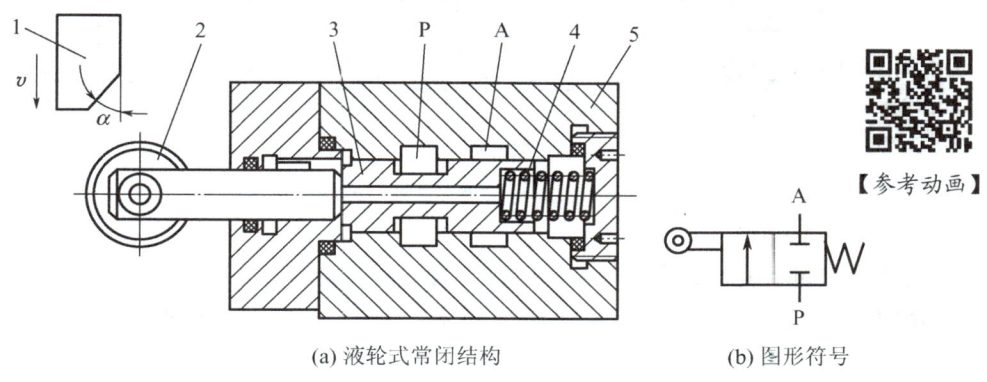

【参考动画】

(a) 液轮式常闭结构　　　　　　(b) 图形符号

图 5-6　二位二通机动换向阀

1—挡铁；2—滚轮；3—阀芯；4—弹簧；5—阀体

图 5-7(a) 所示为二位三通交流电磁换向阀的结构。在图示位置，油口 P 与 A 相通，油口 B 断开；当电磁铁通电吸合时，推杆将阀芯推向右端，这时油口 P 与 B 相通，A 口断开。当电磁铁断电释放时，右端的弹簧推动阀芯复位。图 5-7(b) 所示为其图形符号。

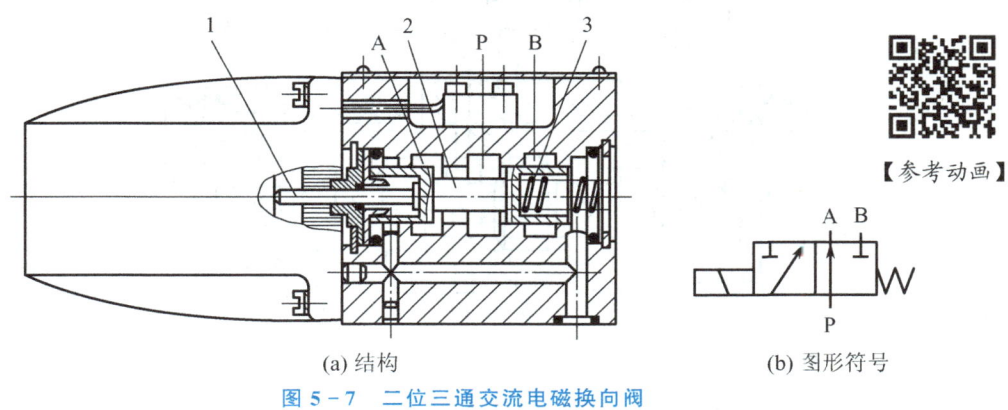

【参考动画】

(a) 结构　　　　　　　　　(b) 图形符号

图 5-7　二位三通交流电磁换向阀

1—推杆；2—阀芯；3—弹簧

（4）液动换向阀

由于电磁换向阀受到电磁铁吸力较小的限制，因此通过的流量较小。当需要通过的流量较大时，就必须采用液压驱动或电液驱动等方式。

液动换向阀是利用控制油路的压力油在阀芯端部产生的液压力来推动阀芯移动，从而改变阀芯位置的换向阀。图 5-8 所示为三位四通液动换向阀。当压力油从控制油口 K_1 进入阀芯左端的密封腔，K_2 通回油时，阀芯向右移动，使压力油口 P 与 A 相通，B 与 T 相通；当 K_2 通压力油，K_1 通回油时，阀芯向左移动，使得 P 与 B 相通，A 与 T 相通；当 K_1、K_2 都通回油时，阀芯在两端弹簧的作用下回到中间位置。

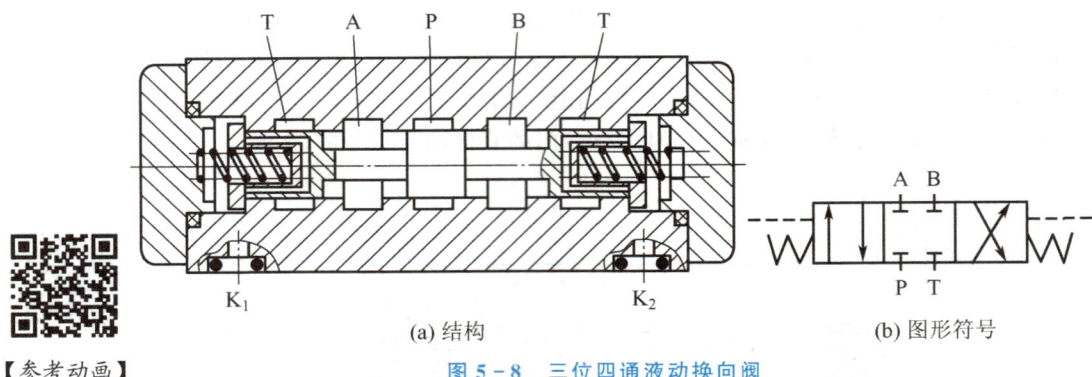

(a) 结构 （b) 图形符号

图 5－8　三位四通液动换向阀

【参考动画】

（5）电液换向阀

电液换向阀是由电磁换向阀和液动换向阀组合而成的。其中，液动换向阀被用来实现主油路的换向，称为主阀；电磁换向阀用来改变液动换向阀的控制油的流向，称为先导阀。

图 5－9（a）所示为电液换向阀的结构。当两个电磁铁都不通电时，先导阀阀芯处于中位，主阀阀芯也处于中位。当左侧电磁铁通电时，先导阀阀芯移向右位，压力油经先导阀

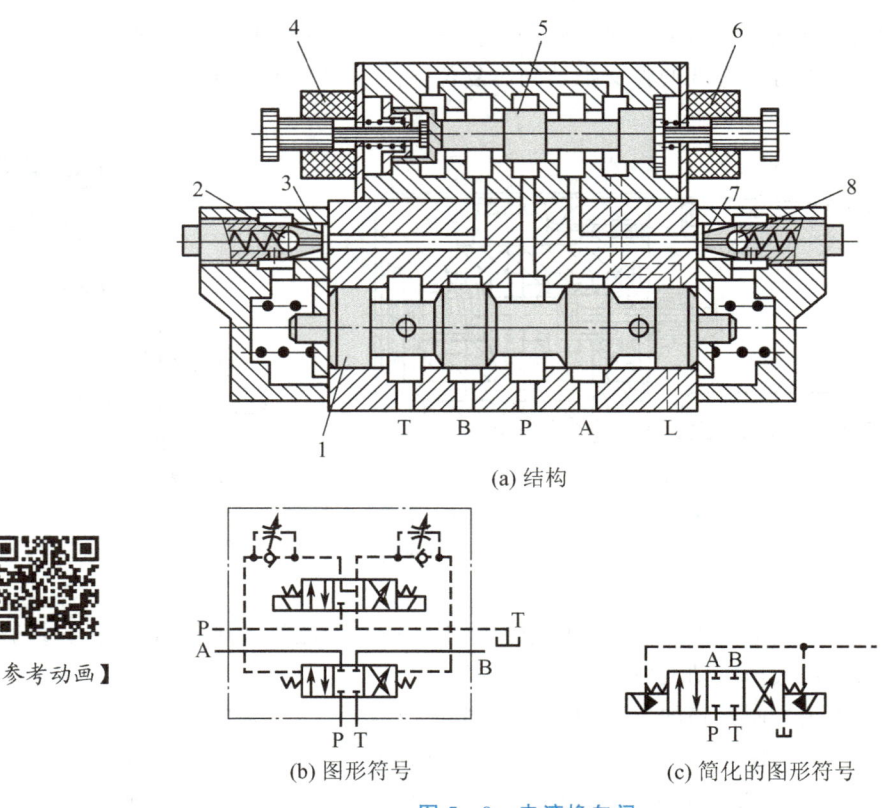

(a) 结构

【参考动画】

(b) 图形符号　　　　　(c) 简化的图形符号

图 5－9　电液换向阀

1—主阀阀芯；2—单向阀；3—节流阀；4—电磁铁；
5—先导阀阀芯；6—电磁铁；7—节流阀；8—单向阀

和左侧单向阀进入主阀阀芯的左端，其右端的油则经右侧节流阀和先导阀从 L 口流回油箱，推动主阀阀芯右移，移动速度由右侧节流阀的开口大小决定。同理，当右侧电磁铁通电，先导阀阀芯移向左位时，主阀阀芯也移向左位，其移动速度由左侧节流阀的开口大小决定。图 5-9(b) 和图 5-9(c) 所示为电液换向阀的图形符号及简化的图形符号。

在电液换向阀中，由于控制油的流量不大，可以由先导阀控制；主阀阀芯是靠液压力推动的，因此推力可以很大，操纵也很方便。此外，主阀阀芯向左或向右的移动速度可分别由两侧的节流阀调节，这就使系统中的执行元件能够得到平稳无冲击的换向。所以，这种操纵形式的换向性能比较好，适用于高压、大流量的场合。

3. 换向阀的性能和特点

（1）滑阀机能

三位换向阀的阀芯在中间位置时各油口的连通方式称为滑阀机能（也称中位机能）。不同的滑阀机能可满足系统的不同要求。表 5-3 列出了三位换向阀常用的 10 种滑阀机能，而其左位和右位各油口的连通方式均为直通或交叉相通，所以只用一个字母来表示中位的形式。不同的滑阀机能，是在阀体尺寸不变的情况下，通过改变阀芯的台肩结构、轴向尺寸及阀芯上径向通孔的个数得到的。

表 5-3 三位换向阀常用的 10 种滑阀机能

机能代号	滑阀中位状态	图形符号	性能特点
O			各通口全封闭，系统不卸荷，缸封闭
H			各通口全连通，系统卸荷
Y			系统不卸荷，缸两腔与回油连通
J			系统不卸荷，缸一腔封闭，另一腔与回油连通
C			压力油与缸一腔连通，另一腔及回油都封闭
P			压力油与缸两腔连通，回油封闭

（续）

机能代号	滑阀中位状态	图形符号	性 能 特 点
K		A B P T	压力油与缸一腔及回油连通，另一腔封闭，系统可卸荷
X		A B P T	压力油与各通口半开启连通，系统保持一定的压力
M		A B P T	系统卸荷，缸两腔封闭
U		A B P T	系统不卸荷，缸两腔连通，回油封闭

在分析和选择阀的滑阀机能时，通常考虑以下几点。

① 系统保压。当 P 口被堵塞，系统保压，液压泵能用于多执行元件系统。当 P 不太通畅地与 T 口接通时（如 X 型），系统能保持一定的压力供控制油路使用。

② 系统卸荷。P 口通畅地与 T 口接通时，系统卸荷。

③ 换向平稳性和精度。当通液压缸的 A、B 两口都堵塞时，换向过程易产生液压冲击，换向不平稳，但换向精度高。反之，A、B 两口都通 T 口时，换向过程中工作部件不易制动，换向精度低，但液压冲击小。

④ 起动平稳性。阀在中位时，液压缸某腔如通油箱，则起动时该腔内因无油液起缓冲作用，起动不太平稳。

⑤ 液压缸"浮动"和在任意位置上的停止。阀在中位，当 A、B 两口互通时，卧式液压缸呈"浮动"状态，可利用其他外力移动工作台。当 A、B 两口堵塞或与 P 口连接（在非差动情况下），则可使液压缸在任意位置停下来。

三位换向阀除了在中间位置时有各种滑阀机能外，有时也把阀芯在其一端位置时的油口连通情况设计成特殊的机能，这时分别用两个字母来表示滑阀在中间状态和一端状态的滑阀机能，常用的有 OP 型和 MP 型等，它们的图形符号如图 5-10 所示。OP 型和 MP 型滑阀机能主要用于差动连接回路，以得到快速行程。

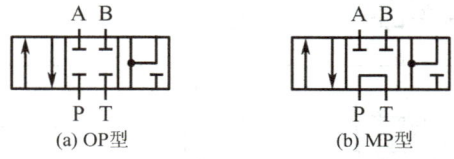

(a) OP型   (b) MP型

图 5-10　OP 型、MP 型滑阀机能图形符号

（2）滑阀的液动力

由液流的动量定律可知，油液通过换向阀时作用在阀芯上的液动力有稳态液动力和瞬态液动力两种。滑阀上的稳态液动力是在阀芯移动完毕，开口固定之后，液流流过阀口时因动量变化而作用在阀芯上的有使阀口关小趋势的力，其值与通过阀的流量大小有关，流量越大，液动力也越大，因而使换向阀切换的操纵力也越大。由于在滑阀式换向阀中稳态液动力相当于一个回复力，因此它对滑阀性能的影响是使滑阀的工作趋于稳定。滑阀上的瞬态液动力是滑阀在移动过程中（即开口大小发生变化时），阀腔液流因加速或减速而作用在阀芯上的力。这个力与阀芯的移动速度有关（即与阀口开度的变化率有关），而与阀口开度本身无关。瞬态液动力对滑阀工作稳定性的影响要视具体结构而定，在此不做详细分析。

（3）滑阀的卡紧现象

一般滑阀的阀孔和阀芯之间有很小的间隙，当间隙均匀且间隙中有油液时，移动阀芯所需的力只须克服黏性摩擦力，数值是相当小的。但在实际使用中，特别是在中压系统及高压系统中，当阀芯停止运动一段时间后（一般约5min以后），这个阻力可以大到几百牛，使阀芯重新移动十分费力，这就是所谓的液压卡紧现象。

引起液压卡紧的原因，有的是由于脏物进入间隙而使阀芯移动困难，有的是由于间隙过小，油温升高时造成阀芯膨胀而卡死，但是主要原因是来自滑阀几何形状误差和同心度变化所引起的径向不平衡液压力。如图5-11(a)所示，当阀芯和阀体孔之间无几何形状误差且轴心线平行但不重合时，阀芯周围间隙内的压力分布是线性的（图中A_1和A_2线所示），并且各向相等，阀芯上不会出现不平衡的径向力；当阀芯因加工误差而带有倒锥（锥部大端朝向高压腔）且轴心线平行而不重合时，阀芯周围间隙内的压力分布如图5-11(b)中曲线A_1和A_2所示，这时阀芯将受到径向不平衡力（图中阴影部分）的作用而使偏心距越来越大，直到两者表面接触为止，这时径向不平衡力达到最大值；但是，如阀芯带有顺锥（锥部大端朝向低压腔），产生的径向不平衡力将使阀芯和阀孔间的偏心距减小；图5-11(c)所示为阀芯表面有局部凸起，相当于阀芯碰伤，残留毛刺或间隙中楔入脏物时，阀芯受到的

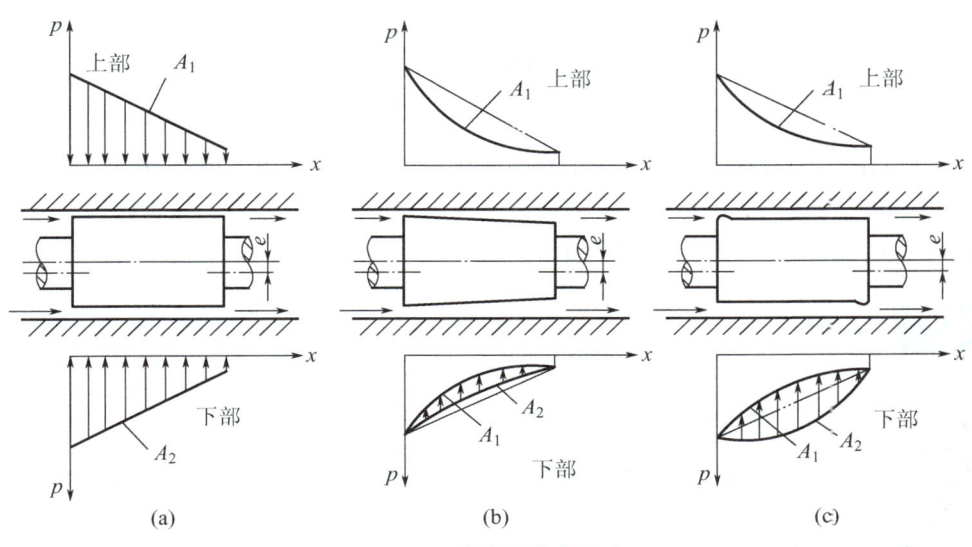

图5-11　滑阀上的径向力

径向不平衡力将使阀芯的凸起部分推向孔壁。

当阀芯受到径向不平衡力作用而和阀孔相接触后，间隙中存留液体被挤出，阀芯和阀孔间的摩擦变成半干摩擦乃至干摩擦，使阀芯重新移动时所需的力增大了许多。

滑阀的液压卡紧现象不仅存在换向阀中，在其他液压阀中也普遍存在，在高压系统中更为突出，特别是滑阀的停留时间越长，液压卡紧力越大，以致造成移动滑阀的推力（如电磁铁推力）不能克服卡紧阻力，使滑阀不能复位。

为了减小径向不平衡力，应严格控制阀芯和阀孔的制造精度，在装配时，尽可能使其成为顺锥形式。另外在阀芯上开环形均压槽，也可以大大减小径向不平衡力，如图 5 - 12 所示。环形均压槽的尺寸一般是宽 $0.3 \sim 0.5$mm，深 $0.5 \sim 0.8$mm，槽距 $1 \sim 5$mm。

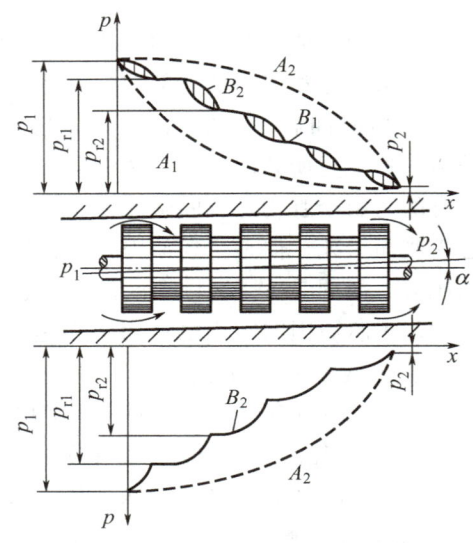

图 5 - 12　滑阀环形槽的作用

5.3　压力控制阀

压力控制阀（简称压力阀）是用来控制液压系统中的油液压力或通过压力信号实现控制的阀类，包括溢流阀、减压阀、顺序阀、平衡阀和压力继电器等。这类阀的共同特点是利用在阀芯上的液压力和弹簧力相平衡的原理来进行工作的。

5.3.1　溢流阀

【参考动画】

1. 功用和分类

溢流阀是通过阀口的溢流，使被控制系统或回路的压力维持恒定，实现稳压、调压或限压的作用。

常用的溢流阀按其结构形式分为直动式溢流阀和先导式溢流阀。

2. 结构和工作原理

（1）直动式溢流阀

图 5-13 所示为直动式溢流阀。该阀由阀体、阀芯、上盖、调压弹簧、调节杆和调压螺母等组成。图示位置为阀芯在弹簧力的作用下处于最下端位置，阀芯的台肩将进口和出口隔断，压力油从 P 口进入，经径向孔 a 和轴向孔 b 后作用在阀芯的底部。当进油压力较低，作用在阀芯底部的液压力小于弹簧力时，阀芯不动，阀口关闭。当作用在阀芯底部的液压力大于或等于弹簧力时，阀芯向上移动，阀口打开，使油液从 T 口流回油箱。阀芯上的轴向孔 b 为阻尼孔，对阀芯的动作产生阻尼，以提高阀的工作稳定性。

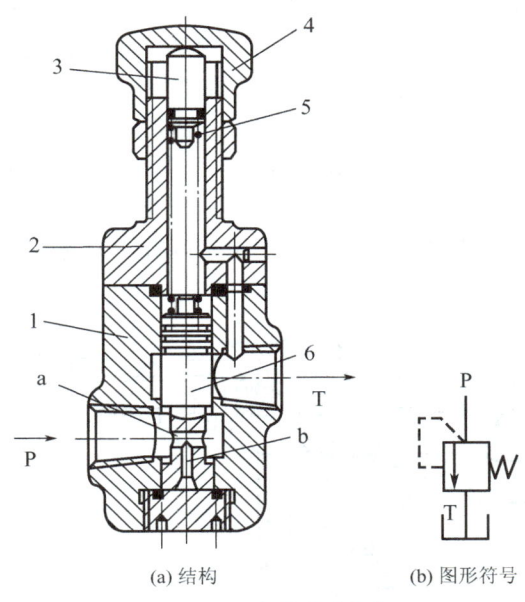

(a) 结构 (b) 图形符号

图 5-13 直动式溢流阀

1—阀体；2—上盖；3—调节杆；4—调压螺母；5—调压弹簧；6—阀芯

当溢流阀稳定工作时，作用在阀芯上的力是平衡的，此时力的平衡方程可以表示为

$$pA_R = F_s + F_{bs} + G \pm F_f \tag{5-1}$$

式中，p——进油口压力；

A_R——阀芯底部承受油液压力的面积；

F_s——弹簧力；

F_{bs}——稳态液动力；

G——阀芯自重；

F_f——摩擦力。

若忽略液动力、阀芯的自重和摩擦力，则式（5-1）可以写成

$$p = \frac{F_s}{A_R} \tag{5-2}$$

由式（5-2）可见，溢流阀进口处的压力主要与弹簧力有关，所以调节调压螺母改变弹簧的预紧力，便可调整溢流阀进口处的压力。

直动式溢流阀结构简单，灵敏度高。但是，直动式溢流阀是用液压力和弹簧力直接比较控制阀芯动作的，若阀的工作压力较高，流量较大，则要求调压弹簧的刚度很大，这不仅使调节性能变差，而且结构上也难以实现。所以，直动式溢流阀一般用于压力小于2.5MPa 的小流量场合。

（2）先导式溢流阀

图 5-14 所示为一种先导式溢流阀。该阀由上部的先导阀和下部的主阀两部分组成。先导阀主要由锥阀、调压弹簧、调压手轮、阀座和螺堵等组成。主阀由主阀阀芯、平衡弹簧、阀座和主阀体等组成。系统压力油从 P 口进入，经主阀阀芯上的阻尼孔 f 流到主阀阀芯的上腔，然后进入先导阀，经孔 a 及阻尼孔 g 作用到锥阀上。当系统压力较低，作用在锥阀左侧的液压力小于调压弹簧的预紧力时，锥阀被弹簧力压紧在阀座上，阀内没有液体流动。作用在主阀阀芯上下的液压力平衡，主阀阀芯被平衡弹簧压在最下端，阀口关闭。当系统压力增大到作用在锥阀左侧的液压力大于或等于调压弹簧的预紧力时，锥阀向右移动，先导阀打开，液流通过孔 b、T 口流回油箱。油液流经阻尼孔 f 时将消耗能量，使主阀阀芯上端的压力 p_2 小于下端的压力 p_1。当作用在主阀阀芯下端的液压力 $p_1 A_R$ 大于或等于上端的液压力 $p_2 A_R$、弹簧力 F_s、稳态液动力 F_{bs}、摩擦力 F_f 和阀芯自重 G 时，主阀芯向上移动，阀口开启，油液从 P 口流入，经主阀阀口由 T 口流回油箱，实现溢流。

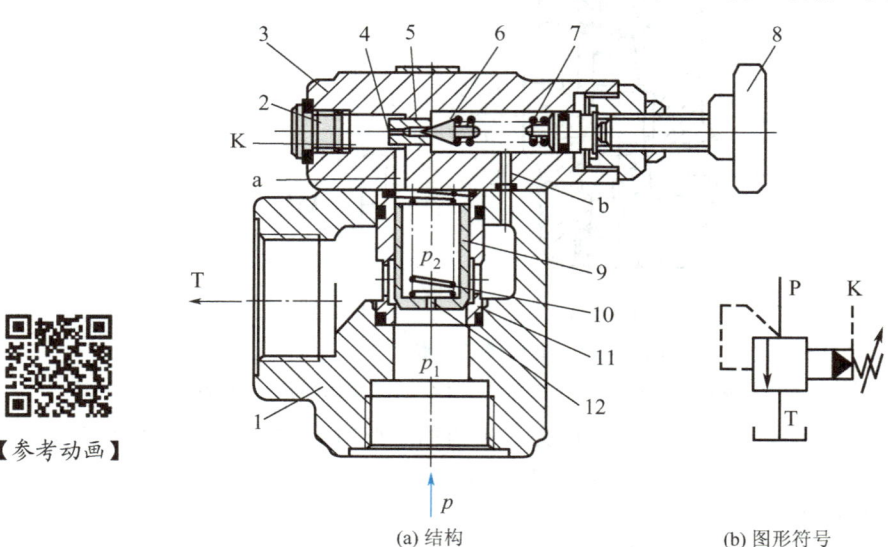

（a）结构　　　　　　　　　　（b）图形符号

图 5-14　先导式溢流阀

1—主阀；2—螺堵；3—先导阀；4—阻尼孔 g；5—阀座；6—锥阀；7—调压弹簧；
8—调压手轮；9—主阀阀芯；10—平衡弹簧；11—阀座；12—阻尼孔 f

作用在主阀阀芯上下两端的压差为

$$\Delta p = p_1 - p_2 \geqslant \frac{F_s + F_{bs} + G \pm F_f}{A_R} \qquad (5-3)$$

由式（5-3）可知，由于油液通过阻尼孔而产生的 p_1 与 p_2 之间的压差值不太大，因此主阀阀芯只需一个小刚度的软弹簧即可；而作用在先导阀上的压力 p_2 与其先导阀阀芯面积的乘积即为先导阀弹簧的调压弹簧力，由于先导阀一般为锥阀，受压面积较小，因此用一个刚度不太大的弹簧即可调整较高的开启压力 p_2，用调压手轮调节先导阀的弹簧预紧力，便可调节溢流阀的溢流压力。

如果将先导阀左侧的螺堵旋下，远程控制口 K 打开。当将 K 口通过二位二通阀接通油箱时，主阀阀芯上端的压力接近于零，平衡弹簧很软，主阀阀芯在很小的压力下便可克服平衡弹簧力移向上端，阀口开得最大，这时系统的油液在很低的压力下通过阀口流回油箱，实现卸荷作用。如果将 K 口接到另一个远程调压阀上，并使远程调压阀的调定压力小于先导阀的压力，则主阀阀芯上端的压力就由远程调压阀来决定。使用远程调压阀后可对系统的溢流压力实行远程调节。

3. 溢流阀的性能

溢流阀的性能包括静态性能和动态性能。

（1）静态性能

① 调压范围。调压范围是指在规定的范围内调节调压弹簧时，系统压力能平稳地上升或下降，并且压力无突跳及迟滞现象时的最大和最小调定压力。

② 启闭特性。启闭特性是指溢流阀在稳态情况下从开启到闭合的过程中，被控压力与通过溢流阀的溢流量之间的关系。溢流阀的特性曲线如图 5-15 所示，图中实线表示开启特性，虚线表示闭合特性。

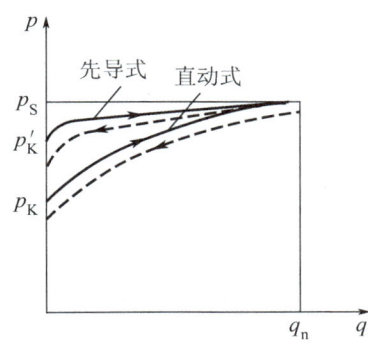

图 5-15 溢流阀的特性曲线

由图 5-15 可见，当溢流量 q 变化时，溢流阀的进口压力 p 是变化的。溢流阀开始溢流时，进口处的压力称为开启压力 p_K。当溢流量增加时，阀口开度加大，p 值也加大。当溢流阀通过额定流量 q_n 时，阀芯移动到相应位置，这时进口处的压力称为调定压力 p_S。调定压力与开启压力之差 $p_S - p_K$ 称为调压偏差。调压偏差越小，溢流阀的调压精度越高。

从图 5-15 可见，对于同一个溢流阀，其开启特性总是优于闭合特性。这主要是由于溢流阀的阀芯在移动过程中要受到摩擦力的作用，阀口在开启和闭合两种运动中，摩擦力的方向相反。此外，先导式溢流阀的启闭特性优于直动式溢流阀，这主要是由于直动式溢流阀内的弹簧力直接与溢流阀进口压力所产生的液压力相平衡，弹簧刚度大，当溢流量波动而引起阀芯开口量变化时，弹簧变化量就大，使调定压力也产生较大的变化。在先导式溢流阀中，主阀阀芯主要用于克服阀芯的摩擦力，弹簧刚度小，当溢流量变化引起主阀弹簧压缩量变化时，弹簧力变化较小，因此阀进口压力变化也较小。

关于溢流阀的启闭特性，目前有如下规定：先把溢流阀调到全流量时的额定压力，在开启过程中，当溢流量加大到额定流量的 1% 时，系统的压力称为阀的开启压力；在闭合过程中，当溢流量减小到额定流量的 1% 时，系统的压力称为阀的闭合压力。为了保证溢流阀具有良好的静态特性，一般说来，阀的开启压力和闭合压力对额定压力之比分别不应低于 90% 和 85%。

③ 卸荷压力。当溢流阀的远程控制口 K 与油箱相连时，额定流量下的压力损失称为卸荷压力。

（2）动态性能

当溢流阀在溢流量发生由零至额定流量的阶跃变化时，它的进口压力，也就是它所控制的系统压力，将如图 5-16 所示迅速升高并超过额定压力的调定值，然后逐步衰减到最终稳定压力，从而完成其动态过渡过程。

定义最大峰值压力与调定压力 p_S 的差值为压力超调量 Δp，并将 $(\Delta p / p_S) \times 100\%$ 称为压力超调率。它是衡量溢流阀动态定压误差及稳定性的重要性能指标，一般要求压力超调率小于 30%。

图 5-16 中的 Δt_1 为响应时间，Δt_2 为过渡过程时间。显然，Δt_1 越小，溢流阀的响应越快；Δt_2 越小，溢流阀的动态过渡过程时间越短。

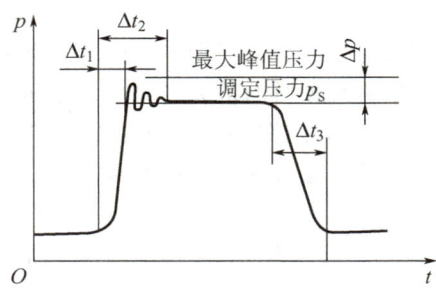

图 5-16　溢流阀的动态特性

4. 应用

在系统中，溢流阀的主要用途有以下几个。

（1）作溢流阀，使系统压力恒定。

（2）作安全阀，对系统起过载保护作用。

（3）作背压阀，接在系统的回油路上，造成一定的回油阻力，以改善执行元件的运动平稳性。

（4）实现远程调压或使系统卸荷。

5.3.2　减压阀

1. 功用和要求

减压阀是使出口压力低于进口压力的压力控制阀。减压阀用来降低液压系统中某一回路的压力，使一个油源能同时提供两个或几个不同压力的输出。它在系统的夹紧、控制和润滑等油路中应用较多。

对减压阀的要求：出口压力维持恒定，不受入口压力、通过流量大小的影响。

2. 工作原理和结构

图 5-17 所示为直动式减压阀。当阀芯处在原始位置上时，它的阀口是打开的，进口

P_1 和出口 P_2 相通。减压阀的阀芯由出口处的压力控制，出口压力未达到调定压力时阀口全开，阀芯不工作。当出口压力达到调定压力时，阀芯上移，阀口关小，整个阀处于工作状态。如忽略其他阻力，仅考虑阀芯上的液压力和弹簧力相平衡的条件，则可以认为出口压力基本上维持在某一定值——调定值上。如出口压力减小，阀芯下移，阀口开大，阀口处阻力减小，压降减小，使出口压力上升到调定值。反之，如出口压力增大，则阀芯上移，阀口关小，阀口处阻力加大，压降增大，使出口压力下降到调定值。

图 5-18 所示为先导式减压阀，可模仿先导式溢流阀的工作过程夹推演。阀的下盖上装有缓冲活塞，防止出口压力突然减小时主阀芯产生撞击现象，也可减缓出口压力的波动。

【参考动画】

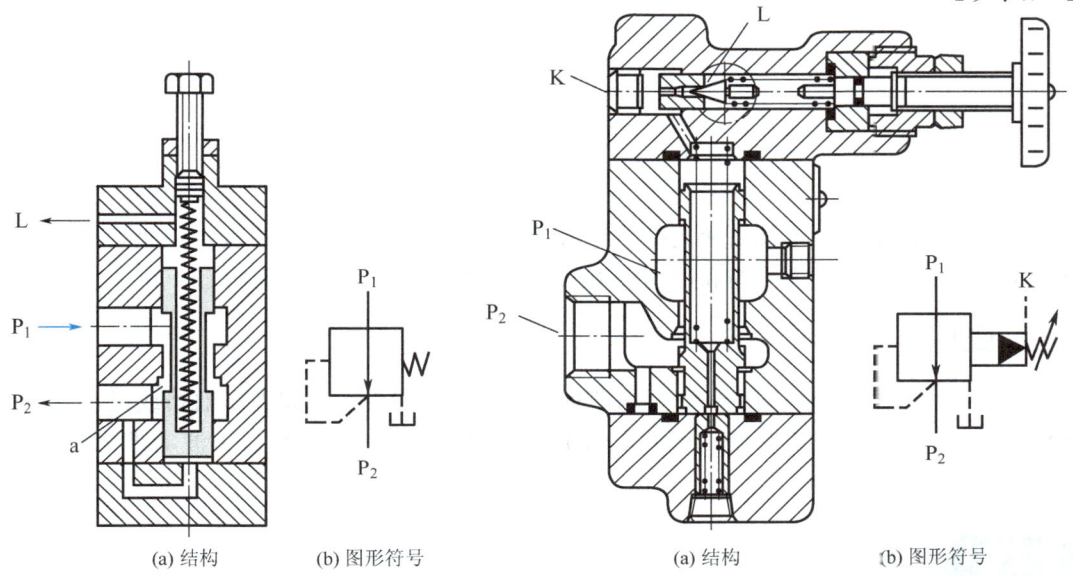

| (a) 结构 | (b) 图形符号 | (a) 结构 | (b) 图形符号 |

图 5-17　直动式减压阀　　　　图 5-18　先导式减压阀

3. 性能

理想的减压阀在进口压力、流量发生变化或出口负载增加时，其出口压力 p_2 总是恒定不变。但实际上 p_2 随 p_1、q 的变化或负载的增大而有所变化。以图 5-17 所示的直动式减压阀为例，如果忽略阀芯的自重和摩擦力，阀芯上的力平衡方程为

$$p_2 A_R = K_s(x_c + x_R) - F_{bs} \tag{5-4}$$

式中，A_R——阀芯面积；

　　　F_{bs}——稳态液动力；

　　　K_s——弹簧刚度；

　　　x_c——弹簧的预压缩量；

　　　x_R——阀口开度。

减压阀的出口压力

$$p_2 = \frac{K_s(x_c + x_R) - F_{bs}}{A_R} \tag{5-5}$$

忽略液动力 F_{bs}，并且 $x_R \ll x_c$ 时，则有

$$p_2 \approx \frac{K_s}{A_R} x_c = 常数 \qquad (5-6)$$

这就是减压阀出口压力可基本上保持定值的原因。

减压阀的特性曲线如图 5-19 所示，当减压阀进油口压力 p_1 基本恒定时，若通过的流量 q 增加，则阀口开度 x_R 加大，出口压力 p_2 略微下降。在图 5-18 所示的先导式减压阀中，出油口压力的压力调整值越低，则受流量变化的影响就越大。

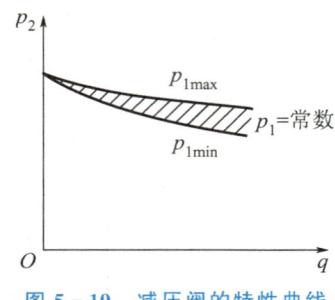

图 5-19 减压阀的特性曲线

当减压阀的出油口不输出油液时，它的出口压力基本上仍能保持恒定，此时有少量的油液通过减压阀阀口经先导阀和泄油口流回油箱，保持该阀处于工作状态。

4. 应用

在液压系统中，减压阀应用于要求获得稳定低压的回路中，如夹紧油路或提供稳定的控制压力油。此外，减压阀还可用来限制工作机构的作用力，减少压力波动带来的影响，改善系统的控制性能等。

5.3.3　顺序阀

1. 功用

顺序阀的作用是利用油液压力作为控制信号来控制油路的通断，从而控制多个执行元件的动作顺序。

顺序阀根据结构不同，分为直动式和先导式；根据控制压力来源不同，分为内控式和外控式；根据泄油方式不同，分为内泄式和外泄式。通过改变控制方式、泄油方式和二次油路的连接形式，顺序阀还可构成其他功能，作背压阀、平衡阀或卸荷阀用。

2. 工作原理

图 5-20(a) 所示为直动式内控顺序阀的结构。与溢流阀不同，它的出口不接油箱，而通向二次油路，因而它的泄油口 L 必须单独接回油箱。为了减小调压弹簧的刚度，阀芯底部设置了控制柱塞。控制油口 K 用螺塞堵住。

当进油压力 p_1 小于调压弹簧的预调压力时，阀芯处于图示位置，将进油口和出油口隔开；当压力 p_1 达到设定压力时，阀芯升起，阀口打开，使压力油进入二次油路，去驱动另一个执行元件。

图 5-20(a) 中控制阀芯动作的油直接从进油口引入，这种控制形式称为内控式。内控式顺序阀的图形符号如图 5-20(b) 所示。

如果将下盖转过 90°，并打开控制油口 K，则内控式顺序阀就可变为外控式顺序阀。外控式顺序阀阀口的开启与否和一次油路的进口压力没有关系，仅取决于控制压力的大小，其图形符号如图 5-20(c) 所示。

【参考动画】

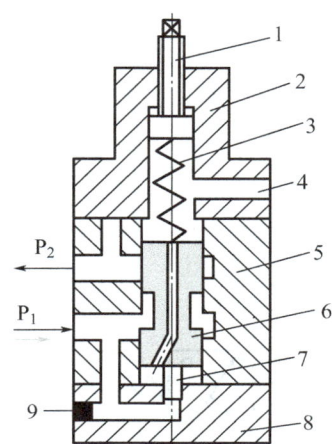

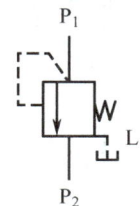

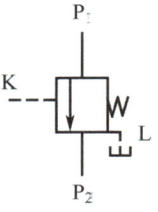

(a) 直动式内控顺序阀的结构　　(b) 内控式顺序阀的图形符号　(c) 外控式顺序阀的图形符号

图 5-20　顺序阀

1—调节螺钉；2—上盖；3—调压弹簧；4—外泄油口 L；5—阀体；
6—阀芯；7—控制柱塞；8—下盖；9—控制油口 K

3. 性能

顺序阀的主要性能与溢流阀相仿。此外，顺序阀为使执行元件准确地实现顺序动作，要求阀的调压偏差小，故调压弹簧的刚度宜小。阀在关闭状态下的内泄漏量也要小。

4. 应用

顺序阀在液压系统中的主要应用如下。

（1）控制多个执行元件的顺序动作。

（2）与单向阀组成平衡阀，保持垂直放置的液压缸不因自重而下落。

（3）用外控顺序阀使双泵系统的大流量泵卸荷。

（4）用内控顺序阀接在液压缸回油路上，增大背压，以使活塞的运动速度稳定。

5.3.4　压力继电器

压力继电器是利用液体压力来启闭电气触点的液压电气转换元件。它在油液压力达到设定压力时，发出电信号，控制电气元件动作，实现泵的加载或卸荷、执行元件的顺序动作或系统的安全保护和连锁等功能。

压力继电器有柱塞式、膜片式、弹簧管式和波纹管式四种结构形式。图 5-21 所示为柱塞式压力继电器。当油液压力达到压力继电器的设定压力时，作用在柱塞上的液压力克服弹簧力推动顶杆向上移动合上微动开关，发出电信号。当油液压力低于设定压力时，弹簧使顶杆复位，松开微动开关，电信号撤销。改变弹簧的预紧力，可以调节继电器的设定压力。

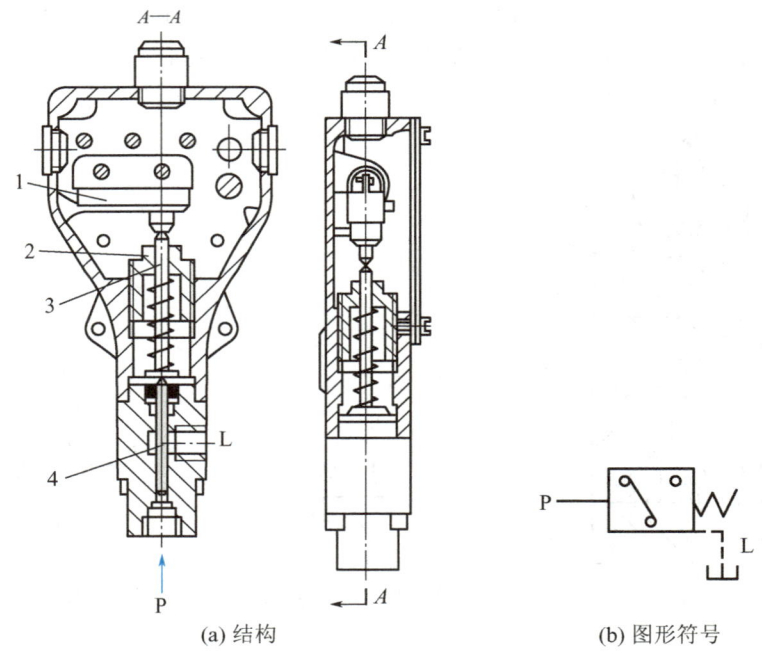

(a) 结构   (b) 图形符号

图 5-21 柱塞式压力继电器

1—微动开关；2—螺钉；3—顶杆；4—柱塞

压力继电器在液压系统中的应用很广，如刀具移到指定位置碰到挡铁或负载过大时的自动退刀，润滑系统发生故障时的工作机械自动停车，系统工作程序的自动换接等。

5.4 流量控制阀

流量控制阀依靠改变阀口通流面积的大小或通流通道的长短来改变液阻，控制通过阀的流量，达到调节执行元件（缸或马达）运动速度的目的。常用的流量控制阀有普通节流阀、调速阀等。

液压系统中使用的流量控制阀应满足如下要求：具有足够的调节范围，能保证稳定的最小流量，温度和压力变化对流量的影响要小，调节方便，泄漏小等。

5.4.1 流量控制原理及节流口的形式

1. 流量控制原理

节流阀的流量特性取决于节流口的结构形式。由于任何一种具体的节流口都不是薄壁

孔或细长孔，为此节流阀的流量特性常用式（5-7）表示

$$q = C_d A_T (p_1 - p_2)^m = C_d A_T \Delta p^m \qquad (5-7)$$

式中，C_d——流量系数，由节流口形状、液体流态和油液性质等因素决定，具体数值由实验得出；

A_T——节流口的通流截面积；

m——由节流口形状决定的节流阀指数，其值为 0.5～1.0，由实验求得。

由式（5-7）可知，在一定压差 Δp 下，改变节流口的通流截面积 A_T，即可改变通过阀的流量 q，这就是流量控制的基本原理。

2. 影响流量稳定的因素

液压系统在工作时，希望节流口的通流面积调定后，流量 q 稳定不变。但实际上流量总会有变化，特别是小流量时流量不稳定更加严重。由式（5-7）可知，通过节流阀的流量还与节流口前后压差、油温及节流口形状等因素有关。

（1）压力对流量稳定性的影响

当节流口的通流截面积调整好以后，希望流量是稳定的。实际使用中，由于负载变化，节流口前后的压差也有变化，使流量不稳定。由式（5-7）可见，m 越大，Δp 的变化对流量的影响也越大，因此节流口制成薄壁（$m \approx 0.5$）比细长孔（$m \approx 1$）好。

（2）温度对流量稳定性的影响

温度变化时油液的黏度变化，流量也受影响。细长孔式节流口的流量系数受油温变化的影响。当雷诺数 Re 大于临界值时，薄壁孔式节流口的流量系数 C_d 不受油温影响，但当压差小，通流截面积小时，C_d 与 Re 有关，流量要受到油温变化的影响。

（3）最小稳定流量

当节流口的通流截面积很小时，在保持所有因素都不变的情况下，逐过节流口的流量会出现周期性的脉动，甚至造成断流，这就是节流阀的阻塞现象。节流阀的阻塞会使液压系统中执行元件的速度不均匀。因此每个节流阀都有一个能正常工作的最小流量限制，称为节流阀的最小稳定流量。图 5-22 所示节流阀的最小稳定流量为 0.05L/min。

节流阀发生阻塞主要是由于油液中含有杂质或油液因高温氧化后析出的胶质、沥青等黏附在节流口的表面上，当附着层达到一定厚度时，会造成节流阀断流。

防止节流阀阻塞现象的有效措施是采用水力半径大的节流口。另外，选择化学稳定性好和抗氧化稳定性好的油液，并注意精心过滤，定期更换，都有助于防止节流阀阻塞。

3. 常用节流口的形式

节流口是流量阀的关键部位，节流口形式及其特性在很大程度上决定着流量控制阀的性能。几种常用节流口的形式如图 5-22 所示。

图 5-22（a）所示为针阀式节流口。针阀沿轴向左右移动时，调节了环形通道的大小，由此改变流量。这种结构加工简单，但节流口长度大，水力半径小，易堵塞，流量受油温影响较大，一般用于对性能要求不高的场合。

图 5-22（b）所示为偏心式节流口，是在阀芯上开设一个截面为三角形（或矩形）的

偏心槽，当转动阀芯时，就可以改变通道大小，由此调节流量。这种节流口的性能与针阀式节流口相同，但容易制造，其缺点是阀芯上的径向力不平衡，旋转阀芯时较费力，一般用于压力较低、流量较大和流量稳定性要求不高的场合。

图 5-22(c) 所示为轴向三角槽式节流口，是在阀芯端部沿轴向开设一个或两个三角槽，轴向移动阀芯时可以改变三角槽的通流面积，从而调节流量。在高压阀中有时在轴端铣两个斜面来实现节流。这种节流口的水力半径较大，小流量时的稳定性较好。

图 5-22(d) 所示为缝隙式节流口，是在阀芯上开设狭缝，油液可以通过狭缝流入阀芯内孔，再经左边的孔流出，旋转阀芯可以改变缝隙的通流面积大小。这种节流口可以做成薄刃结构，从而获得较小的流量，但是阀芯受径向不平衡力作用，故只在低压节流阀中采用。

图 5-22(e) 所示为轴向缝隙式节流口，是在套筒上开设轴向缝隙，轴向移动阀芯时可以改变缝隙的通流面积大小。这种节流口可以做成单薄刃或双薄刃结构，流量对温度不敏感，在小流量时节流口的水力半径大，故小流量时的稳定性好，因而可用于性能要求较高的场合；但节流口在高压下易变形，使用时应改善结构刚度。

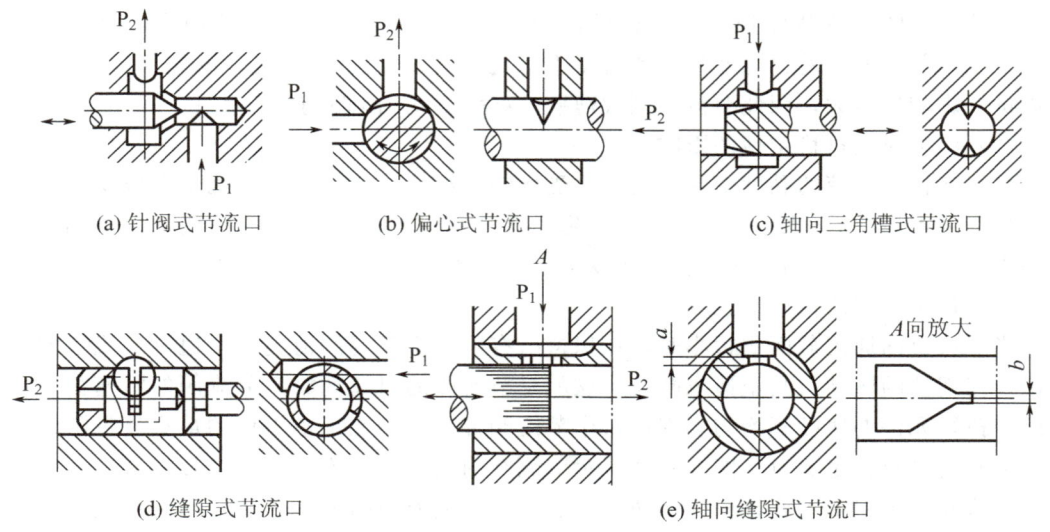

(a) 针阀式节流口 (b) 偏心式节流口 (c) 轴向三角槽式节流口

(d) 缝隙式节流口   (e) 轴向缝隙式节流口

图 5-22　几种常用节流口的形式

5.4.2　普通节流阀

1. 工作原理

图 5-23 所示为一种普通节流阀。普通节流阀主要由阀体、阀芯、弹簧、推杆和调节手把组成。它的阀芯左侧带有轴向三角槽。油液从进油口 P_1 流入，经孔道 a 和阀芯左端的三角槽进入孔道 b，再从出油口 P_2 流出。转动调节手把时，推杆和弹簧使阀芯做轴向移动，改变节流口的通流截面积从而调节输出流量。这种节流阀的进出油口可互换。

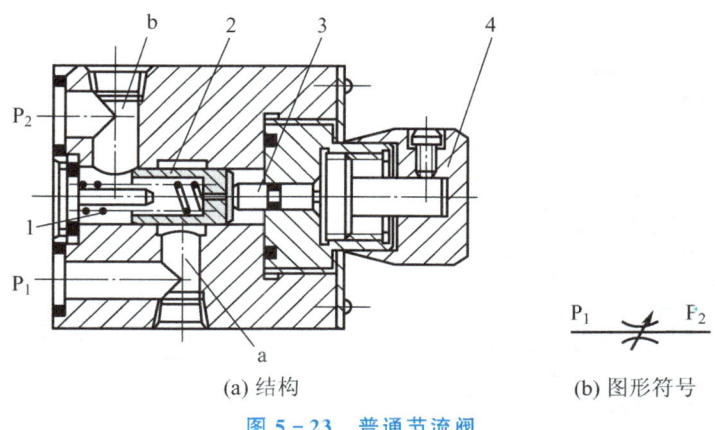

(a) 结构

(b) 图形符号

图 5 – 23　普通节流阀

1—弹簧；2—阀芯；3—推杆；4—调节手把

2. 节流阀的应用

节流阀常与定量泵、溢流阀一起组成节流调速回路。调节节流阀的开口面积，便可调节执行元件的运动速度。此外，在液压系统中，节流阀还可以起到负载阻力和压刀缓冲的作用。

5.4.3　调速阀

1. 工作原理

图 5 – 24 所示为调速阀。液压泵出口（即调速阀进口）压力 p_1，由溢流阀调整，基本上保持恒定。调速阀出口处的压力 p_2 由活塞上的负载 F 决定。所以当 F 增大时，调速阀进出口压差 $p_1 - p_2$ 将减小。如在系统中装的是普通节流阀，则由于压差的变动，影响通过节流阀的流量，因而活塞运动的速度不能保持恒定。调速阀是在节流阀的前面串接了一个差压式减压阀，使油液先经减压阀产生一次压力降，将压力降到 p_m。利用减压阀阀芯的自动调节作用，使节流阀前后压差 $\Delta p = p_m - p_2$ 基本保持不变。

减压阀阀芯上端的油腔 b 通过孔道 a 和节流阀后的油腔相通，压力为 p_2，而其凸肩下部的油腔 c 及阀芯底部的油腔 d 通过孔道 f 和 e 与节流阀前的油腔相通，压力为 p_m。活塞上负载 F 增大时，p_2 增大，于是作用在减压阀阀芯上端的液压力增大，阀芯下移，减压阀的开口加大，压降减小，因而使 p_m 增大，结果使节流阀前后的压差 $p_m - p_2$ 保持不变。反之亦然。这样就使通过调速阀的流量恒定不变，活塞运动的速度稳定，不受负载变化的影响。

上述调速阀是先减压后节流型的结构。调速阀也可以是先节流后减压型的，两者的工作原理和作用情况基本上相同。

2. 调速阀的应用

调速阀在液压系统中的应用和节流阀相似，适用于执行元件负载变化大而运动速度要求稳定的系统中，也可以用在容积–节流调速回路中。

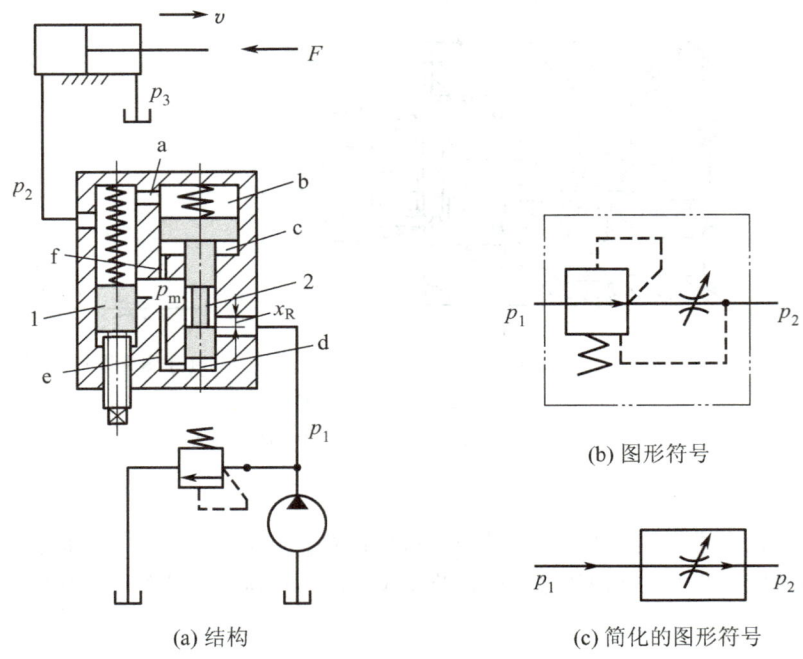

(a) 结构

(b) 图形符号

(c) 简化的图形符号

图 5-24 调速阀

1—节流阀；2—差压式减压阀

3. 流量阀的特性

节流阀和调速阀的流量 q 与压差 Δp 间的关系曲线如图 5-25 所示。由式（5-7）可知，流量 q 与阀口的通流截面积 A_T 有关外，还和阀口前后的压差 Δp 有关。当节流阀出口压力 p_2 变化时，阀口前后的压差 Δp 变化，如图 5-25 中节流阀的流量特性曲线所示，流量 q 随压差 Δp 变化。

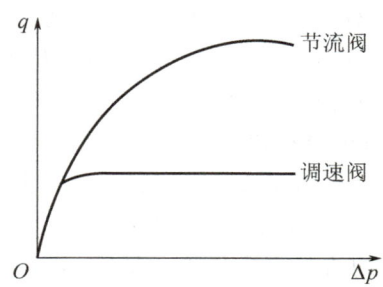

图 5-25 调速阀和节流阀的流量特性

而调速阀因为在节流阀前串联了一个定差式减压阀，保证节流阀口前后的压差 Δp 不变，因此调速阀的流量特性曲线基本保持不变，流量 q 不随调速阀口前后的压差 Δp 变化。

但是，在压差 Δp 较小时，调速阀的流量特性曲线和节流阀的一样随压差 Δp 变化，这是因为在压差很小时，减压阀阀芯在弹簧的作用下处于最下端位置，阀口全开，不能起到稳定节流阀前后压差的作用。调速阀正常工作时，至少要有 0.4～0.5MPa 的压差。

5.4.4 溢流节流阀

图 5-26 所示为溢流节流阀。该阀由差压式溢流阀和节流阀并联而成，能保证通过阀的流量基本上不受负载变化的影响。由图 5-26 可见，进口处高压油（玉油 p_1），一部分通过节流阀 1 的阀口由出油口处流出，将压力降到 p_2。另一部分通过溢流阀 3 的阀口流回油箱。溢流阀上端的油腔 a 与节流阀后的压力油（油压 p_2）相通，下端的油腔 b 与节流阀前的压力油（油压 p_1）相通。当出口压力 p_2 增大时，阀芯下移，关小阀口，使进口处压力 p_1 增加，因而节流阀前后的压差 p_1-p_2 基本上保持不变。反之亦然。

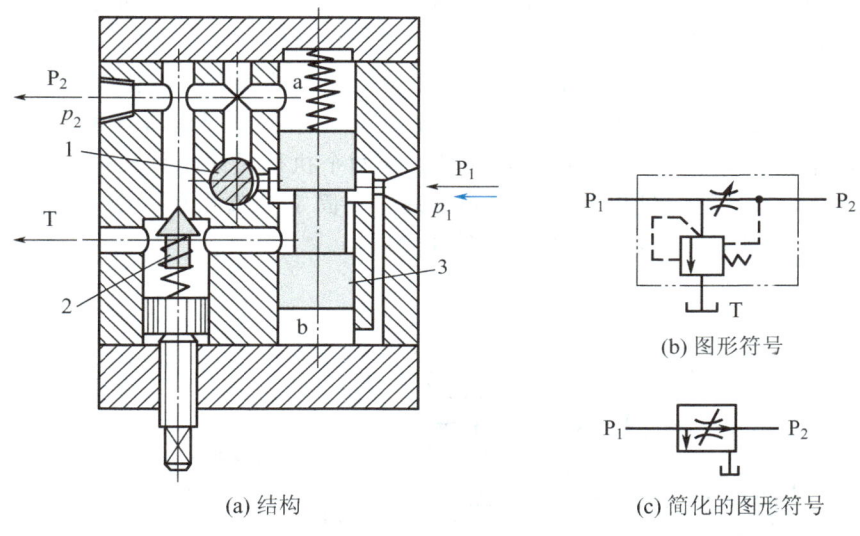

(a) 结构

(b) 图形符号

(c) 简化的图形符号

图 5-26　溢流节流阀

1—节流阀；2—安全阀；3—溢流阀

溢流节流阀上附有安全阀 2，当出口处压力 p_2 增大到等于安全阀的调整压力时，安全阀打开，使 p_2（因而也使 p_1）不再升高，防止系统过载。

溢流节流阀是通过 p_1 随 p_2 的变化来使流量基本上保持恒定的。这和上述调速阀的情况不同，调速阀不管装在执行元件的进油路上或回油路上，执行元件上负载变化时，泵出口处压力都由溢流阀保持不变。但使用溢流节流阀时，如执行元件上负载变化，泵出口处压力亦随之变化，因而使系统功率损耗低，发热量小。但是，溢流节流阀中流过的流量比调速阀大（一般是系统的全部流量），阀芯运动时阻力较大，弹簧较硬，其结果使节流阀前后压差 Δp 加大（需 $0.3 \sim 0.5$MPa），因此它的稳速性稍差。

5.4.5 分流集流阀

有些液压系统由一台液压泵同时向几个几何尺寸相同的执行元件供油，要求不论各执行元件的负载如何变化，执行元件都能够保持相同的运动速度。分流集流阀就是用来保证多个执行元件速度同步的流量控制阀，又称同步阀。

分流集流阀包括分流阀、集流阀和分流集流阀三种不同控制类型。分流阀安装在执行元件的进口处，保证进入执行元件的流量相等；集流阀安装在执行元件的回油路，保证执行元件回油量相同。分流阀和集流阀只能保证执行元件单方向的运动同步，而要求执行元件双向同步则可以采用分流集流阀。下面简单介绍分流阀和分流集流阀的工作原理。

1. 分流阀

图 5-27 所示为分流阀。该阀由两个固定节流孔 1、2，阀体 5，阀芯 6 和两个对中弹簧 7 等组成。阀芯的中间台肩将阀分成完全对称的左右两部分。位于左边的油室 a 通过阀芯上的轴向小孔与阀芯右端弹簧腔相通，位于右边的油室 b 通过阀芯上的另一轴向小孔与阀芯左端弹簧腔相通。装配时由对中弹簧 7 保证阀芯处于中间位置，阀芯两端台肩与阀体沉割槽组成的两个可变节流口 3、4 的过流面积相等（液阻相等）。将分流阀装入系统后，液压泵来油 p_0 分成两条并联支路 I 和 II，经过液阻相等的固定节流孔 1 和 2 分别进入油室 a 和 b（压力分别为 p_1 和 p_2），然后经可变节流口 3 和 4 至出口（压力分别为 p_3 和 p_4），通往两个几何尺寸完全相同的执行元件。在两个执行元件的负载相等时，两出口压力 $p_3 = p_4$，即两条支路的进出口压力差和总液阻（固定节流孔和可变节流口的液阻和）相等，因此输出的流量 $q_1 = q_2$，两执行元件速度同步。

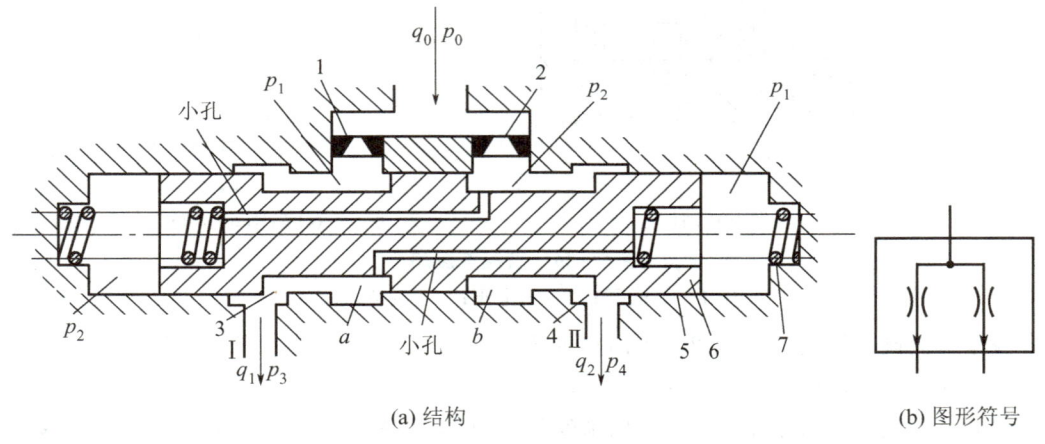

(a) 结构　　　　　　　　　　　(b) 图形符号

图 5-27　分流阀

1，2—固定节流孔；3，4—可变节流口；5—阀体；6—阀芯；7—对中弹簧

若执行元件的负载变化导致支路 I 的出口压力 p_3 大于支路 II 的出口压力 p_4，在阀芯未动作两支路总液阻仍相等时，压力差 $(p_0 - p_3) < (p_0 - p_4)$ 势必导致输出流量 $q_1 < q_2$。输出流量的偏差一方面使执行元件的速度出现不同步，另一方面使固定节流孔 1 的压力损失小于固定节流孔 2 的压力损失，即 $p_1 > p_2$。因 p_1 和 p_2 被分别反馈作用到右端和左端，其压力差将使阀芯向左移动，可变节流口 3 的过流面积增大，液阻减小，可变节流口 4 的过流面积减小，液阻增大。于是支路 I 的总液阻减小，支路 II 的总液阻增大。总液阻的改变反过来使支路 I 的流量 q_1 增加，支路 II 的流量 q_2 减小，直至 $q_1 = q_2$，$p_1 = p_2$，阀芯受力重新平衡，阀芯稳定在新的位置工作，两执行元件的速度恢复同步。显然，固定节流孔在这里起检测流量的作用，它将流量信号转换为压力信号（p_1 和 p_2）；可变节流口

在这里起压力补偿作用，其过流面积（液阻）通过压力 p_1 和 p_2 的反馈作用进行控制。

2. 分流集流阀

图 5-28 所示，挂钩式分流集流阀。该阀分成左右两段，中间由挂钩链接。图示为作集流阀用且右回油口压力 p_4 大于左回油口压力 p_3 的工况，因阀芯两端压力 p_1 和 p_2 高于中间出油口的压力 p_0，挂钩阀芯向中间靠拢。又因为 $(p_4-p_0)>(p_3-p_0)$，导致 $q_2>q_1$，$p_2>p_1$，阀芯向左偏移，可变节流口 4 的开口面积 A_2 小于可变节流口 1 的开口面积 A_1。而在阀芯稳定后，$p_1=p_2$、$q_2=K_L A_2\sqrt{p_4-p_2}=K_L A_1\sqrt{p_3-p_1}$，两支路回油流量相等。当 $p_3>p_4$ 时，阀芯向右偏移，$A_1<A_2$；当 $p_3=p_4$ 时，阀芯处于中间位置，$A_1=A_2$。由于阀芯对中弹簧刚度很小，因此可认为在阀芯处于稳定平衡时，两端压力 $p_1=p_2$，即固定阻尼口 7、8 前后压力差 $p_1-p_0=p_2-p_0$，流经阻尼孔的流量相等。与前述分流阀相同，固定阻尼孔在这里检测流量并转化为压力信号（p_1 或 p_2），反馈作用于阀芯改变可变节流口开口面积，对进口压力 p_1 和 p_4 的变化进行补偿。

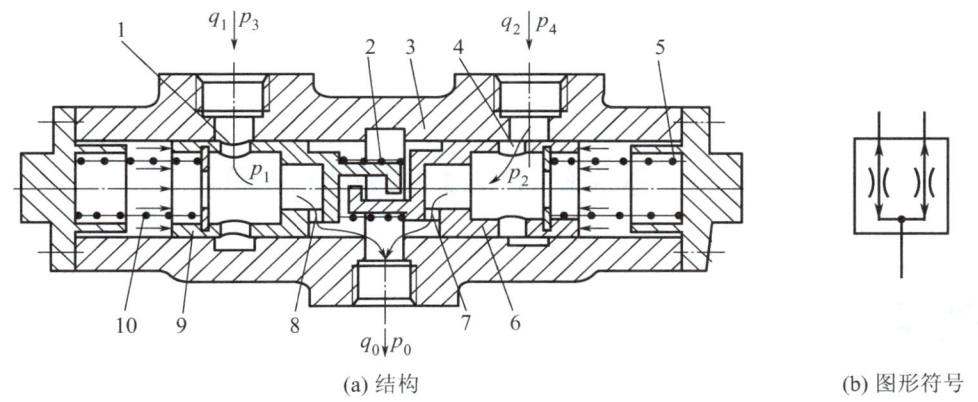

(a) 结构   (b) 图形符号

图 5-28　挂钩式分流集流阀（作集流阀用）

1, 4—可变节流口；2—缓冲弹簧；3—阀体；5, 10—对中弹簧；

6, 9—挂钩阀芯；7, 8—固定节流孔

在分流集流阀作分流阀用时，因阀芯两端压力 p_1 和 p_2 低于中间进油口的压力 p_0，挂钩阀芯被推开，其工作原理完全与图 5-27 所示分流阀相同。

综上所述，无论是分流阀还是集流阀，保证两油口流量不受出口压力（或进口压力）变化的影响，始终保证相等是依靠阀芯的位移改变可变节流口的开口面积进行压力补偿的。显然，阀芯的位移将使对中弹簧的伸缩量发生变化，即使是微小的变化也会使阀芯两端的压力 p_1 与 p_2 出现偏差，而两个固定阻尼孔也是很难完全相同的。因此，由分流阀和分流集流阀所控制的同步回路仍然存在一定的误差，一般为 2%～5%。

5.4.6　限速切断阀

在液压举升系统中，为防止意外发生时由于负载自重而超速下滑，常设置一种当管路

中流量超过一定值时自动切断油路的安全保护阀，即限速切断阀。

图5-29所示为一种限速切断阀。图中锥阀上有固定节流孔，其数量及孔径由所需的流量确定。锥阀在弹簧的作用下由挡圈限位，锥阀口开至最大。当流量增大，固定节流孔两端压差作用在锥阀上的力大于弹簧预调力时，锥阀向右移动。当流量超过一定值时，锥阀会完全关闭，从而切断液流。反向作用时无限流作用。

限速切断阀的典型应用例子是液压升降平台，用于防止液压缸回油管道破裂等意外情况发生时，平台因自重急剧下降而引发事故。

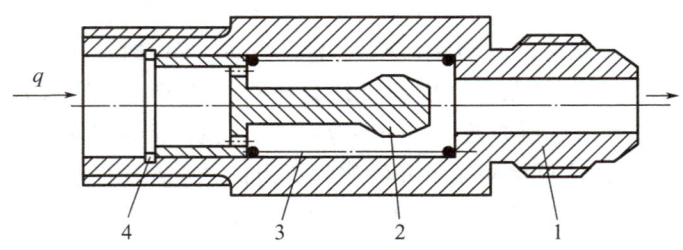

图5-29　限速切断阀
1—阀体；2—锥阀；3—弹簧；4—挡圈

5.5　叠加阀、插装阀和比例阀

5.5.1　叠加阀

叠加阀是对叠加式液压阀的简称，是近二三十年发展起来的集成式液压元件。采用这种阀组成液压系统时，不需要另外的连接块，它以自身的阀体作为连接体直接叠合成所需的液压传动系统。

叠加阀的工作原理与一般液压阀基本相同，但在具体结构和连接尺寸上则不同。它自成系列，每个叠加阀既有一般液压元件的控制功能，又起到通道体的作用。每一种通径系列的叠加阀其主油路通道和螺栓连接孔的位置都与所选用的相应通径的换向阀相同，因此同一通径的叠加阀都能按要求叠加起来组成各种不同控制功能的系统。叠加阀组成的液压系统具有以下特点。

（1）结构紧凑，体积小，质量轻。

（2）安装简便，装配周期短。

（3）液压系统如有变化，改变工况，需要增减元件时，组装方便、迅速。

（4）元件之间实现无管连接，消除了因油管、管接头等引起的泄漏、振动和噪声。

（5）整个系统配置灵活、外观整齐，维护保养容易。

（6）标准化、通用化和集成化程度较高。

通常使用的叠加阀有$\phi6mm$、$\phi10mm$、$\phi16mm$、$\phi20mm$和$\phi32mm$五个通径系列，额

定工作压力为 20MPa，额定流量为 10～200L/min。

叠加阀的分类与一般液压阀相同，可分为压力控制阀、流量控制阀和方向控制阀三大类，其中方向控制阀仅有单向阀类，换向阀不属于叠加阀。下面介绍叠加式溢流阀和叠加式调速阀。

1. 叠加式溢流阀

图 5－30 所示为叠加式溢流阀。该阀是由主阀和先导阀两部分组成。主阀阀芯为单向阀二级同心结构，先导阀为锥阀式结构。图 5－30(a) 所示为 Y₁－F10D－P/T 型叠加式溢流阀的结构。型号中 Y 表示溢流阀，F 表示压力等级（20MPa）、10 表示 ϕ10mm 通径系列，D 表示叠加阀、P/T 表示该元件进油口为 P，出油口为 T。图 5－30(b) 为其图形符号。根据使用情况不同，还有 P_1/T 型，其图形符号如图 5－30(c) 所示。这种阀主要用于双泵供油系统的高压泵的调压和溢流。叠加式溢流阀的工作原理与一般的先导式溢流阀相同。它利用主阀阀芯两端的压力差来移动主阀阀芯，以改变阀口的开度，油腔 e 和进油口 P 相通，孔 c 和回油口 T 相通，压力油作用于主阀阀芯的右端，同时经阻尼小孔 d 流入阀芯左端，并经小孔 a 作用于锥阀上。当系统压力低于溢流阀的调定压力时，锥阀关闭，阻尼孔 d 没有液流流过，主阀阀芯两端液压力相等，阀芯在弹簧的作用下处于关闭位置。当系统压力升高并达到溢流阀的调定压力时，锥阀在液压力的作用下压缩先导阀弹簧并使阀口打开。于是腔 e 的油液经锥阀阀口和孔 c 流入 T 口，当油液通过主阀阀芯上的阻尼孔 d 时，便产生压差，使主阀芯两端产生压力差，在这个压力差的作用下，主阀芯克服弹簧力和摩擦力向左移动，使阀口打开，溢流阀便实现在一定压力下溢流。调节弹簧的预压缩量便可改变该叠加式溢流阀的调整压力。

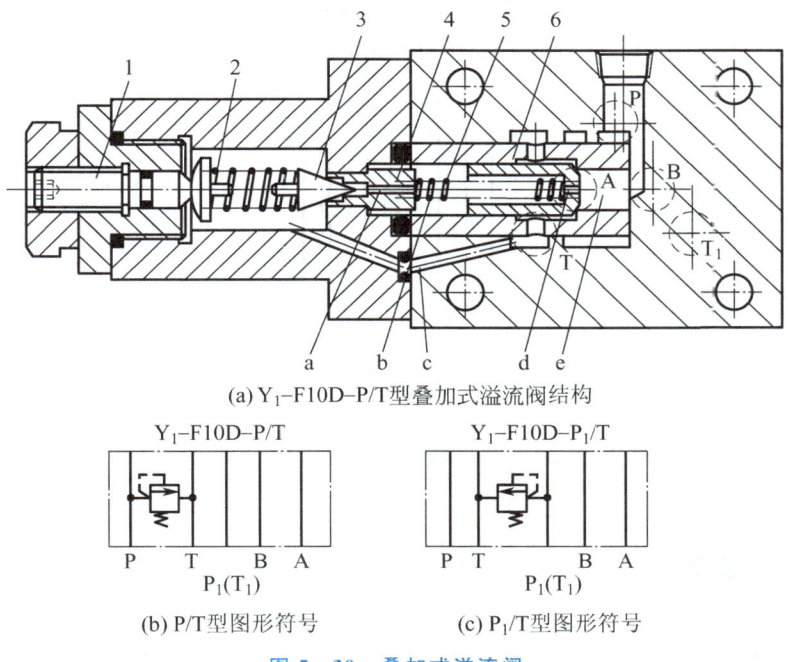

(a) Y₁-F10D-P/T型叠加式溢流阀结构

Y₁-F10D-P/T
P T B A
$P_1(T_1)$
(b) P/T型图形符号

Y₁-F10D-P₁/T
P T B A
$P_1(T_1)$
(c) P₁/T型图形符号

图 5－30　叠加式溢流阀

1—推杆；2—导阀弹簧；3—锥阀；4—阀座；5—弹簧；6—主阀芯

2. 叠加式调速阀

图 5-31 所示为 QA-F6/10D-BU 型单向叠加式调速阀型号中 QA 表示流量阀，F 表示压力等级（20MPa）、6/10 表示该阀阀芯通径为 $\phi 6mm$，而其接口尺寸属于 $\phi 10mm$ 系列的叠加式液压阀，BU 表示该阀适用于出口节流调速的液压缸 B 腔油路。该阀的工作原理与一般调速阀基本相同。当压力为 p 的油液经 B 口进入阀体后，经小孔 f 流至单向阀左侧的弹簧腔，液压力使锥阀式单向阀关闭，压力油经另一孔道进入减压阀（分离式阀芯），油液经控制口后，压力降为 p_1，压力为 p_1 的油液经阀芯中心小孔 a 流入阀芯左侧弹簧腔，同时作用于大阀芯左侧的环形面积上，当油液经节流阀的阀口流入 e 腔并经出油口 B′ 引出的同时，油液又经油槽 d 进入油腔 c，再经孔道 b 进入减压阀大阀芯右侧的弹簧腔。这时通过节流阀的油液压力为 p_2，减压阀阀芯上受到压力 p_1 和弹簧力 p_2 的作用而处于平衡，从而保证了节流阀两端压力差（$p_1 - p_2$）为常数，也就保证了通过节流阀的流量基本不变。

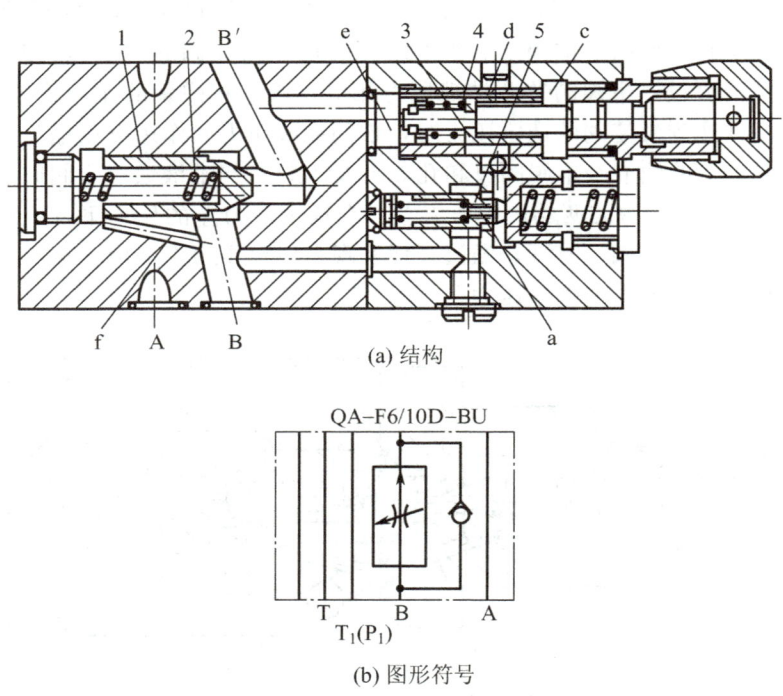

(a) 结构

QA-F6/10D-BU

(b) 图形符号

图 5-31　QA-F6/10D-BU 型单向叠加式调速阀
1—单向阀；2，4—弹簧；3—节流阀；5—减压阀

5.5.2　插装阀

二通插装阀在高压大流量的液压系统中应用很广。由于插装元件已标准化，将几个插装式元件组合一下便可组成复合阀。和普通液压阀比较，插装阀具有如下优点。

（1）通流能力大，特别适用于大流量的场合。它的最大通径可达 200～250mm，通过的流量可达 10000L/min。

（2）阀芯动作灵敏。

（3）密封性好，泄漏小。

（4）结构简单，易于实现标准化。

从工作原理而言，二通插装阀是一个液控单向阀。图 5-32(a) 所示为二通插装阀的插装式元件的结构，图 5-32(b) 为其示意图。由图可见，插装式元件由阀套、阀芯和弹簧组成。A、B 为主油路通口，C 为控制油路通口。设 A、B、C 油口的压力及其作用面积分别为 p_A、p_B、p_C 和 A_1、A_2 和 A_3，$A_3 = A_1 + A_2$，F_s 为弹簧作用力。如不考虑阀芯的质量和液流的液动力，则当 $p_A A_1 + p_B A_2 > p_C A_3 + F_s$ 时，阀芯开启，A、B 接通。

阀的 A 口通压力油，B 口为输出口，则改变控制口 C 的压力便可控制 B 口的输出。当控制口 C 接油箱时，则 A、B 接通；当控制口 C 控制压力为 p_C，并且 $p_C A_3 + F_s > p_A A_1 + p_B A_2$ 时，阀芯关闭，A、B 不通。

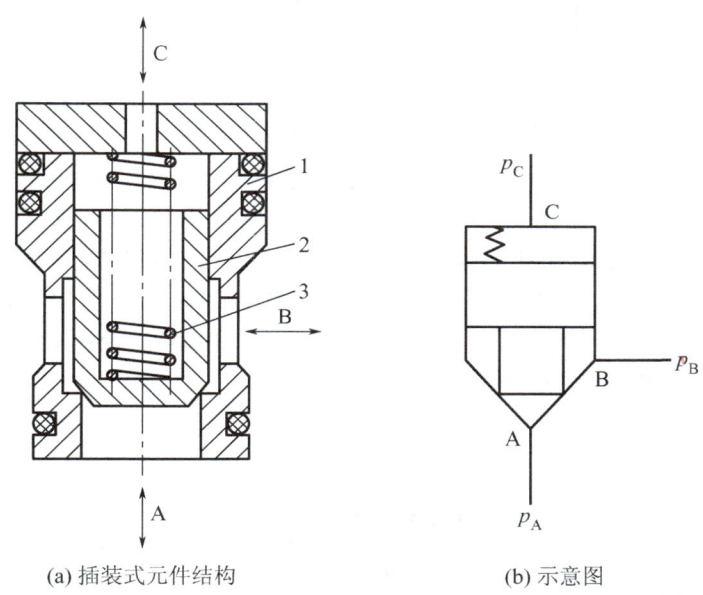

(a) 插装式元件结构　　　　(b) 示意图

图 5-32　二通插装阀

1—阀套；2—阀芯；3—弹簧

二通插装阀通过不同的盖板和各种先导阀组合，便可构成方向控制阀、压力控制阀和流量控制阀。

图 5-33 为二通插装阀组成方向控制阀示意图。图 5-33(a) 所示为单向阀。当 $p_A > p_B$ 时，阀芯关闭，A、B 不通；而当 $p_B > p_A$ 时，阀芯开启，油液可从 B 流向 A。图 5-33(b) 所示为组成的二位二通阀。当二位二通电磁阀断电时，阀芯开启，A、B 接通；电磁铁通电时，阀芯关闭，A、B 不通。图 5-33(c) 所示为组成的二位三通阀。当电磁铁断电时，A、T 接通；电磁铁通电时，A、P 接通。图 5-33(d) 所示为组成的二位四通阀。当电磁铁断电时，P 和 B 接通，A 和 T 接通；电磁铁通电时，P 和 A 接通，B 和 T 接通。

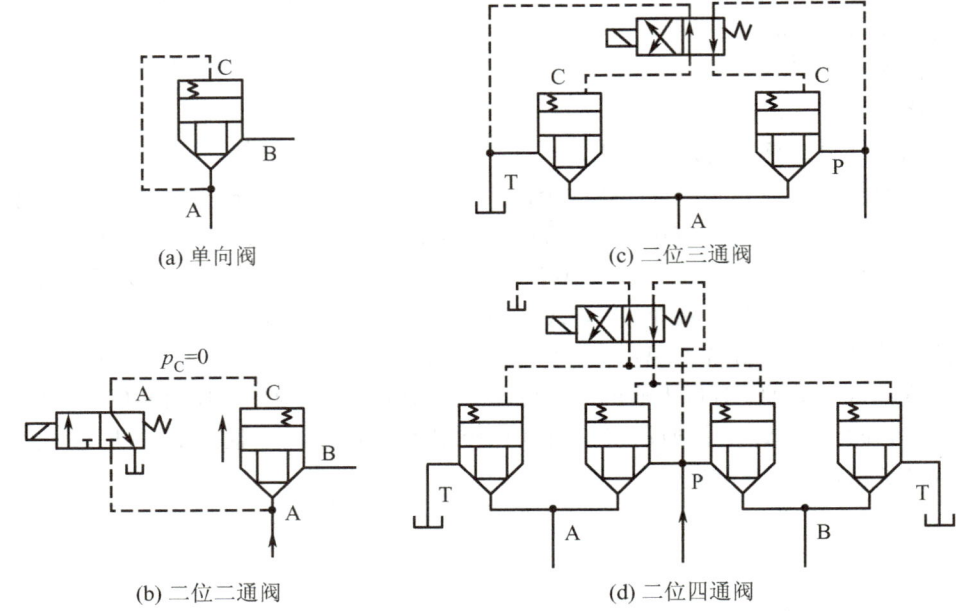

(a) 单向阀

(c) 二位三通阀

(b) 二位二通阀

(d) 二位四通阀

图 5-33 二通插装阀组成方向控制阀的示意图

对插装阀的控制腔 C 进行压力控制，便可构成压力控制阀。图 5-34 为插装阀用作压力控制阀的示意图。图 5-34(a) 中，如 B 接油箱，则插装阀起溢流阀作用；B 接另一油口，则插装阀起顺序阀作用。图 5-34(b) 中，用常开式滑阀阀芯作减压阀，B 为一次压力油（油压 p_1）进口，A 为出口。由于控制油取自 A 口，因而能得到恒定的二次压力 p_2，所以这里的插装阀用作减压阀。图 5-34(c) 中，插装阀的控制腔再接一个二位二通电磁阀，当电磁铁通电时，插装阀便用作卸荷阀。

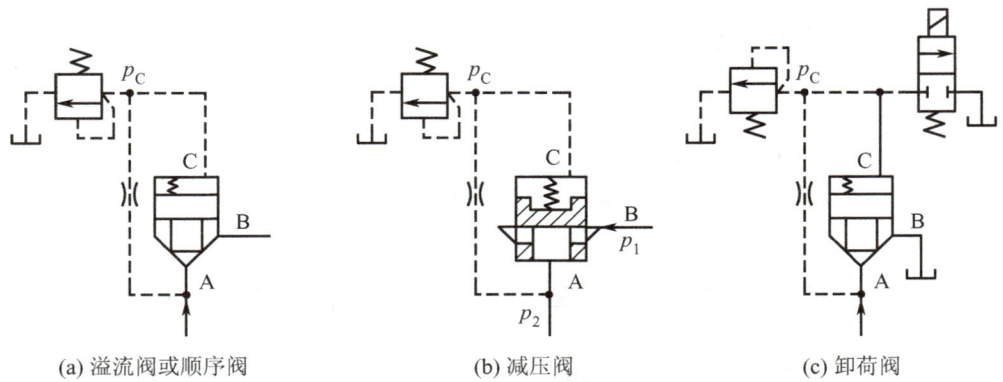

(a) 溢流阀或顺序阀

(b) 减压阀

(c) 卸荷阀

图 5-34 插装阀用作压力控制阀的示意图

图 5-35 为插装阀用作流量控制阀的示意图。在阀的顶盖上有阀芯升高限位装置，通过调节限位装置的位置，便可调节阀口通流截面的大小，从而调节了流量。图 5-35(a) 中插装阀用作节流阀，而图 5-35(b) 中插装阀用作调速阀。

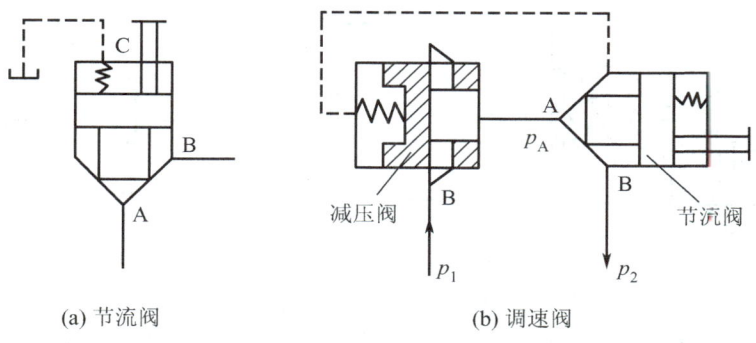

(a) 节流阀　　　　　　　　(b) 调速阀

图 5 - 35　插装阀用作流量控制阀的示意图

5.5.3　电液比例阀

前述各种阀类都是手动调节和开关式控制。开关控制阀的输出参数在阀处于工作状态下是不可调节的。但随着技术的进步，许多液压传动系统要求流量和压力能连续地或按比例地随输入信号的变化而变化。已有的液压伺服系统虽能满足要求，而且精度很高，但系统复杂，成本高，对污染敏感，维修困难，因而不便普遍使用。20 世纪 60 年代末出现的电液比例阀较好地解决了这种需求。

比例阀利用比例电磁铁取代普通液压阀的手调装置或电磁铁，与普通液压控制阀可以互换。它也可分为压力控制阀、流量控制阀与方向控制阀三大类。近年来又出现了功能复合化的趋势，即比例阀之间或比例阀与其他元件之间的复合。例如，比例阀与变量泵组成的比例复合泵，能按比例地输出流量；比例方向阀与液压缸组成的比例复合缸，能实现位移或速度的比例控制。

比例电磁铁的外形与普通电磁铁相似，但功能却不同。比例电磁铁的吸力与通过其线圈的直流电流强度成正比。输入信号在通入比例电磁铁前，要先经放大电路处理和放大。放大电路多制成插接式装置与比例阀配套供应。

下面简单介绍三大类比例阀的工作原理。

1. 比例溢流阀

用比例电磁铁取代直动式溢流阀的手调装置，便构成直动式比例溢流阀，如图 5 - 36 所示。它由压力阀和移动式力马达两部分组成。当力马达的线圈中通入电流时，推杆通过钢球、弹簧把电磁推力传给锥阀，推力的大小与电流的大小成比例。当贱进油口处的压力油作用在锥阀上的力超过电磁推力时，锥阀打开，油液通过阀口由出油口排出。这个阀的阀口开度是不影响电磁推力的，但当通过阀口的流量变化时，由于阀座上小孔处压差的改变及稳态液动力的变化等，被控制的油液压力仍然会有某些变化。该阀可连续地或按比例地远程控制其输出油液的压力。把直动式比例溢流阀作先导阀与普通压力阀的主阀相配，便可组成先导式比例溢流阀、比例顺序阀和比例减压阀等元件。

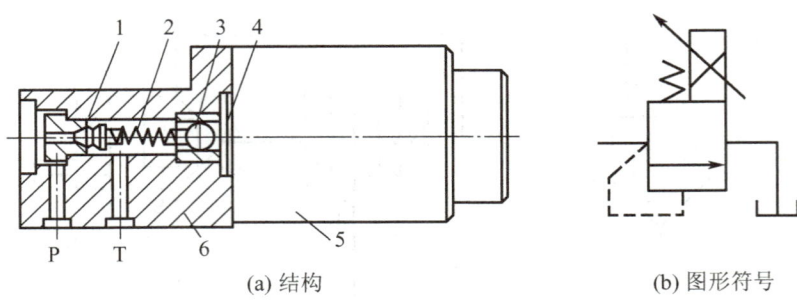

(a) 结构 　　　　　　　　　　　(b) 图形符号

图 5-36　比例溢流阀

1—锥阀；2—弹簧；3—钢球；4—推杆；5—比例电磁铁；6—阀体

2. 比例换向阀

用比例电磁铁取代电液换向阀中的普通电磁铁，便构成图 5-37 所示的电磁比例换向阀。它由电磁力马达、比例减压阀及液动换向阀组成。比例减压阀在这里作为先导级使用，用出口压力来控制液动换向阀的正反向开口量的大小，从而控制液流的方向和流量的大小。当左端电磁力马达通入电流信号时，减压阀阀芯右移，压力油经右边阀口减压后，经孔道 a、b 反馈到阀芯的右端，和左端电磁力马达的电磁力相平衡。因而减压后的压力和输入电流信号的大小成比例。减压后的压力油经孔道 a、c 作用在液动换向阀的右端，使换向阀阀芯左移，打开 P 口到 B 口的通道，同时压缩左端弹簧。换向阀阀芯的移动量和控制油压力大小成比例，使通过阀的流量和输入的电流成比例。同理，当右端电磁力马达通电时，压力油由 P 口经 A 口输出。液动换向阀的端盖上装有节流阀，它们可以根据需要分别调节换向阀的换向时间。此外，这种换向阀和普通换向阀一样，可以具有不同的滑阀机能。

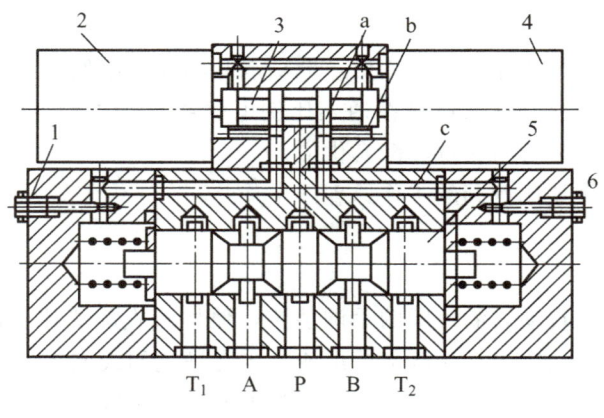

图 5-37　比例换向阀

1，6—节流阀；2，4—力马达；3—减压阀阀芯；5—换向阀阀芯

3. 比例流量阀

用比例电磁铁取代节流阀或调速阀的手调装置，便组成了比例节流阀和比例调速阀，输入电信号控制节流口开度，便可连续地或按比例地远程控制其输出流量。图 5-38 所示

便是比例调速阀。图中节流阀的阀芯由比例电磁铁的推杆操纵，故节流口的开度便由输入电信号的强度决定。由于定差减压阀已保证了节流口前后压差为定值，所以一定的输入电流就对应一定的输出流量。

在比例电磁铁的前端可附有位移传感器（或称差动变压器），这种比例电磁铁称为行程控制比例电磁铁。位移传感器能准确地测定比例电磁铁的行程，并向电放大器发出电反馈信号。电放大器将输入信号和反馈信号加以比较后，再向电磁铁发出纠正信号，以补偿误差。这样便能消除液动力等干扰因素，保持准确的阀芯位置或节流口面积。

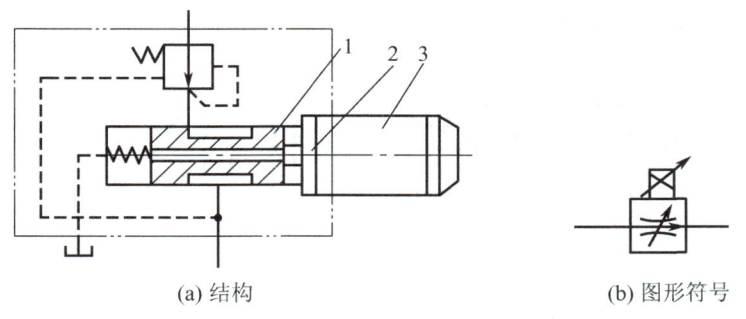

(a) 结构　　　　　　　　　　(b) 图形符号

图 5-38　比例调速阀
1—节流阀；2—推杆；3—比例电磁铁

本章小结

　　液压控制阀（简称液压阀）是液压系统中的控制元件，主要有方向控制阀、压力控制阀和流量控制阀三大类。

　　方向控制阀通过阀芯的移动来改变液流的方向、接通或关闭，从而控制执行元件的运动方向。方向控制阀分为单向阀和换向阀两大类。单向阀主要用于油路需要单向导通的场合，也用于各种锁紧回路。换向阀用来使执行元件换向，也用来切换油路。换向阀品种繁多，主要根据工作位置（二位、三位）、通路数（二通、三通、四通、五通），控制方式(手动、机动、电动、液动和电液动)，以及滑阀机能来区分。

　　压力控制阀是利用阀芯上的液压力和弹簧力保持平衡的原理进行工作的，主要用来控制液压系统中油液的压力，满足执行元件对力的要求。压力控制阀主要有溢流阀、减压阀、顺序阀和压力继电器等。溢流阀用于调节和限定系统的压力，起安全保护作用。减压阀用于降低系统某一支油路的压力，并有稳压作用。顺序阀用于控制多个执行元件的动作顺序。压力继电器利用油液压力变化发送电信号，控制电气元件动作。

　　流量控制阀是依靠改变阀口通流面积的大小或通流面积的长短来改变液阻，从而控制通过阀的流量，达到调节执行元件运动速度的目的。常用的流量阀有普通节流阀和调速阀等。调速阀在正常工作区域内能保证输出流量不变，比普通节流阀调速稳定。

液压与气压传动

复习思考题

5-1 现有一个二位三通阀和一个二位四通阀，如图5-39所示。请通过堵塞阀口的办法将它们改为二位二通阀。(1) 改为常开型的如何堵？(2) 改为常闭型的如何堵？请画符号表示（应该指出：由于结构上的原因，一般二位四通阀的回油口 T 不可堵塞，改作二通阀后 T 口应作为泄油口单独接管引回油箱）。

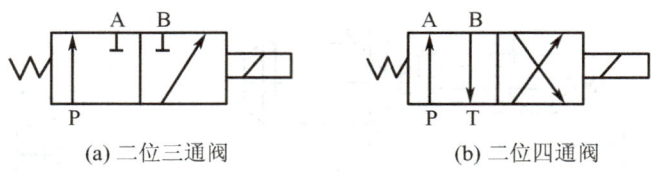

(a) 二位三通阀　　　　　　　　(b) 二位四通阀

图 5 - 39　题 5 - 1 图

5-2 用先导式溢流阀调节液压泵的压力，但不论如何调节手轮，压力表显示的泵压力都很低。将阀拆下检查，看到各零件都完好无损，试分析液压泵压力低的原因；如果压力表显示的泵压力都很高，试分析液压泵压力高的原因（分析时参见图5-14）。

5-3 图5-40所示的液压系统中，各溢流阀的调定压力分别为 $p_A=4\text{MPa}$，$p_B=3\text{MPa}$，$p_C=2\text{MPa}$，试求在系统的负载趋于无限大时，液压泵的工作压力是多少？

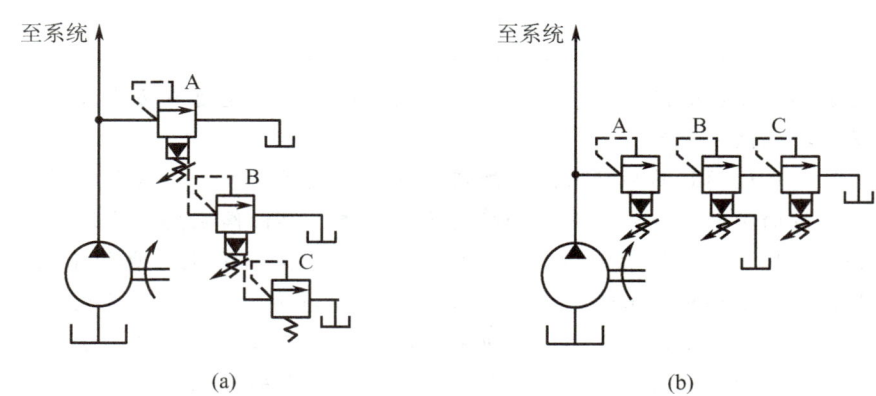

(a)　　　　　　　　　　　　(b)

图 5 - 40　题 5 - 3 图

5-4 在图5-41所示的两阀组中，设两个减压阀的调定压力一大一小（$p_A > p_B$），并且所在支路有足够的负载，说明支路的出口压力取决于哪个减压阀？为什么？

5-5 图5-42所示的液压系统，液压缸的有效工作面积 $A=100\text{cm}^2$，负载 $F=12000\text{N}$，溢流阀的调整压力为5MPa，减压阀的调整压力为2MPa，试确定：

(1) 活塞运行中 A、B 点处的压力；

(2) 活塞运动至终点时 A、B 点处的压力。

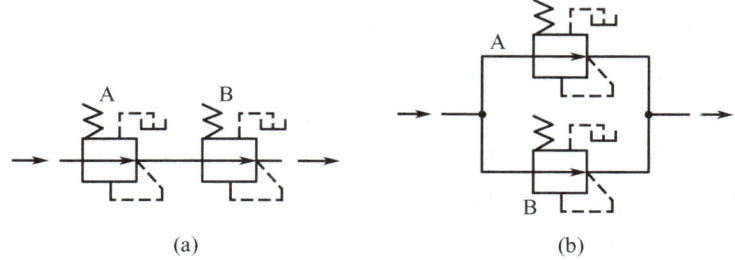

(a)　　　　　　　　　　　　　(b)

图 5－41　题 5－4 图

5－6　图 5－43 所示的系统，液压缸Ⅰ、Ⅱ上的外负载 $F_1 = 20000\text{N}$，$F_2 = 30000\text{N}$，有效工作面积都是 $A = 50\text{cm}^2$，要求液压缸Ⅱ先于液压缸Ⅰ动作，试问：

（1）顺序阀和溢流阀的调定压力分别为多少？

（2）不计管路阻力损失，液压缸Ⅰ动作时，顺序阀进口和出口压力分别为多少？

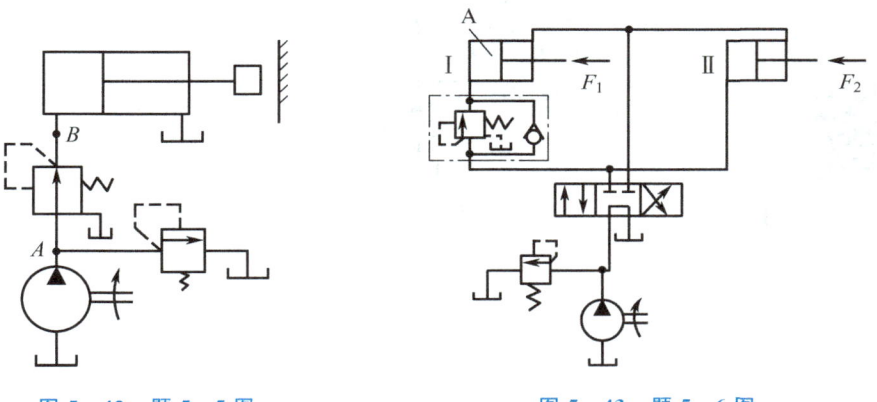

图 5－42　题 5－5 图　　　　　　　图 5－43　题 5－6 图

5－7　图 5－44 所示的回路，顺序阀和溢流阀串联，调整压力分别为 p_X 和 p_Y，当系统外负载为无穷大时，试问：

（1）液压泵的出口压力为多少？

（2）若把两个阀的位置互换，液压泵的出口压力又为多少？

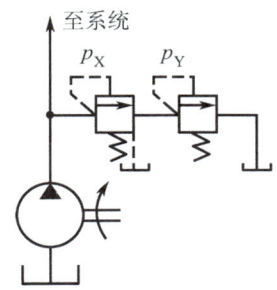

图 5－44　题 5－7 图

5-8 图5-45所示的系统，液压缸的有效面积 $A_1 = A_2 = 100\text{cm}^2$，液压缸Ⅰ的负载 $F_L = 35000\text{N}$，液压缸Ⅱ运动时负载为零，不计摩擦阻力、惯性力和管路损失，溢流阀、顺序阀和减压阀的调定压力分别为4MPa、3MPa和2MPa，试求下列三种工况下A、B和C处的压力：

（1）液压泵起动后，两换向阀处于中位时；

（2）1YA通电，液压缸Ⅰ运动时到终端停止时；

（3）1YA断电，2YA通电，液压缸Ⅱ运动时和碰到固定挡铁停止运动时。

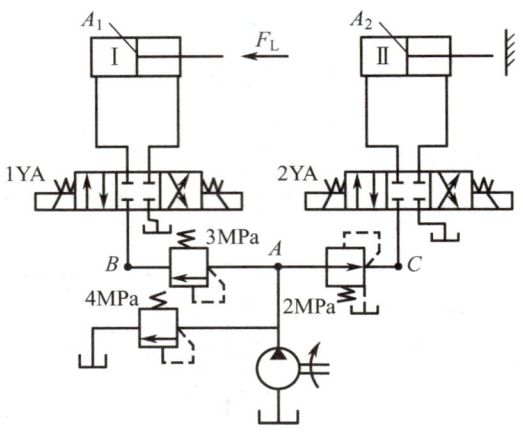

【第5章 参考答案】

图5-45 题5-8图

第6章

液压辅助元件

本章导读

在液压系统中，蓄能器、滤油器、油箱、热交换器、管件等元件属于辅助元件。这些元件结构比较简单，功能也较单一，但对于液压系统的工作性能、噪声、温升、可靠性等都有直接的影响，因此应当对液压辅助元件引起足够的重视。本章主要讲述蓄能器及滤油器的用途、工作原理、性能参数、典型结构特点及其选用方法等；介绍液压系统中常用的油箱、密封件、油管及管接头的典型结构及其选用方法，同时对加热器和冷却器进行简要介绍。

学习目标

↘ 了解：液压辅助元件的用途、工作原理、性能参数的选择计算等。
↘ 掌握：蓄能器、滤油器、密封件、油管及管接头等常用液压辅助元件的性能特点、适用场合及其选用方法。
↘ 应用：通过学习各种液压辅助元件的工作原理和性能特点，能够正确选用各种液压辅助元件。

6.1 滤 油 器

6.1.1 滤油器的作用及性能指标

1. 滤油器的作用

在液压系统中，由于系统内形成的或系统外侵入的，液压油中难免会存在这样或那样的污染物。这些污染物的颗粒不仅会加速液压元件的磨损，而且会堵塞阀件的小孔，卡住

阀芯，划伤密封件，使液压阀失灵，系统产生故障。因此，必须对液压油中的杂质和污染物的颗粒进行清理。目前，控制液压油洁净程度的最有效方法就是采用滤油器。滤油器的主要功用就是对液压油进行过滤，控制油的洁净程度。

2. 滤油器的性能指标

滤油器的性能指标主要有过滤精度、通流能力、压力损失等，其中过滤精度为主要指标。

（1）过滤精度

滤油器的工作原理是用具有一定尺寸过滤孔的滤芯对污物进行过滤。过滤精度就是指滤油器从液压油中所过滤掉的杂质颗粒的最大尺寸（以污物颗粒平均直径 d 表示）。

目前所使用的滤油器，按过滤精度可分为四级：粗滤油器（$d \geqslant 0.1mm$）、普通滤油器（$d \geqslant 0.01mm$）、精滤油器（$d \geqslant 0.001mm$）和特精滤油器（$d \geqslant 0.0001mm$）。

过滤精度选用的原则：使所过滤污物颗粒的尺寸要小于液压元件密封间隙尺寸的一半。系统压力越高，液压件内相对运动零件的配合间隙越小，因此，需要的滤油器的过滤精度也就越高。液压系统的过滤精度主要取决于系统的压力。表 6-1 为滤油器过滤精度选择推荐值。

表 6-1 滤油器过滤精度选择推荐值

系 统 类 型	润滑系统	传 动 系 统			伺 服 系 统
压力/MPa	0~2.5	$\leqslant 14$	$14 < p < 21$	$\geqslant 21$	21
过滤精度/μm	100	25~50	25	10	5

（2）通流能力

滤油器的通流能力一般用额定流量表示，它与滤油器滤芯的过滤面积成正比。

（3）压力损失

压力损失指滤油器在额定流量下的进出油口间的压差。一般滤油器的通流能力越好，压力损失也越小。

（4）其他性能

滤油器的其他性能主要指滤芯强度、滤芯寿命、滤芯耐腐蚀性等定性指标。不同滤油器这些性能会有较大的差异，可以通过比较确定各自的优劣。

6.1.2 滤油器的类型及典型结构

一般滤油器都是由滤芯、骨架和壳体等组成。滤芯常用材料有铜网、纸质和金属等。

1. 网式滤油器

图 6-1 所示为网式滤油器结构。网式滤油器由上端盖和下端盖之间连接开有若干孔的筒形塑料骨架（或金属骨架）组成，在骨架外包裹一层或几层过滤网。网式滤油器工作时，液压油从滤油器外通过过滤网进入滤油器内部，再从上盖管口处进入系统。此滤油器

属于粗滤油器，其过滤精度为 0.13~0.04mm，压力损失不超过 0.025MPa，这种滤油器的过滤精度与铜丝网的网孔大小及铜网的层数有关。网式滤油器的特点为结构简单，通油能力强，压力损失小，清洗方便，但是过滤精度低。网式滤油器一般安装在液压泵的吸油管口上用以保护液压泵。

2. 线隙式滤油器

图 6-2 所示为线隙式滤油器结构。线隙式滤油器由端盖、壳体、带孔眼的筒形骨架，以及绕在骨架外部的金属绕线组成。工作时，油液从孔 a 进入滤油器内，经线间的间隙、骨架上的孔眼进入滤芯中再由孔 b 流出。线隙式滤油器利用金属绕线间的间隙过滤，其过滤精度取决于间隙的大小。线隙式滤油器过滤精度有 0.03mm、0.05mm、和 0.08mm 三种规格等级。其额定流量为 6~25L/min，在额定流量下，压力损失为 0.03~0.06MPa。线隙式滤油器分为吸油管用和压油管用两种。前者安装在液压泵的吸油管道上，其过滤精度为 0.05~0.1mm，通过额定流量时压力损失小于 0.02MPa；后者用于液压系统的压力管道上，过滤精度为 0.03~0.08mm，压力损失小于 0.06MPa。这种滤油器的优点是结构简单，通油性能好，过滤精度较高，所以应用较普遍；缺点是不易清洗，滤芯强度低；多用于中压及低压系统。

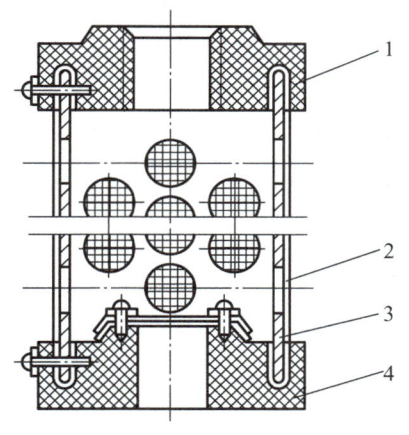

图 6-1　网式滤油器结构

1—上端盖；2—过滤网；3—骨架；4—下端盖

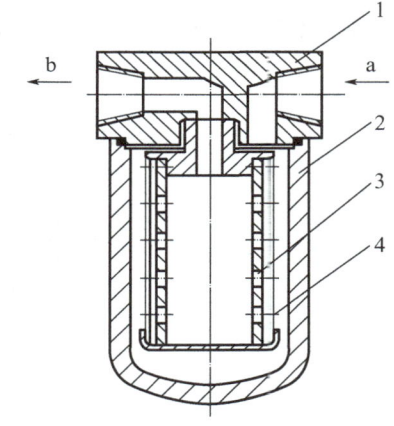

图 6-2　线隙式滤油器结构

1—端盖；2—壳体；3—骨架；4—金属绕线

3. 纸芯式滤油器

图 6-3 所示为纸芯式滤油器结构。纸芯式滤油器以滤纸（机油微口滤纸）为过滤材料，把厚度为 0.35~0.7mm 的平纹或波纹的酚醛树脂或木浆的微孔滤纸，环绕在带孔的镀锡铁皮骨架上，制成滤纸芯。油液从滤芯外面经滤纸进入滤芯内，然后从孔道 a 流出。为了增加滤纸的过滤面积，纸芯一般都做成折叠式。这种滤油器过滤精度有 0.01mm 和 0.02mm 两种规格，压力损失为 0.01~0.04MPa。其优点为过滤精度高，缺点是堵塞后无法清洗，需定期更换纸芯，强度低；多用于精过滤系统。

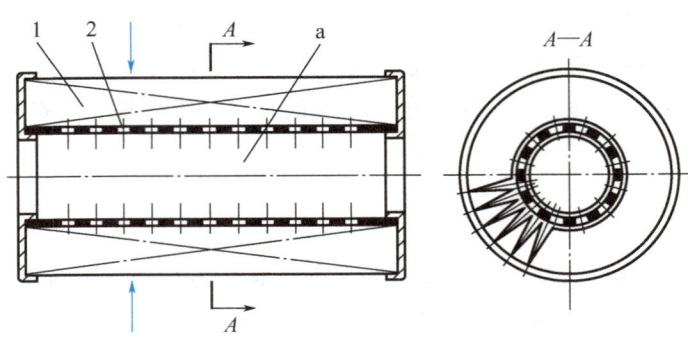

图 6-3　纸芯式滤油器结构
1—滤纸；2—骨架

4. 烧结式滤油器

图 6-4 所示为烧结式滤油器结构。烧结式滤油器由端盖、壳体、滤芯组成，其滤芯由颗粒状铜粉烧结而成。其过滤过程是：压力油从孔 a 进入，经铜颗粒之间的微孔进入滤芯内部，从孔 b 流出。烧结式滤油器的过滤精度与滤芯上铜颗粒之间的微孔的尺寸有关，选择不同颗粒的粉末，制成厚度不同的滤芯就可获得不同的过滤精度。烧结式滤油器的过滤精度为 $0.01 \sim 0.001$mm，压力损失为 $0.03 \sim 0.2$MPa。烧结式滤油器可制成各种形状，制造简单，过滤精度高；缺点是难清洗，金属颗粒易脱落；多用于需要精过滤的场合。

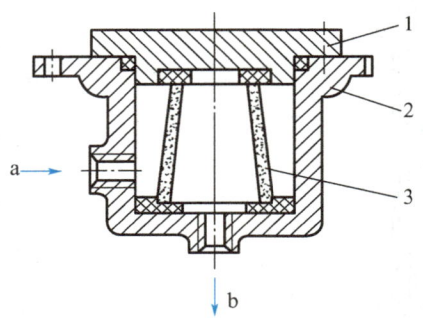

图 6-4　烧结式滤油器结构
1—端盖；2—壳体；3—滤芯

6.1.3　滤油器的选用

滤油器的选择主要根据液压系统的技术要求及滤油器的特点来综合考虑。主要考虑的因素如下。

1. 系统的工作压力

系统的工作压力是选择滤油器精度的主要依据之一。系统的压力越高，液压元件的配合精度越高，所需要的过滤精度也就越高。

2. 系统的流量

滤油器的通流能力是根据系统的最大流量确定的。一般滤油器的额定流量不能小于系统的流量，否则滤油器的压力损失会增加，滤油器易堵塞，寿命也缩短。但滤油器的额定流量越大，其体积就越大，造价也就越高，因此应选择合适的流量。

3. 滤芯的强度

滤油器滤芯的强度是一重要指标。不同结构的滤油器有不同的强度。高压或冲击大的液压回路应选用滤芯强度高的滤油器。

6.1.4　滤油器的安装

滤油器的安装是根据系统的需要而确定的，其连接方式有板式、管式和法兰式三种，一般可安装在图6-5所示的各种位置上。

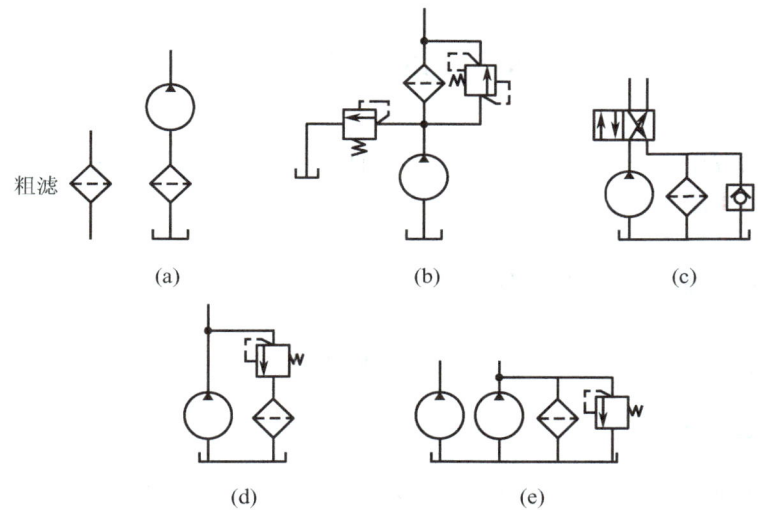

图 6-5　滤油器的安装

1. 安装在液压泵的吸油管路上

如图6-5(a)所示，在泵的吸油口安装滤油器，可以保护系统中的所有元件，但由于受泵吸油阻力的限制，只能选用压力损失小的网式滤油器。这种滤油器过滤精度低，泵磨损所产生的颗粒将进入系统，对系统其他液压元件无法完全保护，还需将其他滤油器串在油路上使用。

2. 安装在液压泵的出油口管路上

如图6-5(b)所示，这种安装方式可以有效地保护除泵以外的其他液压元件，但由于滤油器是在高压下工作，滤芯需要有较高的强度。为了防止滤油器堵塞而引起液压泵过载或滤油器损坏，常在滤油器旁设置一堵塞指示器或旁油路阀加以保护。

3. 安装在回油路上

如图 6-5(c) 所示，滤油器安装在系统的回油路上，这种安装方式可以把系统内油箱或管壁氧化层的脱落或液压元件磨损所产生的颗粒过滤掉，保证油箱内液压油的清洁以使泵及其他元件受到保护。由于回油压力较低，这种安装方式所需滤油器强度不必过高。

4. 安装在系统的支路上

如图 6-5(d) 所示，滤油器主要安装在溢流阀的回油路上，这种安装方式不会增加主油路的压力损失，滤油器的流量也可小于泵的流量，比较经济合理；但不能过滤全部油液，也不能保证杂质不进入系统。

5. 单独过滤

如图 6-5(e) 所示，用一个液压泵和滤油器单独组成一个独立于系统之外的过滤回路，这样可以连续清除系统内的杂质，保证系统内清结。这种安装方式一般用于大型液压系统。

6.2　蓄　能　器

蓄能器是在液压系统中储存和释放压力能的元件。它还可以用作短时供油和吸收系统的振动和冲击的液压元件。

6.2.1　蓄能器的类型和结构

蓄能器主要有重锤式、弹簧式和充气式三种类型。

1. 重锤式蓄能器

重锤式蓄能器的结构原理如图 6-6 所示，它是利用重物的位置变化来储存和释放能量的，重物通过柱塞作用于液压油上，使之产生压力。当储存能量时，油液从孔 a 经单向阀进入蓄能器内，通过柱塞推动重物上升；释放能量时，柱塞同重物一起下降，油液从孔 b 输出。这种蓄能器结构简单、压力稳定，但容量小、体积大、反应不灵活、易产生泄漏，目前只用于少数大型固定设备的液压系统。

2. 弹簧式蓄能器

弹簧式蓄能器的结构原理如图 6-7 所示，它是利用弹簧的伸缩来储存和释放能量的。弹簧的力通过活塞作用于液压油上。液压油的压力取决于弹簧的预紧力和活塞的面积。由于弹簧伸缩时弹簧力会发生变化，所形成的油压也会发生变化。为减少这种变化，一般弹簧的刚度不可太大，弹簧的行程也不能过大，从而限定了这种蓄能器的工作压力。弹簧式蓄能器具有结构简单、反应较灵敏等特点，但容量较小、承压较低，常用于低压小容量的系统，例如液压系统的缓冲。

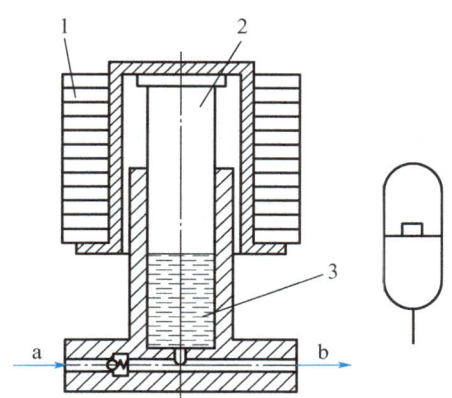
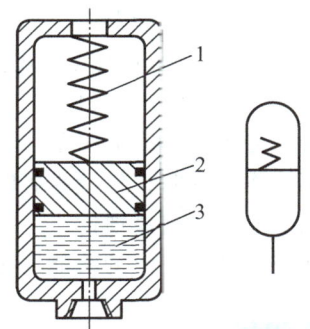

图 6-6 重锤式蓄能器的结构原理
1—重物；2—柱塞；3—液压油

图 6-7 弹簧式蓄能器的结构原理
1—弹簧；2—活塞；3—液压油

3. 充气式蓄能器

充气式蓄能器是利用气体的压缩和膨胀来储存和释放能量的。为安全起见，所充气体一般为惰性气体或氮气。常用的充气式蓄能器有活塞式和气囊式两种，如图 6-8 所示。

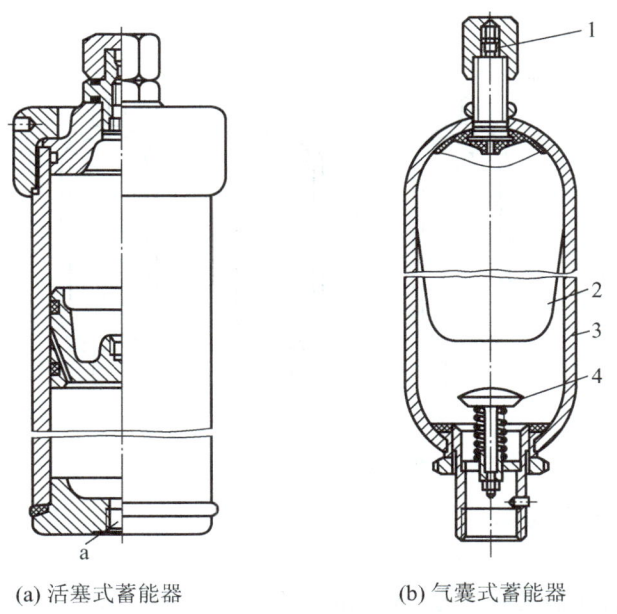

(a) 活塞式蓄能器 　　 (b) 气囊式蓄能器

图 6-8 充气式蓄能器
1—充气阀；2—气囊；3—壳体；4—限位阀

（1）活塞式蓄能器

图 6-8(a) 所示为活塞式蓄能器结构。由图可知，压力油从 a 口进入，推动活塞，压缩活塞上腔的气体而储存能量。当系统压力低于蓄能器内压力时，气体推动活塞，释放压力油，满足系统需要。这种蓄能器具有结构简单、工作可靠、维修方便等特点，但由于缸

体的加工精度较高，活塞密封易磨损，活塞的惯性及摩擦力易受影响，使之存在造价高、易泄漏、反应灵敏程度差等缺陷。

（2）气囊式蓄能器

图 6-8(b) 所示为气囊式蓄能器结构。由图可知，气囊安装在壳体内，充气阀为气囊充入氮气，压力油从入口顶开菌形限位阀进入蓄能器压缩气囊，气囊内的气体被压缩而储存能量。当系统压力低于蓄能器压力时，气囊膨胀，压力油输出，蓄能器释放能量。菌形限位阀的作用是防止气囊膨胀时从蓄能器油口处凸出而损坏。这种蓄能器的特点是气体与油液完全隔开，气囊惯性小、反应灵活、结构尺寸小、质量轻、安装方便。气囊式蓄能器是目前应用最为广泛的蓄能器之一。

6.2.2　蓄能器的容量计算

蓄能器的容量是选用蓄能器的主要指标之一。不同的蓄能器其容量的计算方法不同，在此仅对应用最为广泛的气囊式蓄能器用作辅助能源时容量的计算方法作一简要的介绍。

气囊式蓄能器在工作前要先充气，当充气后气囊会占据蓄能器壳体的全部体积，假设此时气囊内的体积为 V_0，压力为 p_0。在工作状态下，压力油进入蓄能器，使气囊受到压缩，此时气囊内气体的体积为 V_1，压力为 p_1。压力油释放后，气囊膨胀，其体积变为 V_2，压力降为 p_2，如图 6-9 所示。

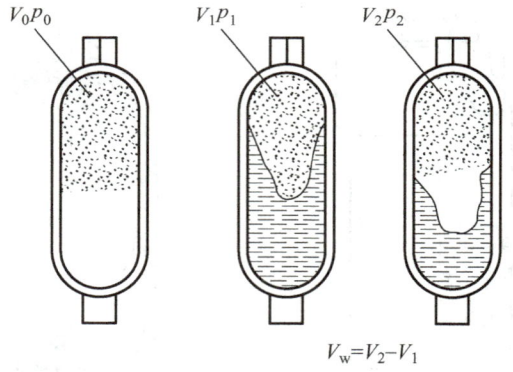

图 6-9　气囊式蓄能器的工作状态

根据波义耳气体定律可知

$$p_0 V_0^n = p_1 V_1^n = p_2 V_2^n = \mathrm{const} \tag{6-1}$$

式中，p_0，V_0——蓄能器没有压力油输入时，气囊内预充气体的压力和体积；

　　　　p_1，V_1——蓄能器在工作状态下气囊压缩后其内腔的压力和体积；

　　　　p_2，V_2——蓄能器在释放能量后气囊内气体的压力和体积；

　　　　n——由蓄能器工作状态所确定的指数：当蓄能器缓慢释放能量时，如用来保压或补偿泄漏，可以认为气体是在等温条件下工作，取 $n=1$；当蓄能器迅速释放能量时，如用来大量供油时，可以认为是在绝热条件下工作，取 $n=1.4$。设蓄能器储存油液的最大容积为 V_w，则有

$$V_w = V_2 - V_1 \tag{6-2}$$

将式（6-2）与式（6-1）联立，可得

$$V_0 = \frac{V_w \left(\dfrac{p_2}{p_0}\right)^{\frac{1}{n}}}{\left[1 - \left(\dfrac{p_2}{p_1}\right)^{\frac{1}{n}}\right]} \tag{6-3}$$

或

$$V_w = V_0 \, p_0^{\frac{1}{n}} \left[\left(\frac{1}{p_2}\right)^{\frac{1}{n}} - \left(\frac{1}{p_1}\right)^{\frac{1}{n}}\right] \tag{6-4}$$

理论上，充气压力 p_0 与释放能量后的压力 p_2 应当相等，但由于系统中有泄漏，为了保证系统压力为 p_2 时蓄能器还能向系统供油，应使 $p_0 < p_2$。对于折合型气囊，取 $p_0 = (0.8 \sim 0.85)p_2$；对于波纹型气囊，取 $p_0 = (0.6 \sim 0.65)p_2$。

p_1 和 p_2 为系统的最高工作压力和维持系统工作的最低工作压力，它们均由系统的要求确定；V_0 为气囊的最大容积，也可认为是蓄能器的容积，在确定 V_0 时，应先由式（6-3）计算出 V_0，再查手册选取蓄能器容积标准值。

6.2.3　蓄能器的安装使用

蓄能器在液压系统中安装的位置，由蓄能器的功能来确定。在使用和安装蓄能器时应注意以下问题。

（1）气囊式蓄能器应当垂直安装。倾斜安装或水平安装会使蓄能器的气囊与壳体磨损，影响蓄能器的使用寿命。

（2）吸收压力脉动或冲击的蓄能器应该安装在振源附近。

（3）安装在管路中的蓄能器必须用支架或挡板固定，以承受因蓄能器蓄能或释放能量时所产生的动量反作用力。

（4）蓄能器与管道之间应安装止回阀，以用于充气或检修。蓄能器与液压泵间应安装单向阀，以防止停泵时压力油倒流。

6.3　油　　箱

油箱的主要功用是储存油液，同时箱体还具有散热、沉淀污物、析出油液中渗入的空气及作为安装平台等作用。

6.3.1　油箱的分类及典型结构

1. 油箱的分类

油箱可分为开式结构和闭式结构两种。开式结构油箱中的油液具有与大气相通的自由液面，多用于各种固定设备；闭式结构油箱中的油液与大气是隔绝的，多用于行走设备及车辆。

开式结构的油箱又分为整体式和分离式两种。整体式油箱是利用主机的底座作为油箱，其特点是结构紧凑、液压元件的泄漏容易回收，但散热性能差，维修不方便，对主机的精度及性能有所影响。分离式油箱单独成立一个供油泵站，与主机分离，其散热性、维护和维修性均好于整体式油箱，但须增加占地面积。目前精密设备多采用分离式油箱。

2. 油箱的典型结构

图 6-10 为开式结构分离式油箱的结构简图。箱体一般用 2.5～4mm 的薄钢板焊接而成，表面涂有耐油涂料；油箱中间有两个隔板，分别为下隔板和上隔板，用来将液压泵的吸油管注油器与回油管分离开，以阻挡沉淀杂物及回油管产生的泡沫；油箱顶部的安装板用较厚的钢板制造，用以安装电动机、液压泵、集成块等部件。在安装板上装有滤油网及防尘盖泄油管用以注油时过滤，并防止异物落入油箱。防尘盖侧面开有小孔与大气相通；油箱侧面装有液位计以显示油量；油箱底部装有排油阀用以换油时排油和排污。

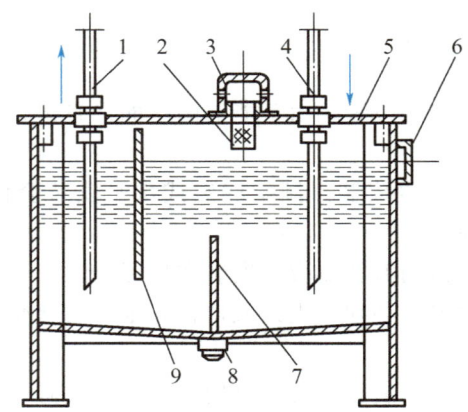

图 6-10　开式结构分离式油箱的结构简图

1—吸油管注油器；2—滤油网；3—防尘盖泄油管；4—回油管；5—安装板；
6—液位计；7—下隔板；8—排油阀；9—上隔板

6.3.2　油箱的设计

油箱属于非标准件，在实际情况下常根据需要自行设计。油箱设计时主要考虑油箱的容积、结构、散热等问题。限于篇幅，在此仅将设计思路简介如下。

1. 油箱容积的估算

油箱的容积是油箱设计时需要确定的主要参数。油箱体积大时散热效果好，但用油多，成本高；油箱体积小时，占用空间少，成本降低，但散热条件不足。在实际设计时，可用经验公式初步确定油箱的容积，然后再验算油箱的散热量 Q_1，计算系统的发热量 Q_2，当油箱的散热量大于液压系统的发热量时（$Q_1 > Q_2$），油箱容积合适；否则需增大油箱的容积或采取冷却措施（油箱散热量及液压系统发热量计算请查阅有关手册）。

油箱容积的估算经验公式为

$$V = aq \tag{6-5}$$

式中，V——油箱的容积（L）；

　　　q——液压泵的总额定流量（L/min）；

　　　a——经验系数（min），其数值确定如下：低压系统中 $a=2\sim4$min；中压系统中 $a=5\sim7$min；中、高压或高压大功率系统中 $a=6\sim12$min。

2. 设计时的注意事项

在确定容积后，油箱的结构设计就成为实现油箱各项功能的主要工作。设计油箱结构时应注意以下几点。

（1）箱体要有足够的强度和刚度。油箱一般用 2.5～4mm 的薄钢板焊接而成，尺寸大者要加焊加强筋。

（2）泵的吸油管上应安装 100～200 目的网式滤油器，滤油器与箱底间的距离不应小于 20mm，滤油器不允许露出油面，防止泵卷吸空气产生噪声。系统的回油管要插入油面以下，防止回油冲溅产生气泡。

（3）吸油管与回油管应隔开，二者间的距离尽量远些，应当用几块隔板隔开，以增加油液的循环距离，使油液中的污物和气泡充分沉淀或析出。隔板高度一般取油面高度的 3/4。

（4）防污密封。为防止油液污染，盖板及窗口各连接处均需加密封垫，各油管通过的孔都要加密封圈。

（5）油箱底部应有坡度，箱底与地面间应有一定距离，箱底最低处要设置排油塞。

（6）油箱内壁表面要做专门处理。为防止油箱内壁涂层脱落，新油箱内壁要经喷丸、酸洗和表面清洗，然后可涂一层与工作液相容的塑料薄膜或耐油清漆。

6.4　热交换器

液压系统在工作时液压油的温度应保持在 15～65℃，油温过高将使油液迅速变质，同时油液的黏度下降，系统的效率降低；油温过低则油液的流动性变差，系统压力损失加大，泵的自吸能力降低。因此，保证合适的油温是液压系统正常工作的必要条件。因受负荷等因素的限制，有时靠油箱本身的自然调节无法满足油温的需要，需要借助外界设施来辅助。热交换器就是最常用的温控设施，热交换器分冷却器和加热器两类。

6.4.1　冷却器

冷却器按冷却形式可分为水冷、风冷和氨冷等多种形式，其中水冷和风冷是常用的冷却形式。

【参考动画】

图 6-11(a) 所示为常用的蛇形管式冷却器，蛇形管安装在油箱内，冷却水从管内流过，带走油液内产生的热量。这种冷却器结构简单，成本低，但热交换效率低，水耗大。

图 6-11(b) 所示为大型设备常用的壳管式冷却器。壳管式冷却器由壳体、铜管及隔板组成。液压油从壳体的左油口进入，经多条冷却铜管外壁及隔板冷却后，从壳体右口流出。冷却水在壳体右隔箱上部进水口流入，再经上部铜管内腔到达壳体左封堵，然后经下部铜管内腔通道，由壳体右隔箱下部出水口流出。由于多条冷却铜管及隔墙的作用，壳管式冷却器热交换效率高，但体积大、造价高。

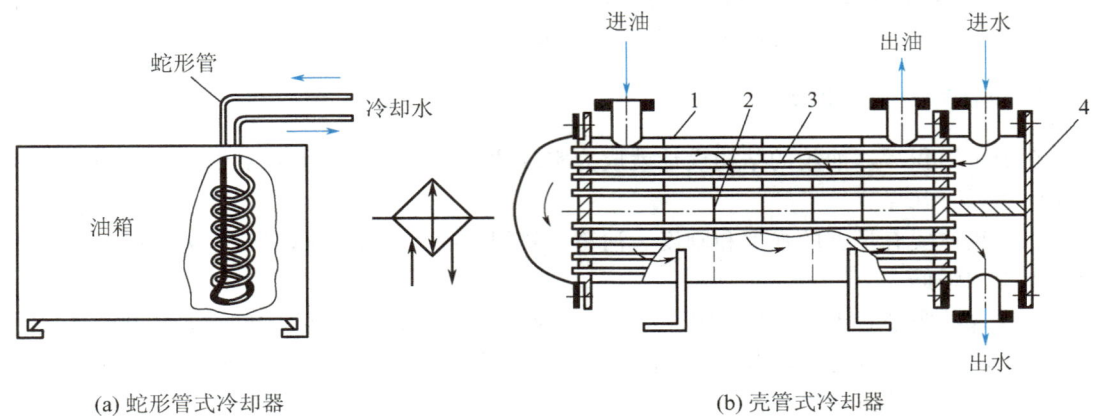

(a) 蛇形管式冷却器　　　　　　　　　　　　(b) 壳管式冷却器

图 6-11　冷却器

1—壳体；2—隔板；3—铜管；4—壳体隔箱

近年来出现了翅片式冷却器，即在冷却管外套上由多个具有良好导热材料制成的散热翅片，以增加散热面积。

风冷式冷却器在行走车辆的液压设备上应用较多。风冷式冷却器可以是排管式，也可以用翅片式(单层管壁)，其体积小，但散热效率不及水冷式高。

冷却器一般安装在液压系统的回油路上或在溢流阀的溢流管路上。图 6-12 所示为冷却器的安装位置举例。液压泵输出的压力油直接进入系统，已发热的回油和溢流阀溢出的油一起经冷却器冷却后回到油箱。单向阀用以保护冷却器，截止阀在不需要冷却器时打开，提供通道。

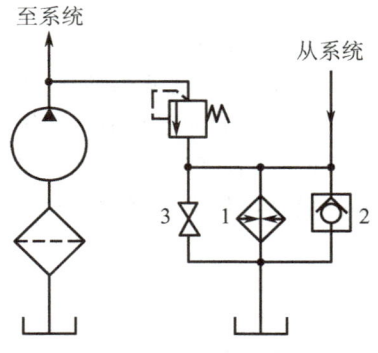

图 6-12　冷却器的安装位置举例

1—冷却器；2—单向阀；3—截止阀

6.4.2　加热器

液压系统中所使用的加热器一般采用电加热方式。电加热器结构简单，控制方便，可以设定所需温度，温控误差较小。但电加热器的加热管直接与液压油接触，易造成箱体内油温不均匀，有时加速油质裂化，因此，可设置多个加热器，且控制加热器温度不宜过高。图6-13所示为加热器的应用，加热器安装在油箱的箱体壁上，用法兰连接。

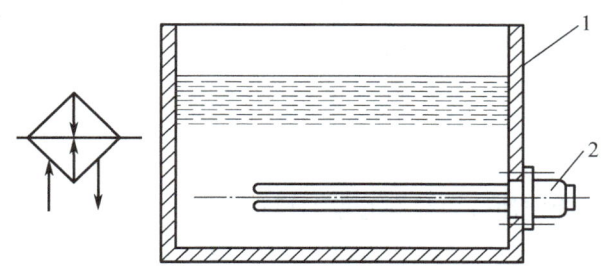

图6-13　加热器的应用

1—油箱；2—加热器

6.5　管　　件

分散的液压元件用油管和管接头连接，构成一个完整的液压系统。油管的性能、管接头的结构对液压系统的工作状态有直接的关系。此处介绍常用的油管及管接头的结构，供设计液压装置选用连接件时参考。

6.5.1　油管

1. 油管的种类

在液压系统中，所使用的油管种类较多，有钢管、铜管、尼龙管、塑料管、橡胶管等，在选用时要考虑液压系统压力的高低，液压元件安装的位置，液压设备工作的环境等因素。

（1）钢管

钢管分为无缝钢管和焊接钢管两类。前者一般用于高压系统，后者用于中低压系统。钢管的特点是：承压能力强，价格低廉，强度高、刚度好，但装配和弯曲较困难。目前在各种液压设备中，钢管应用最为广泛。

（2）铜管

铜管分为黄铜管和纯铜管两类，多用纯铜管。铜管具有装配方便、易弯曲等优点，但也有强度低、抗振能力差、材料价格高、易使液压油氧化等缺点，一般用于液压装置内部难装配的地方或压力在0.5～10MPa的中低压系统。

（3）尼龙管

尼龙管是一种乳白色半透明的新型管材，承压能力有 2.5MPa 和 8MPa 两种。尼龙管具有价格低廉、弯曲方便等特点，但寿命较短，多用于低压系统替代铜管使用。

（4）塑料管

塑料管价格低，安装方便，但承压能力低，易老化，目前只用于泄漏管和回油路使用。

（5）橡胶管

橡胶管有高压管和低压管两种。高压管由夹有钢丝编织层的耐油橡胶制成，钢丝层越多，油管耐压能力越高。低压管的编织层为帆布或棉线。橡胶管用于具有相对运动的液压件的连接。

2. 油管的计算

油管的计算主要是确定油管内径和管壁的厚度。

油管内径计算式为

$$d = \frac{q}{\pi v} \tag{6-6}$$

式中，q——通过油管的流量；

v——油管中推荐的流速，吸油管取 0.5～1.5m/s，压油管取 2.5～5m/s，回油管取 1.5～2.5m/s。

油管壁厚可用计算式为

$$\delta \geqslant \frac{pd}{2[\sigma]} \tag{6-7}$$

式中，p——油管内压力；

$[\sigma]$——油管材料的许用应力，$[\sigma] = \sigma_b / n$，其中，σ_b 为油管材料的抗拉强度，n 为安全系数。对于钢管，当 $p < 7$MPa 时，取 $n=8$；当 $p < 17.5$MPa 时，取 $n=6$；当 $p > 17.5$ 时，$n=4$。

6.5.2 管接头

管接头是连接油管与液压元件或阀板的可拆卸的连接件。管接头应满足于拆装方便、密封性好、连接牢固、外形尺寸小、压降小、工艺性好等要求。

常用的管接头种类很多，按接头的通路分直通式、角通式、三通和四通式；按接头与阀体或阀板的连接方式分螺纹式、法兰式等；按油管与接头的连接方式分扩口式、焊接式、卡套式、扣压式、可拆卸式、快换式和伸缩管式等。以下仅对后一种分类做一介绍。

1. 扩口式管接头

图 6-14（a）所示为扩口式管接头。扩口式管接头利用油管管端的扩口在管套的压紧下进行密封。这种管接头结构简单，适用于铜管、薄壁钢管、尼龙管和塑料管的连接。

2. 焊接式管接头

图 6－14(b) 所示为焊接管接头。焊接式管接头由油管与接头内芯焊接而成，接头内心的球面与接头体锥孔面紧密相连，具有密封性好、结构简单、耐压性强等优点。其缺点是焊接较麻烦，适用于高压厚壁钢管的连接。

3. 卡套式管接头

图 6－14(c) 所示为卡套式管接头。卡套式管接头是利用弹性极好的卡套卡住油管而密封。其特点是结构简单、安装方便，油管外壁尺寸精度要求较高。卡套式管接头适用于高压冷拔无缝钢管连接。

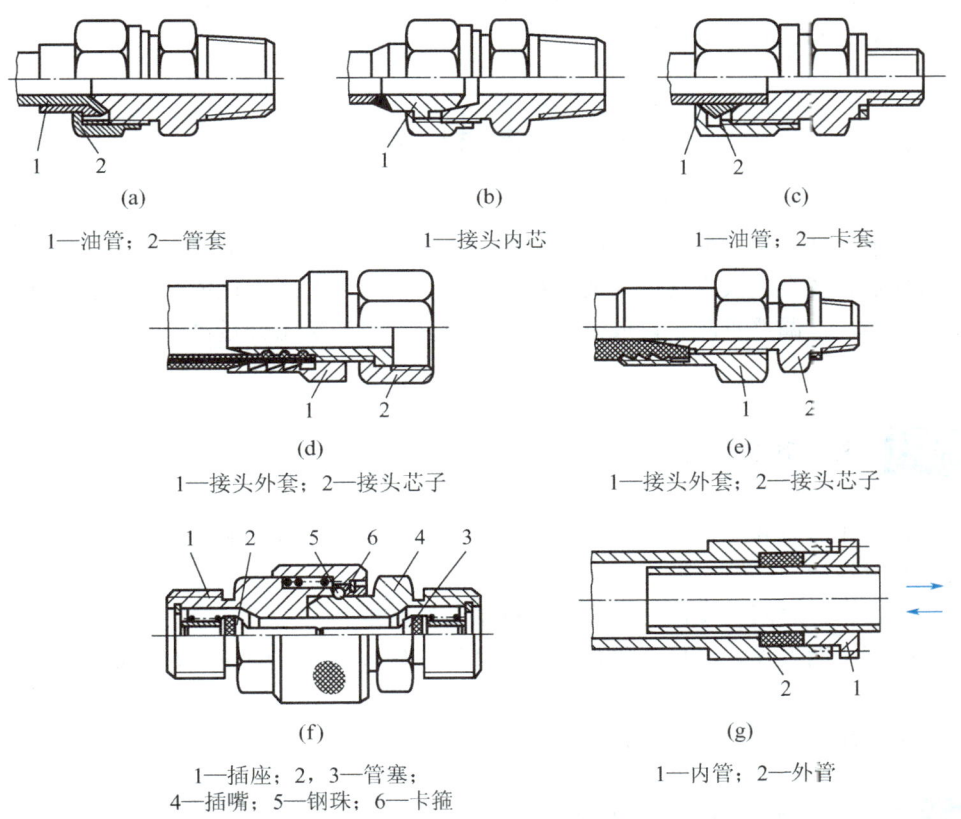

(a)

1—油管；2—管套

(b)

1—接头内芯

(c)

1—油管；2—卡套

(d)

1—接头外套；2—接头芯子

(e)

1—接头外套；2—接头芯子

(f)

1—插座；2，3—管塞；
4—插嘴；5—钢珠；6—卡箍

(g)

1—内管；2—外管

图 6－14　常用管接头

4. 扣压式管接头

图 6－14(d) 所示为扣压式管接头。扣压式管接头由接头外套和接头芯子组成，适用于软管连接。

5. 可拆卸式管接头

图 6－14(e) 所示为可拆卸式管接头。可拆卸式管接头的结构是在接头外套和接头芯子上做成六角形，便于经常拆卸软管，适用于高压小直径软管连接。

6. 快换式管接头

图 6-14(f) 所示为快换式管接头。快换式管接头便于快速拆装油管。其原理为：当卡箍向左移动时，钢珠从插嘴的环槽中向外退出，插嘴不再被卡住，可以迅速从插座中抽出。此时管塞在各自的弹簧力作用下将两个管口关闭，使油管内的油液不会流失。这种管接头适用于需要经常拆卸的软管连接。

7. 伸缩管式管接头

图 6-14(g) 所示为伸缩管式管接头。伸缩管式管接头由内管和外管组成，内管可以在外管内自由滑动并用密封圈密封。内管外径必须经过精密加工。伸缩管式管接头适用于连接件有相对运动的管道的连接。

6.6　密封装置

密封是解决液压系统泄漏问题的有效手段之一。当液压系统的密封不好时，会因外泄漏而污染环境；还会造成空气进入液压系统而影响液压泵的工作性能和液压执行元件运动的平稳性；当内泄漏严重时，造成系统容积效率过低及油液温升过高，以至系统不能正常工作。

6.6.1　对密封装置的要求

（1）在工作压力和一定的温度范围内，应具有良好的密封性能，并随着压力的增加能自动提高密封性能。

（2）和运动件之间的摩擦力要小，摩擦系数要稳定。

（3）抗腐蚀能力强，不易老化，工作寿命长，耐磨性好，磨损后在一定程度上能自动补偿。

（4）结构简单，使用、维护方便，价格低廉。

6.6.2　密封装置的类型和特点

密封按其工作原理来分可分为非接触式密封和接触式密封。前者主要指间隙密封，后者指密封件密封。

1. 间隙密封

间隙密封是靠相对运动件配合面之间的微小间隙来进行密封的，间隙密封常用于柱塞、活塞或阀的圆柱配合副中。

采用间隙密封的液压阀中在阀芯的外表面开有几条等距离的均压槽，它的主要作用是使径向压力分布均匀，减少液压卡紧力，同时使阀芯在孔中对中性好，以减少间隙的方法来减少泄漏。另外，均压槽所形成的阻力对减少泄漏也有一定的作用。所开均压槽的尺寸一般宽 0.3～0.5mm，深 0.5～1.0mm。圆柱面间的配合间隙与直径大小有关，对于阀芯与阀孔一般取 0.005～0.017mm。这种密封的优点是摩擦力小，缺点是磨损后不能自动补偿，主要用于直径较小的圆柱面之间，如液压泵内的柱塞与缸体之间，滑阀的阀芯与阀孔之间的配合。

2. O 形密封圈

O 形密封圈一般用耐油橡胶制成，其横截面呈圆形，它具有良好的密封性能，内外侧和端面都能起密封作用。它具有结构紧凑、运动件的摩擦阻力小、制造容易、装拆方便、成本低、高低压均可以用等特点，在液压系统中得到广泛的应用。O 形密封圈的结构和工作情况如图 6-15 所示。

图 6-15(a) 所示为 O 形密封圈的外形截面；图 6-15(b) 所示为装入密封沟槽时的情况，其中，δ_1 及 δ_2 为 O 形密封圈装配后的预压缩量，通常用压缩率 W 表示：

$$W=\frac{d_0-h}{d_0}\times100\% \tag{6-8}$$

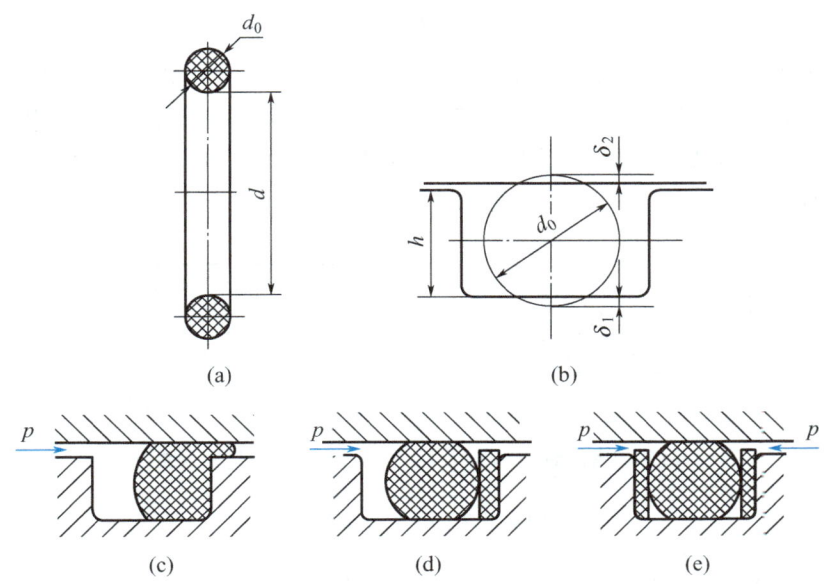

图 6-15 O 形密封圈的结构和工作情况

对于固定密封、往复运动密封和回转运动密封，压缩率应分别达到15%～20%、10%～20%和5%～10%，才能取得满意的密封效果。

当油液工作压力超过 10MPa 时，O 形密封圈在往复运动中容易被油液压力挤入间隙而损坏，如图 6-15(c) 所示。为此，要在它的侧面安放 1.2～1.5mm 厚的聚四氟乙烯挡圈。单向受力时，在受力侧的对面安放一个挡圈，如图 6-15(d) 所示。双向受力时，则在两侧各放一个挡圈，如图 6-15(e) 所示。

O 形密封圈的安装沟槽，除矩形外，也有 V 形、燕尾形、半圆形、三角形等，实际应用中可查阅有关手册及国家标准。

3. 唇形密封圈

唇形密封圈根据截面的形状可分为 Y 形、V 形、U 形、L 形等，其工作原理如图 6-16 所示。液压力将密封圈的两唇边 h_1 压向形成间隙的两个零件的表面。这种密封作用的特点是能随着工作压力的变化自动调整密封性能，压力越高则唇边被压得越紧，密封性越好；当压力降低时唇边压紧程度也随之降低，从而减少了摩擦阻力和功率消耗，此外，还能自动补偿唇边的磨损。

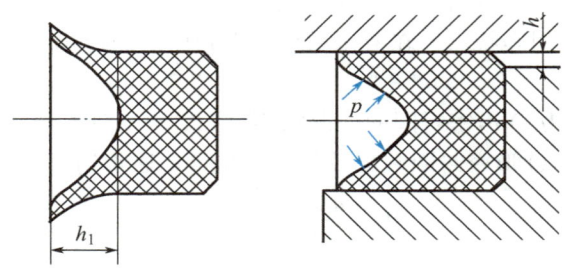

图 6-16 唇形密封圈的工作原理

目前，小 Y 形密封圈在液压缸中得到普遍的应用，主要用作活塞和活塞杆的密封。图 6-17(a) 所示为轴用密封圈，图 6-17(b) 所示为孔用密封圈。这种小 Y 形密封圈的特点是断面宽度和高度的比值大，增加了底部支承宽度，可以避免由于摩擦力造成的密封圈翻转和扭曲。

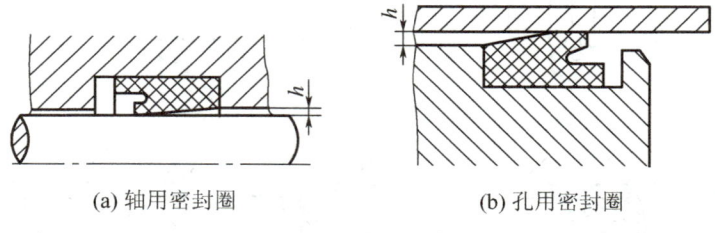

(a) 轴用密封圈   (b) 孔用密封圈

图 6-17 小 Y 形密封圈

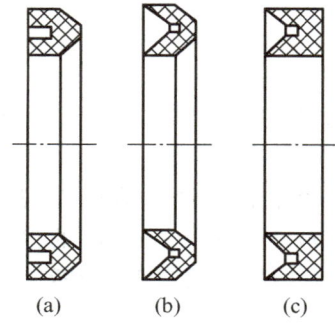

(a)   (b)   (c)

图 6-18 V 形密封圈

在高压和超高压情况下（压力大于 25MPa）的轴密封多采用 V 形密封圈。V 形密封圈由多层涂胶织物压制而成，其形状如图 6-18 所示。V 形密封圈通常由压环、密封环和支承环三个圈叠在一起使用，此时已能保证良好的密封性。当压力更高时，可以增加中间密封环的数量。V 形密封圈在安装时要预压紧，所以摩擦阻力较大。

唇形密封圈安装时应使其唇边开口面对压力油，使两唇张开，分别贴紧在机件的表面上。

4. 组合式密封装置

随着技术的进步和设备性能的提高，液压系统对密封的要求越来越高，单独使用普通的密封圈已不能很好地满足需要。因此，由包括密封圈在内的两个以上元件组成的组合式密封装置应运而生。

图 6-19(a) 所示的组合式密封装置，由 O 形密封圈与截面为矩形的聚四氟乙烯塑料滑环组成。滑环紧贴密封面，O 形密封圈为滑环提供弹性预压力，在介质压力等于零时构成密封。由于密封间隙靠滑环，而不是 O 形密封圈，因此摩擦阻力小而且稳定，可以用于 40MPa 的高压；往复运动密封时，速度可达 15m/s；往复摆动与螺旋运动密封时，速度可达 5m/s。矩形滑环组合密封的缺点是抗侧倾能力稍差，在高低压交变的场合下工作时易泄漏。

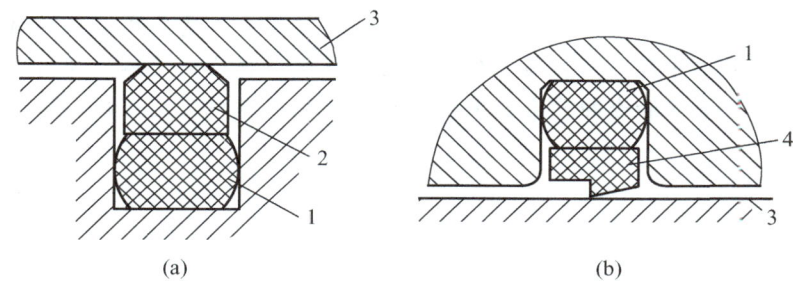

(a)　　　　　　　　　　　(b)

图 6-19　组合式密封装置
1—O 形密封圈；2—滑环；3—被密封件；4—支承环

图 6-19(b) 所示为由支承环和 O 形密封圈组成的轴用组合密封示例。由于支承环与被密封件之间为线密封，其工作原理类似唇边密封。支承环采用一种经特别处理的合成材料，具有极佳的耐磨性、低摩擦和保形性，工作压力可达 80MPa。

组合式密封装置充分发挥了橡胶密封圈和滑环各自的长处，不仅工作可靠，摩擦力低而且稳定性好，使用寿命比普通橡胶密封提高近百倍，在工程上得到广泛的应用。

5. 回转轴的密封装置

回转轴的密封装置形式很多，图 6-20 所示为用耐油橡胶制成的回转轴用密封圈。该密封圈的内部由直角形圆环铁骨架支撑着，密封圈的内边围着一条螺旋弹簧，把内边收紧在轴上进行密封。这种密封圈主要用作液压泵、液压马达和回转式液压缸的伸出轴的密

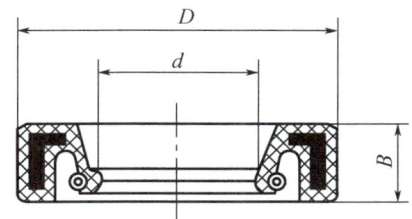

图 6-20　用耐油橡胶制成的回转轴用密封圈

封，以防止油液漏到壳体外部，它的工作压力一般不超过 0.1MPa，最大允许线速度为 4～8m/s，需在有润滑的情况下工作。

本章小结

　　本章主要讲述了常用的液压辅助元件。滤油器是液压系统中最重要的保护元件，通过滤油器过滤油液中的杂质来确保液压元件及系统不受污染物的侵蚀。蓄能器通常用于吸收脉动、冲击及作为液压系统的辅助油源，在结构上有皮囊式、重力式和活塞式等。蓄能器在工作时基本上处于动态工况，所以应用中主要关注其动态特性。油箱是一种非标准辅件，根据不同情况进行设计，主要用于油液的储存、供应、回收、沉淀和散热等。密封件主要用于减小液压系统的泄漏，进而提高液压系统的效率。管件及管接头是液压系统中各元件传递流体动力的纽带，根据输送流体的压力、流量及使用场合来选用。加热器和冷却器主要用来维持油液温度在规定范围内，保证液压系统的正常工作。

复习思考题

　　6-1　简述滤油器的类型及各自特点。

　　6-2　选择滤油器时应考虑哪些方面的问题？

　　6-3　蓄能器有哪几种用途？

　　6-4　简述蓄能器的类型及各自特点。

　　6-5　蓄能器的主要参数有哪些？如何选择？

　　6-6　设计油箱时，应注意哪些问题？

　　6-7　常用的密封装置有哪些？各具备哪些特点？主要应用于液压元件哪些部位的密封？

　　6-8　管接头的种类有哪些？各有何特点？

　　6-9　液压管路安装的基本要求有哪些？

　　6-10　冷却器有哪几种类型？各有何特点？

【第6章　参考答案】

第7章 液压基本回路

 本章导读

　　液压基本回路是由某些液压元件组成，并能完成某种功能的油路结构，它是液压传动系统的基本组成单元。通常来讲，一个液压传动系统由若干个液压基本回路组成。

　　液压基本回路一般按功能进行分类。用来控制液压执行元件运动方向的称为方向控制回路；用来控制液压系统或某支路压力的称为压力控制回路；用来调节液压执行元件运动速度的称为速度控制回路；用来控制多个液压缸运动的回路称为运动控制回路等。

　　熟悉和掌握液压基本回路的组成结构、工作原理及其性能特点，对分析、掌握和设计液压传动系统是非常必要的。本章主要讲述调速回路和多缸运动回路。

　　学习目标

❥ 了解：正确连接并合理选用液压回路。

❥ 理解：方向控制回路、压力控制回路、调速回路及多缸运动回路的组成原理及其特点。掌握各种回路的选择原则、操纵方式及应用场合。

❥ 应用：具有正确组合液压基本回路的能力，掌握电磁铁动作顺序表的绘制方法。

❥ 分析：通过学习本章基本回路的组成原理及其特点，学会分析液压基本回路的思路和方法。

7.1　方向控制回路

　　在液压系统中，起控制执行元件的起动、停止及换向作用的回路，称方向控制回路。方向控制回路有换向回路和锁紧回路。

7.1.1　换向回路

【参考动画】

运动部件的换向一般可采用各种换向阀来实现。在容积调速的闭式回路中，也可以利用双向变量泵控制油流的方向来实现液压缸（或液压马达）的换向。

依靠重力或弹簧返回的单作用液压缸，可以采用二位三通换向阀进行换向，如图 7-1 所示。双作用液压缸的换向，一般都可采用二位四通（或五通）及三位四通（或五通）换向阀来进行换向，按不同用途还可选用各种不同的控制方式的换向回路。

电磁换向阀的换向回路应用最为广泛，尤其在自动化程度要求较高的组合机床液压系统中被普遍采用。对于流量较大和换向平稳性要求较高的场合，电磁换向阀的换向回路已不能适应上述要求，往往采用手动换向阀或机动换向阀作先导阀，而以液动换向阀为主阀的换向回路，或者采用电液换向阀的换向回路。

图 7-2 所示为手动转阀（先导阀）控制液动换向阀的换向回路。回路中用辅助泵提供低压控制油，通过手动先导阀（三位四通转阀）来控制液动换向阀的阀芯移动，实现主油路的换向。当转阀在右位时，控制油进入液动换向阀的左端，右端的油液经转阀回油箱，使液动换向阀左位接入工作，液压缸活塞下移。当转阀切换至左位时，即控制油液使液动换向阀换向，活塞向上退回。当转阀处于中位时，液动换向阀两端的控制油通油箱，在弹簧力的作用下，其阀芯回复到中位、主泵卸荷。这种换向回路常用于大型液压机上。

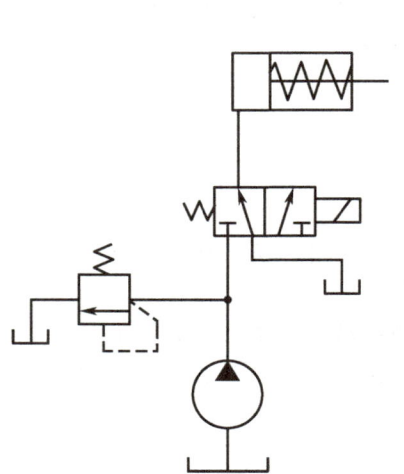

图 7-1　采用二位三通换向阀换向的回路

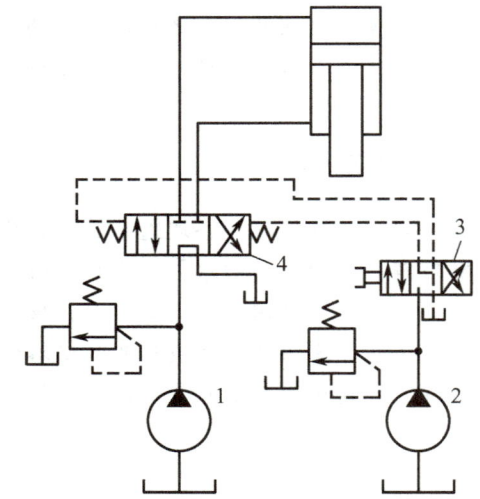

图 7-2　手动转阀（先导阀）控制液动换向阀的换向回路
1—主泵；2—辅助泵；3—手动先导阀；
4—液动换向阀

在液动换向阀的换向回路或电液换向阀的换向回路中，控制油液除了用辅助泵供给外，在一般的系统中也可以把控制油路直接接入主油路。但是，当主阀采用 M 型或 H 型滑阀机能时，必须在回路中设置背压阀，保证控制油液有一定的压力，以控制换向阀阀芯的移动。

在机床夹具、油压机和起重机等不需要自动换向的场合，常常采用手动换向阀来进行换向。

锁紧回路

为了使工作部件能在任意位置上停留，以及在停止工作时，防止在受力的情况下发生移动，可以采用锁紧回路。

采用 O 型或 M 型机能的三位换向阀，当阀芯处于中位时，液压缸的进出口都被封闭，可以将活塞锁紧，这种锁紧回路由于受到滑阀泄漏的影响，锁紧效果较差。

图 7-3 是采用液控单向阀的锁紧回路。在液压缸的进油路和回油路中都串接液控单向阀，活塞可以在行程的任何位置锁紧。其锁紧精度只受液压缸内少量的内泄漏影响，因此，锁紧精度较高。采用液控单向阀的锁紧回路，换向阀的滑阀机能应使液控单向阀的控制油液卸压（换向阀采用 H 型或 Y 型），此时，液控单向阀便立即关闭，活塞停止运动。假如采用 O 型机能，在换向阀中位时，由于液控单向阀的控制腔压力油被闭死而不能使其立即关闭，直至由换向阀的内泄漏使控制腔泄压后，液控单向阀才能关闭，影响其锁紧精度。

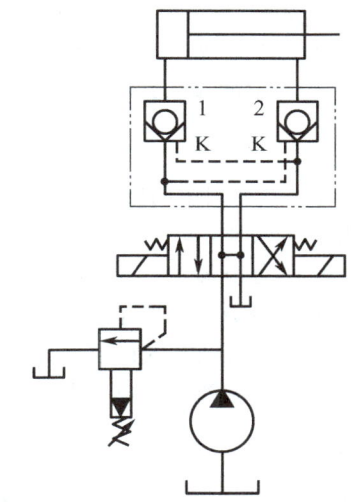

图 7-3 采用液控单向阀的锁紧回路
1，2—液控单向阀；K—控制油口

7.2 压力控制回路

压力控制回路是利用压力控制阀来控制系统或系统某一部分的压力。压力控制回路主要有调压回路、减压回路、增压回路、卸荷回路、保压回路和平衡回路等。

调压回路

调压使系统整体或某一部分的压力保持恒定或不超过某个数值。

1. 单级调压回路

如图 7-4(a) 所示，通过液压泵和溢流阀的并联连接，即可组成单级调压回路。通过调节溢流阀的压力，可以改变泵的输出压力。当溢流阀的调定压力确定后，液压泵就在溢流阀的调定压力下工作，从而实现了对液压系统进行调压和稳压控制。如果将液压泵改换为变量泵，这时溢流阀将作为安全阀来使用，液压泵的工作压力低于溢流阀的调定压力，这时溢流阀不工作，当系统出现故障，液压泵的工作压力上升时，一旦压力达到溢流阀的调定压力，溢流阀将开启，并将液压泵的工作压力限制在溢流阀的调定压力下，使液压系统不至因压力过载而受到破坏，从而保护了液压系统。

2. 二级调压回路

图 7-4(b) 所示为二级调压回路，该回路可实现两种不同的系统压力控制。由先导型溢流阀和直动式溢流阀各调一级，当二位二通电磁阀处于图示位置时系统压力由先导型溢流阀调定；当二位二通电磁阀 3 得电后处于下位时，系统压力由直动式溢流阀 4 调定。但要注意：直动式溢流阀的调定压力一定要小于先导型溢流阀的调定压力，否则不能实现；当系统压力由直动式溢流阀调定时，先导型溢流阀的先导阀口关闭，但主阀开启，液压泵的液流流量经主阀回油箱，这时直动式溢流阀亦处于工作状态，并有油液通过。应当指出：若将二位二通电磁阀与直动式溢流阀对换位置，则仍可进行二级调压，并且在二级压力转换点上获得比图 7-4(b) 所示回路更为稳定的压力转换。

3. 多级调压回路

【参考动画】

图 7-4(c) 所示为三级调压回路，三级压力分别由先导型溢流阀 1 和溢流阀 2、3 调定，当电磁铁 1YA、2YA 失电时，系统压力由主溢流阀调定。当 1YA 得电时，系统压力由溢流阀 2 调定。当电磁铁 2YA 得电时，系统压力由溢流阀 3 调定。在这种调压回路中，溢流阀 2 和溢流阀 3 的调定压力要低于主溢流阀的调定压力，而溢流阀 2 和溢流阀 3 的调定压力之间没有什么一定的关系。当溢流阀 2 或溢流阀 3 工作时，溢流阀 2 或溢流阀 3 相当于先导型溢流阀 1 上的另一个先导阀。

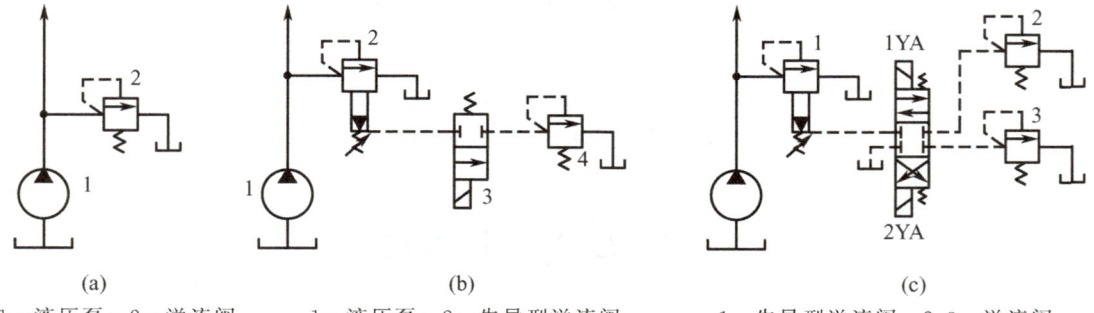

(a)　　　　　　　　　　(b)　　　　　　　　　　(c)

1—液压泵；2—溢流阀　　　1—液压泵；2—先导型溢流阀；　　　1—先导型溢流阀；2,3—溢流阀

3—二位二通电磁阀；4—直动式溢流阀

图 7-4　调压回路

7.2.2　减压回路

减压回路使系统中某一部分具有较低的稳定压力。

当泵的输出压力是高压而局部回路或支路要求低压时，可以采用减玉回路，如机床液压系统中的定位、夹紧、分度回路及液压元件的控制油路等，它们往往要求比主油路较低的压力。减压回路较为简单，一般是在所需低压的支路上串接减压阀。采用减压回路虽能方便地获得某支路稳定的低压，但压力油经减压阀口时要产生压力损失，这是它的缺点。

最常见的减压回路为通过定值减压阀与主油路相连，如图7-5(a)所示。回路中的单向阀为主油路压力降低（低于减压阀调整压力）时防止油液倒流，起短时保压作用。减压回路中也可以采用类似两级或多级调压的方法获得两级或多级减压。图7-5(b)所示为利用先导型减压阀的远控口接一远控溢流阀，则可由先导型减压阀1、远程溢流阀2各调得一种低压。但要注意，远程溢流阀2的调定压力值一定要低于先导型减压阀1的调定减压值。

为了使减压回路工作可靠，减压阀的最低调整压力不应小于0.5MPa，最高调整压力至少应比系统压力小0.5MPa。当减压回路中的执行元件需要调速时，调速元件应放在减压阀的后面，以避免减压阀泄漏（指由减压阀泄油口流回油箱的油液）对执行元件的速度产生影响。

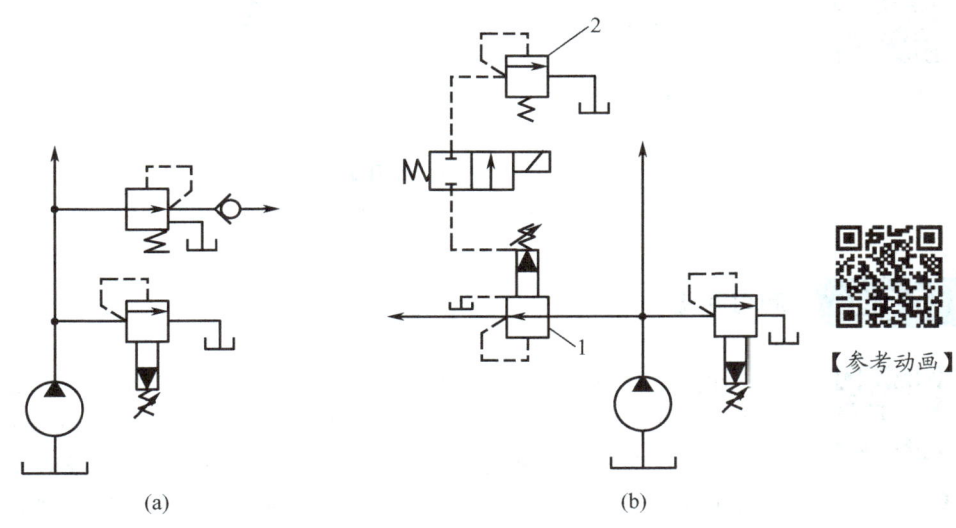

图7-5 减压回路
1—先导型减压阀；2—远控溢流阀

7.2.3 增压回路

增压回路使系统中某一部分具有较高的稳定压力。它能使系统中局部压力远高于液压泵的输出压力。

图7-6(a)所示为利用增压缸的单作用增压回路，当系统在图示位置工作时，系统的供油压力 p_1 进入增压缸的大活塞腔，此时在小活塞腔即可得到所需的较高压力 p_2；当二位四通电磁换向阀右位接入系统时，增压缸返回，辅助油箱中的油液经单向阀补入小活塞。因而该回路只能间歇增压，所以称为单作用增压回路。

双作用增压缸的增压回路如图7-6(b)所示。采用双作用增压缸的增压回路能连续输出高压油。在图示位置，液压泵输出的压力油经换向阀 5 和单向阀 1 进入增压缸左端的大、小活塞腔，右端大活塞腔的回油通油箱，右端小活塞腔增压后的高压油经单向阀 4 输出，此时单向阀 2、3 被关闭。当增压缸活塞移到右端时，换向阀得电换向，增压缸活塞向左移动。同理，左端小活塞腔输出的高压油经单向阀 3 输出，这样，增压缸的活塞不断往复运动，两端便交替输出高压油，从而实现了连续增压。

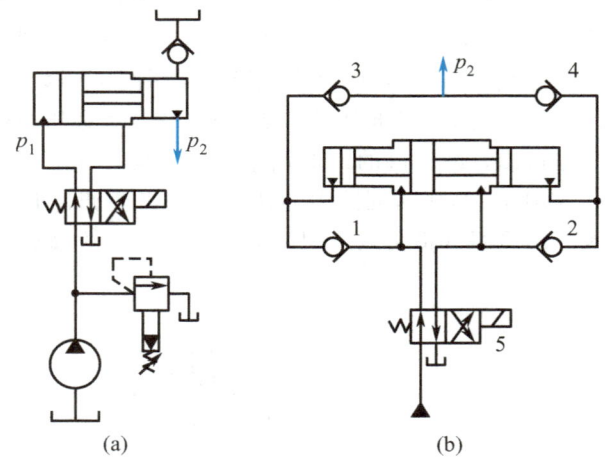

【参考动画】

(a)　　　　　　　　　　(b)

图 7 - 6　增压回路

1，2，3，4—单向阀；5—换向阀

7.2.4　卸荷回路

【参考动画】

在液压系统工作中，有时执行元件短时间停止工作，不需要液压系统传递能量，或者执行元件在某段工作时间内保持一定的力，而运动速度极慢，甚至停止运动。在这种情况下，不需要液压泵输出油液，或只需要很小流量的液压油，于是液压泵输出的压力油全部或绝大部分从溢流阀流回油箱，造成能量的无谓消耗，引起油液发热，使油液加快变质，而且影响液压系统的性能及泵的寿命。为此，需要采用卸荷回路。卸荷回路的功用是在液压泵驱动电动机不频繁启闭的情况下，使液压泵在功率输出接近于零的情况下运转，以减少功率损耗，降低系统发热，延长液压泵和电动机的寿命。因为液压泵的输出功率为其流量和压力的乘积，因而，两者中任意一项近似为零，功率损耗即近似为零。因此，液压泵的卸荷有流量卸荷和压力卸荷两种。流量卸荷主要是使变量泵仅为补偿泄漏而以最小流量运转，此方法比较简单，但液压泵仍处在高压状态下运行，磨损比较严重。压力卸荷是使液压泵在接近零压下运转。

常见的压力卸荷方式有以下几种。

（1）换向阀卸荷回路 M 型、H 型和 K 型滑阀机能的三位换向阀处于中位时，泵即卸荷。图 7-7 所示为采用 M 型滑阀机能的电液换向阀的卸荷回路，这种回路切换时压力冲击小，但回路中必须设置单向阀，以使系统能保持 0.3MPa 左右的压力，供操纵控制油路之用。

（2）用先导型溢流阀的远程控制口卸荷。图 7-8 中若去掉远程调压阀，使先导型溢流阀的远程控制口直接与二位二通电磁阀相连，便构成一种用先导型溢流阀的卸荷回路，这种卸荷回路卸荷压力小，切换时冲击也小。

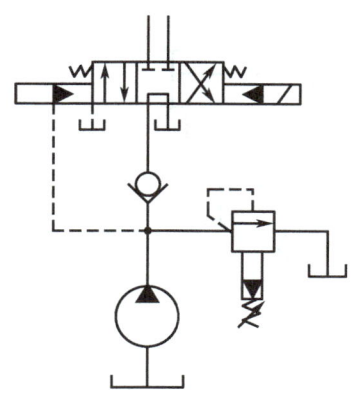

图7-7　M型滑阀机能卸荷回路

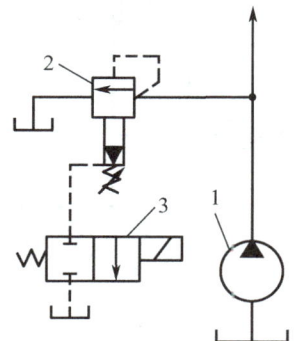

图7-8　溢流阀远程控制口卸荷

1—液压泵；2—先导型溢流阀；3—二位二通电磁阀

7.2.5　保压回路

在液压系统中，常要求液压执行机构在一定的行程位置上停止运动或在有微小的位移下稳定地维持住一定的压力，这就需要采用保压回路。最简单的保压回路是密封性能较好的液控单向阀的回路，但是，阀类元件处的泄漏使得这种回路的保压时间不能维持太久。下面介绍几种常用的保压回路。

1. 利用液压泵的保压回路

利用液压泵的保压回路也就是在保压过程中液压泵仍以较高的压力（保压所需压力）工作，此时，若采用定量泵，则压力油几乎全经溢流阀流回油箱，系统功率损失大，易发热，故只在小功率的系统且保压时间较短的场合下才使用；若采用变量泵，在保压时泵的压力较高，但输出流量几乎等于零，因而，液压系统的功率损失小，这种保压方法能随泄漏量的变化而自动调整输出流量，因而其效率也较高。

2. 利用蓄能器的保压回路

图7-9(a)所示的回路，当主换向阀在左位工作时，液压缸向前运动且压紧工件，进油路压力升高至调定值，压力继电器动作使二通阀通电，泵即卸荷，单向阀自动关闭，液压缸则由蓄能器保压。缸压不足时，压力继电器复位使泵重新工作。保压时间的长短取决于蓄能器容量，调节压力继电器的工作区间即可调节缸中压力的最大值和最小值。图7-9(b)所示为多缸系统中的保压回路，这种回路当主油路压力降低时，单向阀关闭，支路由蓄能器保压补偿泄漏，压力继电器的作用是当支路压力达到预定值时发出信号，使主油路开始动作。

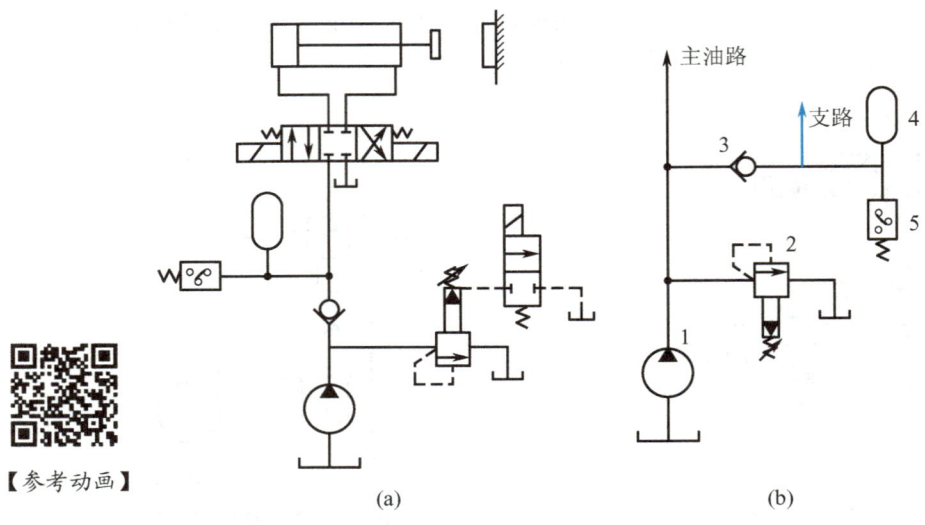

(a)   (b)

图 7 - 9　利用蓄能器的保压回路

1—液压泵；2—溢流阀；3—单向阀；4—蓄能器；5—压力继电器

【参考动画】

3. 自动补油保压回路

图 7 - 10 所示为采用液控单向阀和电接触式压力表的自动补油式保压回路，其工作原理为：当电磁铁 1YA 得电，换向阀右位接入回路，液压缸上腔压力上升至电接触式压力表的上限值时，上触点接电，使电磁铁 1YA 失电，换向阀处于中位，液压泵卸荷，液压缸由液控单向阀保压。当液压缸上腔压力下降到预定下限值时，电接触式压力表又发出信号，使 1YA 得电，液压泵再次向系统供油，使压力上升。当压力达到上限值时，上触点又发出信号，使 1YA 失电。因此，这一回路能自动地使液压缸补充压力油，使其压力能长期保持在一定范围内。

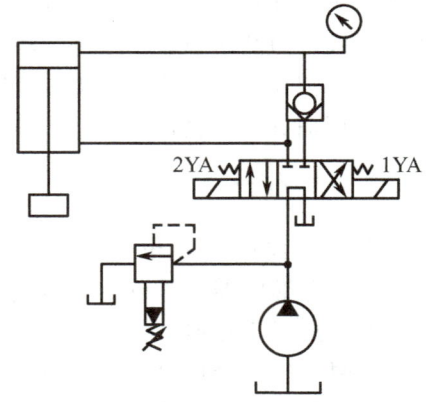

图 7 - 10　自动补油式保压回路

7.2.6　平衡回路

平衡回路的功用在于防止垂直或倾斜放置的液压缸和与之相连的工作部件因自重而自

行下落。图 7-11(a) 所示为采用单向顺序阀的平衡回路。当电磁铁 1YA 得电后活塞下行时，回油路上就存在一定的背压；只要将这个背压调得能支承住活塞和与之相连的工作部件自重，活塞就可以平稳地下落。当换向阀处于中位时，活塞就停止运动，不再继续下移。这种回路当活塞向下快速运动时功率损失大，锁住时活塞和与之相连的工作部件会因单向顺序阀和换向阀的泄漏而缓慢下落，因此只适用于工作部件质量不大、活塞锁住时定位要求不高的场合。图 7-11(b) 所示为采用液控顺序阀的平衡回路。当活塞下行时，控制压力油打开液控顺序阀，背压消失，因而回路效率较高；当停止工作时，液控顺序阀关闭以防止活塞和工作部件因自重而下降。这种平衡回路的优点是只有上腔进油时活塞才下行，比较安全可靠；缺点是活塞下行时平稳性较差。这是因为活塞下行时，液压缸上腔油压降低，将使液控顺序阀关闭。当顺序阀关闭时，因活塞停止下行，使液压缸上腔油压升高，又打开液控顺序阀。因此液控顺序阀始终工作于启闭的过渡状态，因而影响工作的平稳性。这种回路适用于运动部件质量不很大、停留时间较短的液压系统。

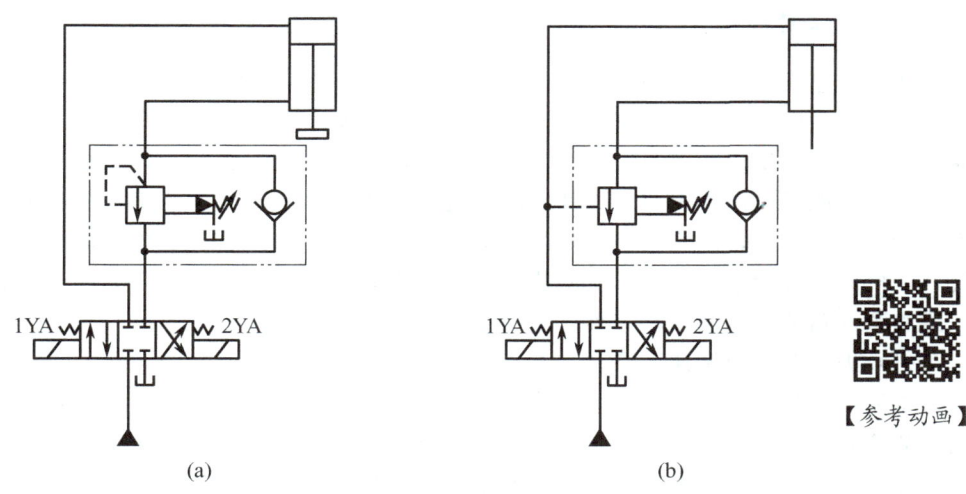

【参考动画】

(a)　　　　　　　　　　　　(b)

图 7-11　采用顺序阀的平衡回路

7.3　速度控制回路

　　在液压传动系统中，速度控制回路占有重要的地位。例如在机床液压传动系统中，用于主运动和进给运动中的速度控制回路对机床加工质量有着重要的影响，而且，它对其他液压回路的选择起着决定性的作用。

　　速度控制回路包括调整工作行程速度的调速回路、空行程的快速运动回路和实现快慢速切换的速度换接回路。

7.3.1　调速回路

　　调速回路是用来调节执行元件行程速度的回路。由液压系统执行元件速度的表达式可

知，液压缸的速度为 $v=\dfrac{q}{A}$；液压马达的转速为 $n=\dfrac{q}{V_M}$。所以，改变输入液压缸和液压马达的流量 q，或者改变液压缸有效面积 A 和液压马达的每转排量 V_M，都可以达到调速的目的。对于液压缸来说，在工作中要改变缸的面积 A 来调速是困难的，一般都采用改变流量 q 的办法来调速。但对于液压马达，则既可以通过改变输入马达的流量 q，也可以通过改变马达的排量 V_M 来实现调速，而改变输入流量可以采用流量阀或采用变量泵来调节。

根据以上分析可得，液压系统的调速方法可以有以下三种。

（1）节流调速。采用定量泵供油，由流量阀调节进入或流出执行机构的流量来实现调速。

（2）容积调速。采用变量泵来改变流量或改变液压马达的排量来实现调节执行元件运动速度的方法。

（3）容积节流调速。采用变量泵和流量阀相配合的调速方法，又称联合调速。

1. 节流调速回路

节流调速回路的优点是结构简单可靠、成本低、使用维修方便，因此在机床液压系统中得到广泛应用。但这种调速方法的效率较低，因为定量泵的流量是一定的，而液压缸所需要的流量是随工作速度的快慢而变化的，多余的油液通常是通过溢流阀流回油箱，因此总有一部分能量白白损失掉。此外，油液通过流量阀时也要产生能量损失，这些损失转变为热量使油液发热，影响系统工作的稳定性等。所以，节流调速回路一般适用于小功率系统，如机床的进给系统等。节流调速回路又可分为进油路节流调速回路、回油路节流调速回路和旁油路节流调速回路三种。

（1）进油路节流调速回路

将流量阀装在执行元件的进油路上称为进油节流调速，如图 7 - 12 所示。用定量泵供油，节流阀串接在液压泵的出口处，并联一个溢流阀。在进油路节流调速回路中，泵的压力由溢流阀调定后，基本上保持恒定不变，调节节流阀阀口的大小，便能控制进入液压缸的流量，从而达到调速的目的，定量泵输出多余油液经溢流阀排回油箱。

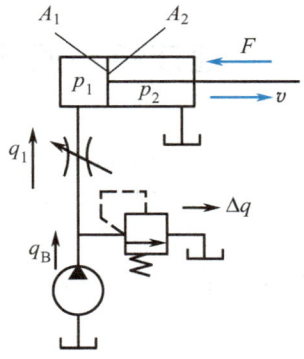

图 7 - 12　节流阀进油路节流调速回路

下面分析进油路节流调速回路的特性。当活塞克服外负载 F 做工作运动时，其受力平衡方程式为

$$p_1 A_1 = p_2 A_2 + F \qquad (7-1)$$

式中，p_1——液压缸进油腔压力；

$\quad\quad p_2$——液压缸回油腔压力；

$\quad\quad A_1$——液压缸无杆腔的有效面积；

$\quad\quad A_2$——液压缸有杆腔的有效面积。

若液压泵回油腔通油箱，则 $p_2 = 0$，所以

$$p_1 = \frac{F}{A_1} \qquad (7-2)$$

设液压泵输出的油压为 p_P，流经换向阀及管路等的压力损失忽略不计，则节流阀前后的压力差为

$$\Delta p_T = p_P - p_1 = p_P - \frac{F}{A_1} \qquad (7-3)$$

液压缸输出的油压 p_P 由溢流阀调定后基本不变，所以节流阀前后的压力差将随负载 F 的变化而变化。

根据节流阀的流量特性公式，通过节流阀进入液压缸的流量为

$$q_1 = K A_T \ (\Delta p_T)^m$$

将式(7-3)代入上式，得

$$q_1 = K A_T \left(p_P - \frac{F}{A_1} \right)^m \qquad (7-4)$$

则活塞的运动速度为

$$v = \frac{q_1}{A_1} = \frac{K A_T}{A_1} \left(p_P - \frac{F}{A_1} \right)^m = \frac{K A_T}{A_1^{1+m}} \ (A_1 p_P - F)^m \qquad (7-5)$$

式(7-5)称为节流阀进油路节流调速回路的速度负载特性公式，它反映了速度随负载的变化关系。若以活塞运动速度 v 为纵坐标，负载 F 为横坐标，将式(7-5)按节流阀不同的通流面积 A_T 作图，可得一组曲线，称为进油节流调速回路的速度负载特性曲线，如图 7-13 所示。

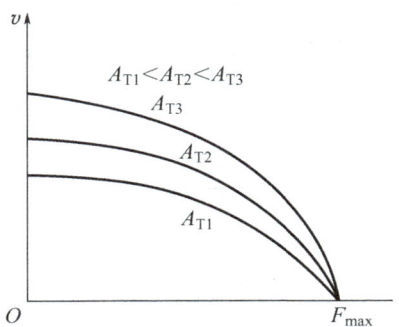

图 7-13　节流阀进油节流调速回路的速度负载特性曲线

速度负载特性曲线表明了速度随负载变化的规律，曲线越陡，说明负载变化对速度的影响越大，即速度刚性差；曲线越平缓，刚性就越好。因此，从速度负载特性曲线可得以下结论。

① 当节流阀的通流面积不变时，随着负载的增加，活塞的运动速度随之下降。因此，这种调速的速度负载特性较软。

② 节流阀通流面积不变时，重载区域的速度刚性比轻载区域的速度刚性差。

③ 在相同负载下工作时，节流阀通流面积大的速度刚性要比通流面积小的速度刚性差，即速度越高，速度刚性越差。

④ 回路的承载能力为 $F = p_P A_1$。液压缸面积 A_1 不变，所以在泵的供油压力 p_P 已经调定的情况下，其承载能力不随节流阀通流面积 A 的改变而改变，故属恒推力或恒转矩调速。

由上述分析可知，进油节流调速回路不宜用于负载较重、速度较高或负载变化较大的场合。

（2）回油路节流调速回路

将节流阀装在执行元件的回油路上，称为回油节流调速回路。如图 7-14 所示，节流阀串接在液压缸与油箱之间。回油路上的节流阀控制液压缸回油的流量，也可间接控制进入液压缸的流量，所以同样能达到调速的目的。

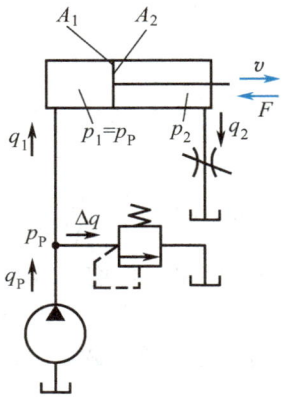

图 7-14　节流阀回油路节流调速回路

不计管路中的损失，回油节流调速时活塞的受力平衡方程为

$$p_1 A_1 = p_2 A_2 + F$$

由于 $p_1 = p_P$，所以

$$p_2 = \frac{A_1}{A_2} p_P - \frac{F}{A_2}$$

节流阀两端的压力差为

$$\Delta p_T = p_2 - 0 = p_2$$

则

$$q_2 = K A_T \left(\frac{A_1}{A_2} p_P - \frac{F}{A_2} \right)^m$$

活塞的运动速度为

$$v = \frac{q_2}{A_2} = \frac{K A_T}{A_2} \left(\frac{A_1}{A_2} p_P - \frac{F}{A_2} \right)^m = \frac{K A_T}{A_2^{1+m}} (A_1 p_P - F)^m \tag{7-6}$$

式（7-6）与式（7-5）比较，可见回油节流调速回路与进油节流调速回路的速度负载特性公式完全相同。因此，回油节流调速回路也具备前述进油路节流调速回路的一些特点。但是，这两种调速回路仍有其不同之处，具体如下。

① 回油节流调速由于液压缸回油腔存在背压，功率损失大，但具有承受负值负载（与活塞运动方向相同的负载）的能力；而进油路节流调速，工作部件在负值负载作用下，会失控而造成前冲。通常在进油节流调速回路的回油路上增加一个背压阀，以克服上述缺点，但这样会增加功率消耗。

② 回流节流调速在停车后，液压缸回油腔中的油液会由于泄漏而形成空隙，在起动时，液压泵输出的流量会全部进入液压缸，使活塞前冲。在进油节流调速回路中，进入液压缸的流量总是受到节流阀的限制，则可减小起动冲击。

③ 进油节流调速回路比较容易实现压力控制，因为当工作部件碰到死挡铁后，液压缸的进油腔油压会上升到溢流阀的调定压力，利用这个压力变化值，可用来实现压力继电器发出信号。而在回油节流调速时，进油腔压力变化很小，不易实现压力控制。虽然在活塞碰到死挡铁后，液压缸回油腔中压力下降为零，这个压力变化值可以用于压力继电器失压发出信号，但电路比较复杂。

从上面分析可知，在承受负值负载变化较大的情况下，采用回油节流调速较为有利，从停车后起动冲击和实现压力控制的方便性方面来看，采用进油节流调速较为合适。如果是单出杆液压缸，进节流调速回路可获得更低的速度。而在回油调速中，回油腔中的背压力在轻载时会比供油压力高出许多，会加大泄漏，故在实际使用中，较多的是采用进油路调速，并在其回油路上加一背压阀以提高运动的平稳性。

（3）旁油路节流调速回路

将流量阀装在与执行元件并联的支路上，称为旁油路节流调速回路，如图 7-15 所示。这种回路用节流阀来调节流回油箱的流量，以控制进入液压缸的流量来达到节流调速的目的。在这种回路中溢流阀作安全阀用，起过载保护作用。安全阀的调整压力比最大负载所需的压力稍高。

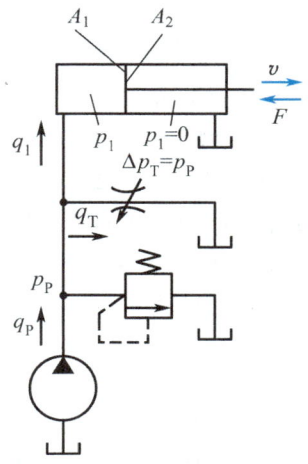

图 7-15 节流阀旁油路节流调速回路

在旁油路节流调速回路中，活塞的受力平衡方程为

$$p_1 A_1 = p_2 A_2 + F$$

式中，$p_1 = p_P$，$p_2 = 0$，故

$$p_1 = \frac{F}{A_1}$$

所以节流阀两端的压力差为

$$\Delta p_T = p_P = \frac{F}{A_1} \tag{7-7}$$

通过节流阀的流量为

$$q_j = K A_T \Delta p_T^m = K A_T \left(\frac{F}{A_1} \right)^m \tag{7-8}$$

进入液压缸的流量 q_1 为泵输出的流量 q_P 减去通过节流阀的流量 q_j，即

$$q_1 = q_P - q_j = q_P - K A_T \left(\frac{F}{A_1} \right)^m \tag{7-9}$$

活塞的运动速度为

$$v = \frac{q_1}{A_1} = \frac{q_P - K A_T \left(\dfrac{F}{A_1} \right)^m}{A_1} \tag{7-10}$$

按节流阀的不同通流面积画出旁油路节流调速的速度负载特性曲线，如图 7-16 所示。

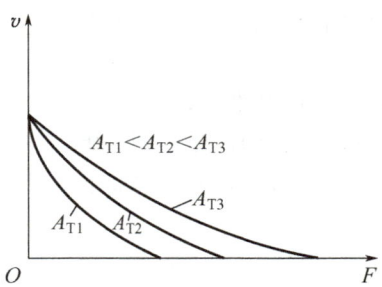

图 7-16　节流阀旁油路节流调速的速度负载特性曲线

分析图 7-16 所示曲线可知，旁油路节流调速回路有如下特点。

① 开大节流阀开口，活塞运动速度减小；关小节流阀开口，活塞运动速度增大。

② 节流阀调定后（A_T 不变），负载增加时活塞运动速度减小，从它的速度负载特性曲线可以看出，其刚性比进油调速回路及回油调速回路更软。

③ 当节流阀通流截面较大（工作机构运动速度较低）时，所能承受的最大载荷较小。同时，当载荷较大，节流开口较小时，速度受载荷的变化较小，所以旁油路节流调速回路适用于高速大载荷的情况。

④ 液压泵输出油液的压力随负载的变化而变化，同时回路中只有节流损失，而无溢流损失，因此这种回路的效率较高、发热量小。

根据以上分析可知，旁油路节流调速回路宜用在负载变化小，对运动平稳性要求低的高速大功率场合，例如牛头刨床的主运动传动系统，有时也可用在随着负载增大要求进给速度自动减小的场合。

　　前面分析的用节流阀调速的三种节流调速回路，有一个共同的缺点，就是执行元件的速度都随负载增加而减小。这主要是由于负载变化引起了节流阀前后压差的变化，从而改变了通过节流阀流量的缘故。如果用调速阀代替节流阀，就能提高回路的速度稳定性。

　　用调速阀的节流调速回路，根据调速阀的安装位置不同，同样有进油路、回油路和旁油路调速三种形式。图 7-17 所示为把调速阀装在进油路上的调速回路。该回路的工作情况与节流阀的进油节流调速一样。液压泵输出恒定流量 q_P，其中一部分流量 q_1 经调速阀进入液压缸，推动活塞运动，另一部分流量 Δq 从溢流阀流回油箱。因比，工作时溢流阀常开。这种调速回路液压缸的工作压力 p_1 也同样随负载 F 的变化而变化，但由于调速阀中定差减压阀能自动调节其开口的大小，使节流阀前后的压力差基本保持不变。即在负载变化的情况下，流过调速阀进入液压缸的流量 q_1 能够保持不变，使速度稳定。

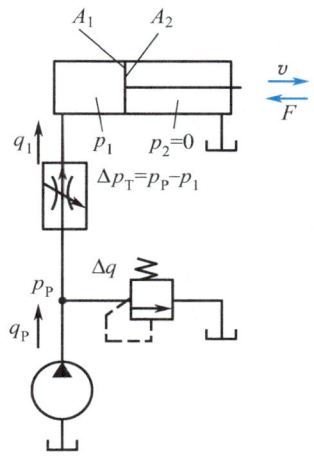

图 7-17　调速阀进油路调速回路

　　图 7-18 所示为调速阀进油调速回路的速度负载特性曲线。调速阀进油调速回路的速度刚性优于相应的节流阀节流调速回路。

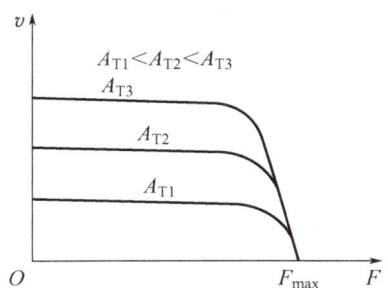

图 7-18　调速阀进油路调速回路的速度负载特性曲线

　　采用调速阀的调速回路，虽然解决了速度的稳定性问题，但由于调速阀中包含了减压阀和节流阀的压力损失，而且同样存在溢流阀的功率损失，故采用调速阀的调速回路的功率损失比节流阀调速回路还要大些。

2. 容积调速回路

节流调速回路的主要缺点是效率低、发热大，故只适用于对发热量限制不大的小功率系统中。采用变量泵或变量马达来调速的容积调速回路，能使泵的输油量全部进入执行机构。这种回路没有溢流损失和节流损失，因此效率高，发热小，适用于大功率的液压系统。

根据油路的循环方式不同，容积调速除了一般的开式回路外，还可设计成闭式回路。

在开式回路中，液压泵向液压缸供油，进入执行元件的油液在反向时将排回油箱。开式回路较简单，油液在油箱中可以得到很好的冷却并使杂质沉淀，但因油箱体积大，空气容易侵入系统，致使工作部件运动不平稳。

在闭式回路中，从执行元件排出的油液，直接流入泵的吸油口，这种形式结构紧凑，减少了空气侵入的可能性。为了补偿泄漏及由于进油腔和回油腔的面积不等所引起的流量差，通常在闭式回路中要设置补油装置。

根据液压泵和液压马达（或液压缸）的组合不同，容积调速回路可分为以下三种形式。

（1）变量泵和定量液压马达（或液压缸）组成的容积调速回路

图 7-19 所示为变量泵和液压缸组成的开式容积调速回路。这种调速回路是采用改变变量泵的输出流量来调速的。工作时，溢流阀关闭，作安全阀用。图 7-20 所示为变量泵和定量液压马达组成的闭式容积调速回路及其工作特性曲线。在图 7-20 所示的闭式回路中，泵 1 是补油用的辅助泵，它的流量为变量泵最大输出流量的 10%～15%。辅助泵供油压力由溢流阀 2 调定，使变量泵的吸油口有一较低的压力，这样可以避免产生空穴，防止空气侵入，改善了泵的吸油性能。溢流阀 3 关闭，作安全阀用，以防止系统过载。

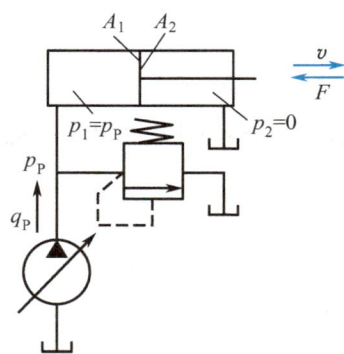

图 7-19 变量泵-液压缸式的开式容积调速回路

在上述回路中，泵的输出流量全部进入液压缸（或液压马达），在不考虑泄漏影响时：液压缸活塞的运动速度

$$v = \frac{q_P}{A_1} = \frac{V_P n_P}{A_1} \tag{7-11}$$

液压马达的转速

$$n = \frac{q_P}{V_M} = \frac{V_P n_P}{V_M} \tag{7-12}$$

式中，q_P——变量泵的流量；

V_P、V_M——变量泵和液压马达的排量；

n_P、n_M——变量泵和液压马达的转速；

A_1——液压缸的有效工作面积。

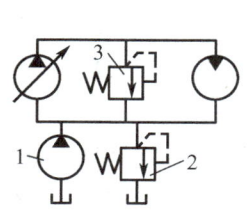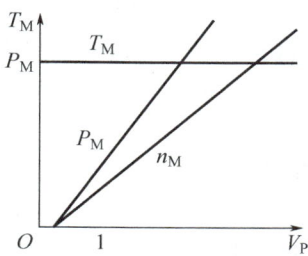

图 7-20　变量泵-定量液压马达式的闭式容积调速回路及其工作特性曲线

1—辅助泵；2，3—溢流阀

这种回路具有以下特性。

① 调节变量泵的排量 V_P 便可控制液压缸（或液压马达）的速度，由于变量泵能将流量调得很小，故可以获得较低的工作速度，因此调速范围较大。

② 若不计系统损失，从液压马达的转矩公式 $T = p_P V_M/(2\pi)$ 和液压缸的推力公式 $F = p_P A_1$ 来看，其中 p_P 为变量泵的压力，由安全阀限定；另外，液压马达排量 V_M 和液压缸面积 A_1 均固定不变。因此在用变量泵的调速系统中，液压马达（液压缸）能输出的转矩（推力）不变，故这种调速称为恒扭矩（恒推力）调速。

③ 若不计系统损失，液压马达（液压缸）的输出功率 P_M 等于液压泵的输出功率 P_P，即 $P_M = P_P = p_P V_P n_P = p_P V_M n_M$。式中，泵的压力 p_P、马达的排量 V_M 为常量，因此回路的输出功率随液压马达的转速 $n_M (V_P)$ 的改变呈线性变化。

（2）定量泵和变量液压马达组成的容积调速回路

定量泵-变量液压马达式容积调速回路及其工作特性曲线如图 7-21 所示。定量泵的输出流量不变，调节变量液压马达的排量 q_M，便可改变其转速。

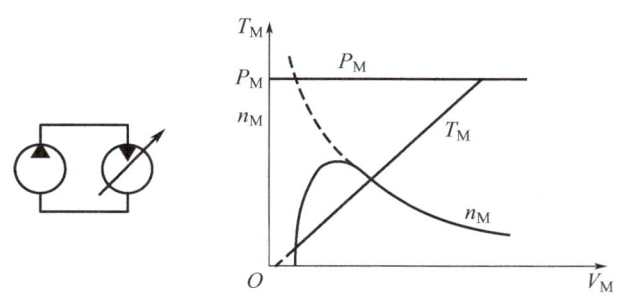

图 7-21　定量泵-变量液压马达式容积调速回路及其工作特性

这种回路具有以下特性。

① 根据 $n_m = \dfrac{q_P}{V_M}$ 可知，马达输出转速 n_M 与排量 V_M 成反比，调节 V_M 即可改变马达的

转速 n_M，但 V_M 不能调得过小（这时输出转矩将减小，甚至不能带动负载），故限制了转速的提高。这种调速回路的调速范围较小。

② 液压马达的转矩公式为 $T_M = p_P V_M/(2\pi)$，式中，p_P 为定量泵的限定压力，若减小变量马达的排量 V_M，则液压马达的输出转矩 T_M 将减小。由于 V_M 与 n_M 成反比，当 n_M 增大时，转矩 T_M 将逐渐减小，故这种回路的输出转矩为变值。

③ 定量泵的输出流量 q_P 是不变的，泵的供油压力 p_P 由安全阀限定。若不计系统损失，则马达输出功率 $P_M = P_P = p_P q_P$，即液压马达的输出最大功率不变，故这种调速称为恒功率调速。

这种调速回路能适应机床主运动所要求的恒功率调速的特点，但调速范围小。同时，若用液压马达来换向，要经过排量很小的区域，这时候转速很高，反向易出故障。因此，这种调速回路目前较少单独应用。

（3）变量泵和变量马达组成的容积调速回路

在采用变量泵和变量马达组成的容积调速回路中，液压马达的转速可以通过改变变量泵排量 V_P 或改变液压马达的排量 V_M 来进行调节，因此扩大了回路的调速范围，也扩大了液压马达的扭矩和功率输出特性的可选择性。

这种回路的调速特性曲线是恒扭矩调速和恒功率调速的组合，如图 7-22 所示。由于许多设备在低速时要求有较大的扭矩，在高速时又希望输出功率能基本不变，所以当变量液压马达的输出转速 n_M 由低向高调节时，分为两个阶段。

第一阶段，应先将变量液压马达的排量 V_M 固定在最大值上，然后调节变量泵的排量 V_P 使其流量 q_P 逐渐增加，变量液压马达的转速便从最小值 $n_{M_{min}}$ 逐渐升高到 n'_M，此阶段属于恒扭矩调速，其调速范围 $R_P = n'_M/n'_{M_{min}}$。

第二阶段，将变量泵的排量 V_P 固定在最大值上，然后调节变量液压马达，使它的排量 V_M 由最大逐渐减小，变量液压马达的转速 n'_M 逐渐升高，直至达到其允许最高转速 $n_{M_{min}}$ 为止。此阶段属于恒功率调速，它的调速范围为 $R_M = n_{M_{max}}/n'_M$。

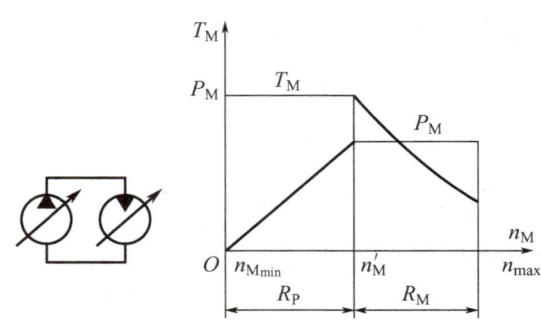

图 7-22　变量泵-变量马达式容积调速回路及其工作特性曲线

因此，回路总的调速范围为 $R = R_P R_M = n_{M_{max}}/n_{M_{min}}$，其值可达 100 以上，这种回路的调速范围大，并且有较高的工作效率，适用于机床主运动等大功率液压系统中。

在容积调速回路中，泵的工作压力是随负载而变化的，而液压泵和执行元件的泄漏量随着工作压力的增加而增加，由于泄漏的影响，使液压马达的转速随着负载的增加而有所下降。

3. 容积节流调速回路

容积调速回路，虽然具有效率高、发热小的优点，但是，随着负载的增加，容积效率将下降，于是速度发生变化，尤其在低速时稳定性差，因此，有些机床的进给系统，为了减少发热，并满足速度稳定性的要求，常采用容积节流调速回路。

容积节流调速回路是用变量泵供油，用调速阀（或节流阀）改变进入液压缸的流量，以实现对工作速度的调节，这时泵的供油量与液压缸所需的流量相适应。这种回路的特点是效率高、发热小，速度刚性要比容积调速回路好。

（1）限压式变量泵和调速阀组成的调速回路

如图7-23所示，调速阀装在进油路上（也可装在回油路上），调节调速阀便可改变进入液压缸的流量，而限压式变量泵的输出流量 q_P 和液压缸所需流量 q_1 相适应。假如泵的输出流量 $q_P > q_1$ 时，多余的油液迫使泵的供油压力上升。根据限压式变量泵的工作原理可知，当压力升高时泵的输出流量 q_P 便自动减小，直到 $q_P = q_1$ 为止。这种回路没有溢流损失，系统发热小，速度刚性也比较好。

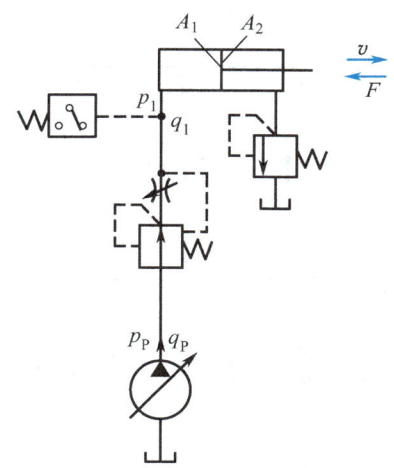

图7-23　限压式变量泵-调速阀联合调速回路

图7-24所示为限压式变量泵和调速阀联合调速特性曲线。由图可见，泵的输油量 q_P 与通过调速阀的流量 q_1 相等，泵的工作压力为 p_P，液压缸的工作压力 p_1 取决于负载。如果限压式变量泵限压螺钉调节得合理，在不计管路损失的情况下，使调速阀保持最小稳定压差值，一般 $\Delta p = p_P - p_1 = 0.5 \times 10^6 \mathrm{Pa}$。此时既可保证活塞的运动速度不会随负载变化，又可使经过调速阀的功率损失最小。如果将限压式变量泵的工作压力 p_P 调得过小，会使 $\Delta p < 0.5 \times 10^6 \mathrm{Pa}$，这时调速阀中的减压阀将不能正常工作，输出流量随液压缸压力增高而下降，使活塞运动速度不稳定。如果在调节限压螺钉时将 Δp 调得过大，则功率损失增大，油液容易发热。

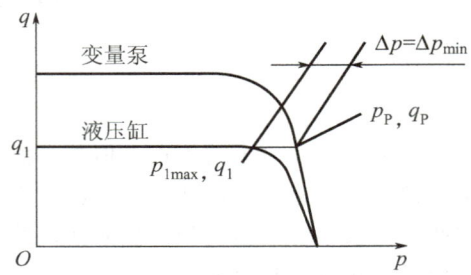

图 7 - 24   限压式变量泵-调速阀联合调速回路特性曲线

（2）差压式变量泵和节流阀组成的联合调速回路

图 7-25 所示为差压式变量泵和节流阀组成的联合调速回路。差压式变量泵和限压式变量泵不同，后者泵的流量由泵的出口压力来控制，而前者则用节流阀两端的压差来控制。这种回路在工作时，节流阀前后产生的压力差，反馈作用在叶片定子两侧的控制活塞 1、2 上，液压泵通过控制活塞的作用，来保证节流阀 4 前后压差（$p_P - p_1$）基本不变，从而使通过节流阀的流量保持稳定。因此，系统保证了泵的输油量始终与节流阀的调节流量相适应。同时，当节流阀开口调大时，p_P 就会降低，偏心距 e 增大，泵的输油量也增大；节流阀开口减小时，则泵的输油量就减小。

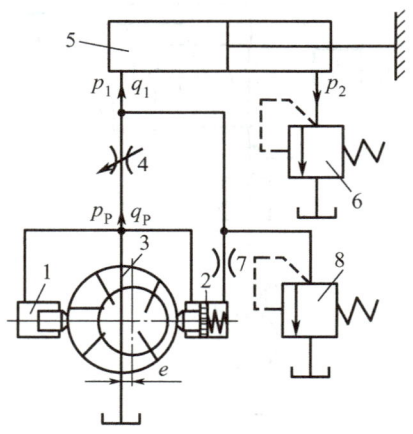

图 7 - 25   差压式变量泵-节流阀联合调速回路

1，2—控制活塞；3—单作用叶片泵；4—节流阀；5—液压泵；6—背压阀；7—阻尼小孔；8—安全阀

作用在液压泵定子上的力的平衡方程式为

$$p_P A_1 = p_P(A - A_1) = p_1 A + F_s$$

经整理后得

$$p_P - p_1 = \frac{F_s}{A} \qquad\qquad (7 - 13)$$

式中，p_P、p_1——节流阀前后两端的压力；

   A_1——控制缸 1、2 的小柱塞面积；

A——控制缸 2 中的活塞右侧的工作面积；

F_s——控制缸 2 中的弹簧力。

从式(7-13)可知：节流阀前后压差 $\Delta p = p_P - p_1$ 基本不变，根据公式 $q = KA_T (\Delta p_T)^m$，可知通过节流阀的流量也基本不变。因此，回路中虽然采用了节流阀调速，但由于通过节流阀的流量受负载变化的影响很小，故活塞的运动速度是稳定的。

图 7-25 中阻尼小孔 7 的作用是防止变量泵定子移动过快而发生振荡节流阀 4 是安装在进油路上的，同样也可将节流阀安装在回油路上。

7.3.2　快速运动回路

工作机构在一个工作循环过程中，空行程速度一般较高，常在不同的工作阶段要求有不同的运动速度和承受不同的负载，因此在液压系统中常根据工作阶段要求的运动速度和承受的负载来决定液压泵的流量和压力，然后在不增加功率消耗的情况下，采用快速回路来提高工作机构的空行程速度。快速回路的特点是负载小（压力小）、流量大。常用的快速回路分述如下。

1. 液压缸差动连接差动回路

图 7-26 所示的液压缸差动连接快速回路，是利用液压缸的差动连接来实现的。当二位三通电磁换向阀处于右位时，液压缸呈差动连接。液压泵输出的油液和液压小腔返回的油液合流，进入液压缸的大腔，实现活塞的快速运动，当活塞两端有效面积比为 2 : 1 时，快进速度将是非差动连接无杆腔进油时的两倍。

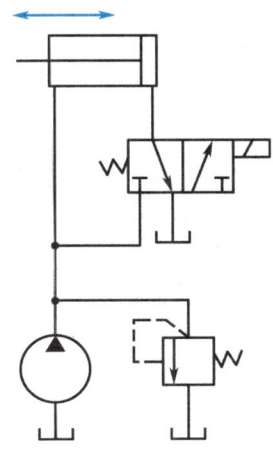

图 7-26　液压缸差动连接快速回路

2. 液压蓄能器辅助供油快速回路

图 7-27 所示为用液压蓄能器辅助供油的快速回路。这种回路是采用一个大容量的液压蓄能器使液压缸快速运动。当换向阀处于左位或右位时，液压泵和液压蓄能器同时向液压缸供油，实现快速运动。当换向阀处于中位时，液压缸停止工作，液压泵经单向

阀向液压蓄能器充液，随着液压蓄能器内油量的增加，液压蓄能器的压力升高到液控顺序阀的调定压力时，液压泵卸荷。这种回路适用于短时间内需要大流量的场合，并可用小流量的液压泵使液压缸获得较大的运动速度。需注意的是，在液压缸的一个工作循环内，须有足够的停歇时间使液压蓄能器充液。

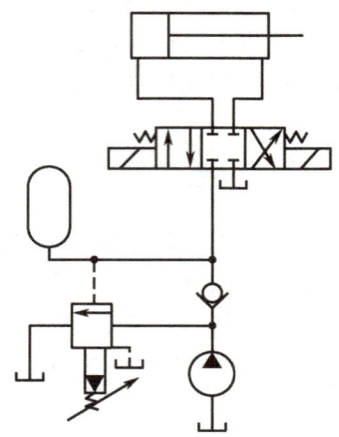

图 7-27　用液压蓄能器辅助供油的快速回路

3. 双液压泵供油快速回路

图 7-28 所示为双液压泵供油快速回路。图中，低压大流量液压泵和高压小流量液压泵并联，它们同时向系统供油时可实现液压缸的快速运动；进入工作行程时，系统压力升高，液控顺序阀（卸荷阀）打开使大流量液压泵卸荷，仅由小流量液压泵向系统供油，液压缸的运动变为慢进工作行程。

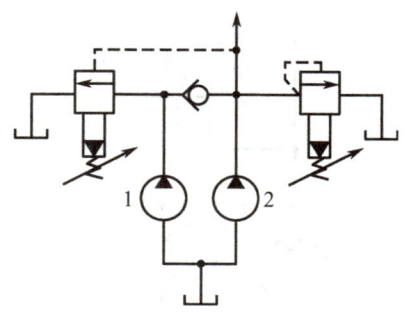

图 7-28　双液压泵供油快速回路
1—低压大流量液压泵；2—高压小流量液压泵

4. 快速与慢速换接回路

图 7-29 所示为用行程阀控制的快慢速换接回路。在图示状态时，液压缸活塞快进；当活塞杆上的挡块压下行程阀时，液压缸右腔的油液经节流阀回油箱，活塞转为慢

速工进；当换向阀左位接入回路时，活塞快速返回。此换接过程比较平稳，换接点的位置精度高，但行程阀的安装位置不能任意布置。

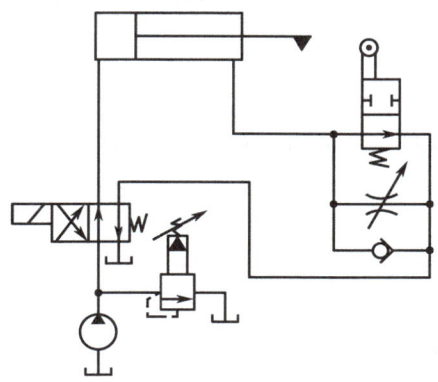

图 7-29 用行程阀控制的快慢速换接回路

7.3.3 速度换接回路

速度换接回路主要是用于使执行元件在一个工作循环中，从一种速度变换到另一种速度，如两种进给速度换接回路。

图 7-30 所示为用两个调速阀并联来实现两种进给速度的换接回路。两个调速阀由二位三通换向阀换接，它们各自独立调节流量，互不影响，一个工作时，另一个没有油液通过。在换接过程中，由于原来没工作的调速阀中的减压阀处于最大开口位置，速度换接时大量油液通过该阀，将使执行元件突然前冲，一般用于速度预选的场合。

图 7-31 所示为用两个调速阀串联的方法来实现两种不同速度的换接回路。第二个调速阀的开口比第一个调速阀的开口小，电磁阀断电时，液压缸速度由调速阀 1 调定，电磁阀通电时液压缸速度由调速阀 2 调定，该回路的速度换接平稳性北图 7.30 所示回路好。

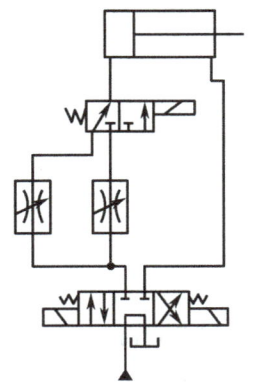

图 7-30 两调速阀并联速度换接回路

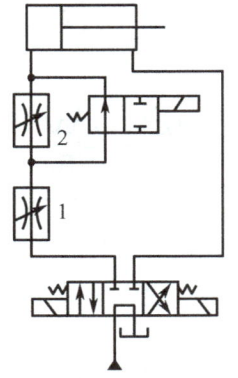

图 7-31 两调速阀串联速度换接回路

1，2—调速阀

【参考动画】

7.4 多缸运动控制回路

在液压传动系统中,用一个液压油源向两个或多个缸(或马达)提供液压油,按各缸之间运动关系要求进行控制,完成预定功能的回路,称为多缸运动回路。多缸运动回路分为顺序运动回路、同步运动回路和运动互不干扰回路等。

7.4.1 顺序运动回路

缸严格地按给定顺序运动的回路称为顺序运动回路。这种回路在机械制造等行业的液压系统中得到了普遍应用,如组合机床回转工作台的抬起和转位,夹紧机构的定位和夹紧等,都必须按固定的顺序运动。顺序运动回路的控制方式有三种,即行程控制、压力控制和时间控制。

1. 行程控制顺序运动回路

行程控制是利用执行元件运动到一定位置(或行程)时,发出控制信号,使下一执行元件开始运动。

图 7-32 所示是用机动换向阀控制的顺序运动回路,电磁换向阀和机动换向阀处于图示状态时,左液压缸和右液压缸的活塞都处于左端位置(即原位)。当电磁换向阀的电磁铁通电后,左液压缸的活塞按箭头①的方向右行,当液压缸右行到预定的位置时,挡块压下机动换向阀,使其上位接入系统,则右液压缸的活塞按箭头②的方向右行。当电磁换向阀的电磁铁断电后,左液压缸的活塞按箭头③的方向左行,当挡块离开机动换向阀后,右液压缸按箭头④的方向左行退回原位。

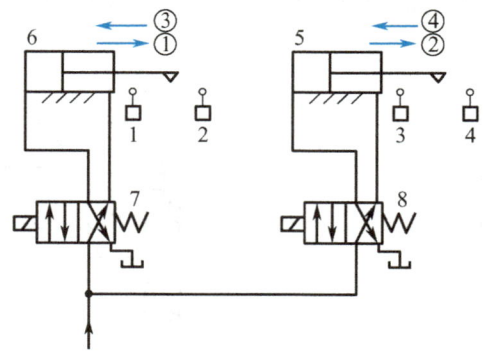

图 7-32 机动换向阀控制顺序运动回路

1,2,3,4—电气行程开关;5,6—液压缸;7,8—电磁换向阀

该回路中的运动顺序①与②和③与④之间的转换,是依靠机械挡块压放机动换向阀的阀芯使其位置变换实现的,因此动作可靠。但是,机动换向阀必须安装在液压缸附近,而且改变运动顺序较困难。

图 7-33 所示是用行程开关和电磁换向阀控制的顺序运动回路，左电磁换向阀的电磁铁通电后，左液压缸按箭头①的方向右行。当它右行到预定位置时，挡块压下行程开关，发出信号使右电磁换向阀的电磁铁通电，则右液压缸按箭头②的方向右行，当它运行到预定位置时，挡块压下行程开关 4，发出信号使左电磁换向阀的电磁铁断电，则左液压缸按箭头③的方向左行，当它左行到原位时，挡块压下行程开关 1，使右电磁换向阀的电磁铁断电，则右液压缸按箭头④的方向左行，当它左行到原位时，挡块压下行程开关 3，发出信号表明工作循环结束。

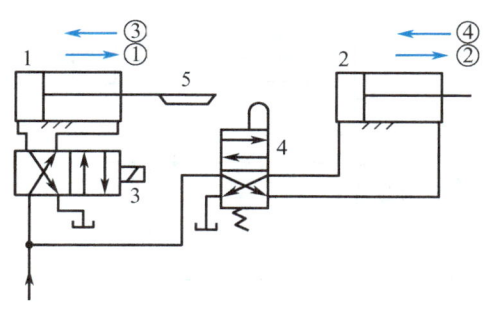

图 7-33　行程开关和电磁阀控制的顺序运动回路
1，2—液压缸；3—电磁换向阀；4—行程阀；5—挡块

这种用电信号控制转换的顺序运动回路，使用调整方便，便于更改动作顺序，因此，应用较广泛。回路工作的可靠性取决于电器元件的质量。目前还可采用 PLC（可编程控制器）利用编程来改变行程控制，这是一个发展趋势。

2. 压力控制顺序运动回路

图 7-34 所示为使用顺序阀来实现两个油缸顺序运动的回路，当三位四通换向阀左位接入回路且顺序阀 D 的调定压力大于液压缸 A 的最大前进工作压力时，压力油先进入大液压缸 A 左腔，实现动作①；液压缸运动至终点后压力上升，压力油打开顺序阀 D 进入液压缸 B 的左腔，实现动作②；同样地，当三位四通换向阀右位接入回路且顺序阀

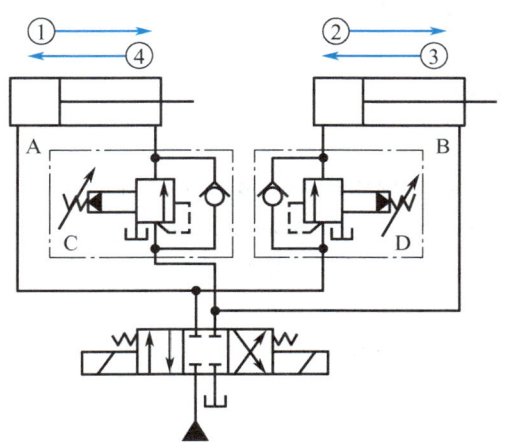

图 7-34　压力控制顺序运动回路

C 的调定压力大于液压缸 B 的最大返回工作压力时，两液压缸按③和④的顺序返回。

3. 时间控制顺序运动回路

时间控制的顺序运动回路，是在一个执行元件开始运动后，经过预先设定的时间后，另一个执行元件再开始运动的回路。时间控制可利用时间继电器、延时继电器或延时阀等实现。图 7 – 35 所示是采用延时阀进行时间控制的顺序运动回路。

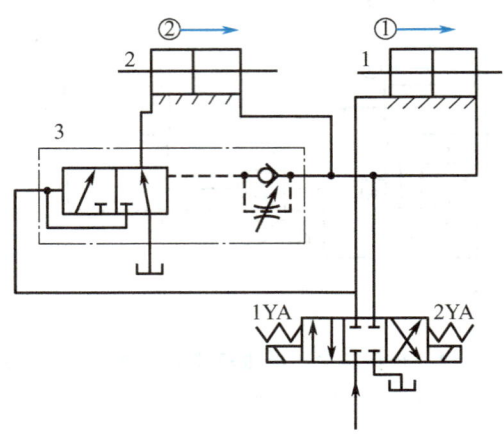

图 7 – 35　采用延时阀进行时间控制的顺序运动回路

延时阀由单向节流阀和二位三通液动换向阀组成。当电磁铁 1YA 通电时，右液压缸向右运行。同时，液压油进入延时阀中液动换向阀的左端腔，推动阀芯右移，该阀右端腔的液压油经节流阀回油箱。这样，经过一定时间后，使延时阀中的二位三通换向阀左位接入系统，然后，压力油经该阀左位进入左液压缸的左腔，使其向右运行，右液压缸和左液压缸向右运行开始的时间间隔可用延时阀中的节流阀调节。当电磁铁 2YA 通电后，右液压缸与左液压缸一起快速左行返回原位。同时，压力油进入延时阀的右端腔，使延时阀中的二位三通换向阀阀芯左移复位。由于延时阀所设定的时间易受油温的影响，常在一定范围内波动，因此，很少单独使用，往往采用行程-时间复合控制方式。

7.4.2　同步运动回路

同步运动回路是用于保证系统中的两个或多个执行元件在运动中以相同的位移或速度运动，也可以按一定的速比运动。影响同步运动精度的因素很多，如外负载、泄漏、摩擦阻力、变形及液体中含有气体等都会使执行元件运动不同步。为此，同步运动回路应尽量克服或减少上述因素的影响。

有些液压系统要求两个或多个液压缸同步运动。同步运动分为位置同步和速度同步两种。所谓位置同步，就是每一瞬间，各液压缸的相对位置保持固定不变。对于开环控制系统，严格地做到每一瞬间的位置同步是很困难的，因此，常常采用速度同步控制方式。如果能严格地保证每一瞬间的速度同步，也就保证了位置同步，然而做到这一点也是很困难的。为了获得高精度的位置同步运动，需要采用位置闭环控制措施。本文所介绍的几种同步运动回路都是开环控制的，同步精度不高。

1. 容积式同步运动回路

容积式同步运动回路主要是用相同的液压泵、执行元件（缸或马达）或机械连接的方法来实现的。

图7-36所示为用两个同轴等排量的液压泵分别向两液压缸供油，实现两液压缸同步运动的回路。

图7-37所示为用两个尺寸相同的双杆液压缸连接的同步液压缸，来实现液压缸1和液压缸2同步运动的回路。当同步液压缸的活塞左移时，油腔 a 与 b 中的油液使液压缸1和液压缸2同步上升。若液压缸1的活塞先到终点，则油腔 a 的剩余油液经单向阀和安全阀排回油箱，油腔 b 的油继续进入液压缸2的下腔，使之到达终点。同理，若液压缸2的活塞先到达终点，也可使液压缸1的活塞相继到终点。

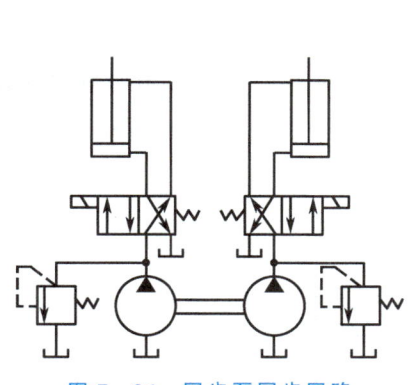

图 7-36 同步泵同步回路

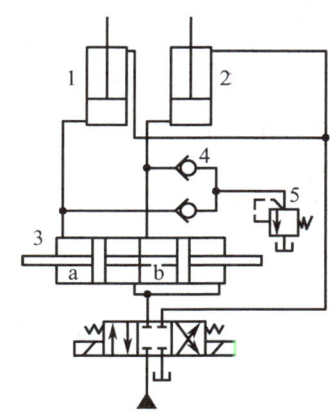

图 7-37 同步缸同步回路

1，2—液压缸；3—同步液压缸；
4—单向阀；5—安全阀

图7-38和图7-39所示均为用机械连接来实现的同步运动回路。这种回路是用刚性梁（图7-38）或齿轮齿条（图7-39）等机械零件使两液压缸的活塞杆间建立刚性的运动连接，实现位移同步。

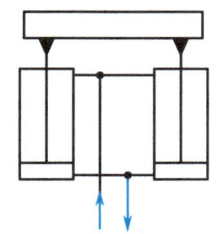

图 7-38 刚性梁连接的同步回路

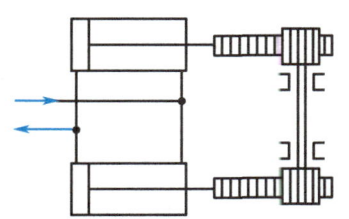

图 7-39 齿轮齿条连接的同步回路

2. 节流式同步运动回路

节流式同步运动回路是采用节流方式（如分流阀、比例阀或伺服阀）实现同步运动的。

（1）用分流阀控制的同步运动回路

图 7-40 所示为用分流阀控制两个并联液压缸同步运动的回路，两个尺寸相同的液压缸的进油路上，串接分流阀，该分流阀能保证进入两液压缸的流量相等，从而实现速度同步运动。其工作原理如下：分流阀中左右两个固定节流口的尺寸和特点相同，阀芯可依据液压缸负载变化自由地轴向移动，来调节 a、b 两处节流口的开度，保证阀芯左端压力 p_1 与右端压力 p_2 相等。这样，可保持左固定节流口 4 两端压力差（$p_P - p_1$）与右固定节流口 5 两端压力差（$p_P - p_2$）相等，从而使进入两液压缸的流量相同，来实现两缸速度同步。例如，当阀芯处于某一平衡位置（$p_1 = p_2$）时，若左液压缸的负载增大，p_1 也会随之增大，但是，p_1 在增大时，由于 $p_1 > p_2$，使阀芯右移，节流口 a 变大，b 变小，结果使 p_1 减小，p_2 增大，直到 $p_1 = p_2$ 时，阀芯停留在新的平衡位置。只要 $p_1 = p_2$，左右两固定节流口上的工作压差相等，流过节流阀的流量就相等，保证了两缸的速度同步。两缸反向时，它们分别通过各自的单向阀回油，不受分流阀控制。

该回路采用分流阀自动调节进入两液压缸的流量，保证其同步。与采用调速阀控制的同步回路相比，该回路使用方便，精度较高，可达 2%～5%。但是，其分流阀的制造精度及造价均较高。

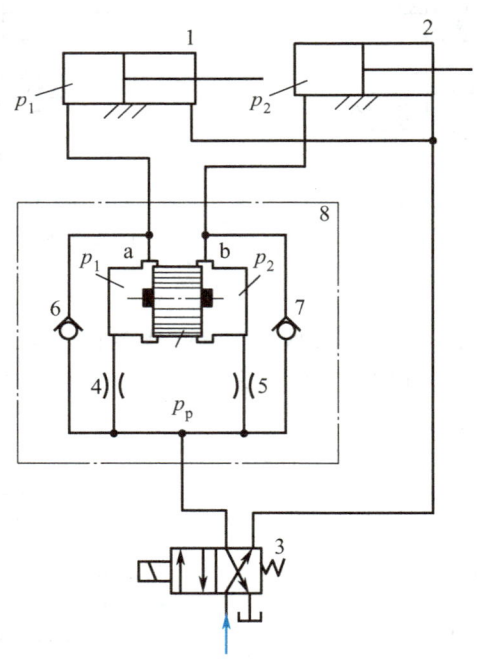

图 7-40　用分流阀控制两个并联液压缸同步运动的回路

1，2—液压缸；3—电磁换向阀；4，5—固定节流口；6，7—单向阀；8—分流阀

（2）用电液比例调速阀同步运动回路

图 7-41 所示为电液比例调速阀同步运动回路。该回路中使用了一个普通调速阀和一个电液比例调速阀，分别用来控制液压缸 3 和液压缸 4 的运动。当两个液压缸出现位置误差时，检测装置就会发出信号，以调节比例阀的开度，实现同步。

如想使两个液压缸在任何时候的位置误差都不超过 0.05～0.2mm，则只能使用电液伺服阀控制的同步回路，通过伺服阀和位移传感器的反馈信号持续不断地控制阀的开口度，使通过的流量相同，实现两液压缸同步。

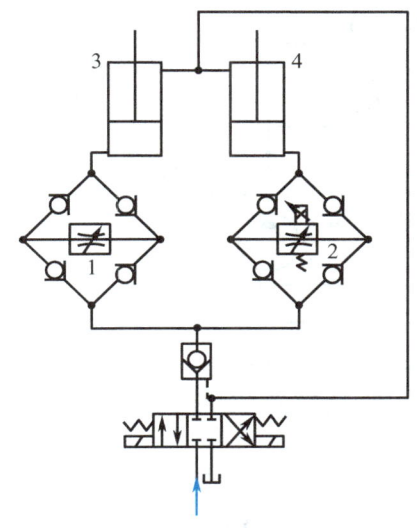

图 7-41　电液比例调速阀同步运动回路

1—调速阀；2—电液比例调速阀；3，4—液压缸

7.4.3　运动互不干扰回路

在多缸液压系统中，各液压缸运动时的负载压力是不等的。这样，在负载压力小的液压缸运动期间，负载压力大的液压缸就不能运动。例如，在组合机床液压系统中，如果用同一个液压泵供油，当某液压缸快速前进（或后退）时，因其负载压力小，使其他液压缸就不能工作进给（因为工进时负载压力大），这种现象称为各缸之间运动的相互干扰。下面介绍排除这种干扰的回路。

图 7-42 所示为双泵供油的快慢速互不干扰回路。各液压缸（1 和 2）工进时（工作压力大），由左侧的小流量液压泵 5 供油，用调速阀 3 调节液压缸 1 的工进速度，用调速阀 4 调节液压缸 2 的工进速度。快进时（工作压力小），由右侧大流量液压泵 6 供油。两个液压泵的输出油路，由二位五通换向阀隔离，互不相混，从而避免了因工作压力不同引起的运动干扰，使各液压缸均可单独实现快进→工进→快退的工作循环。通过电磁铁动作表（表 7-1），可以看出自动工作循环各个阶段油路走向及换向状态。

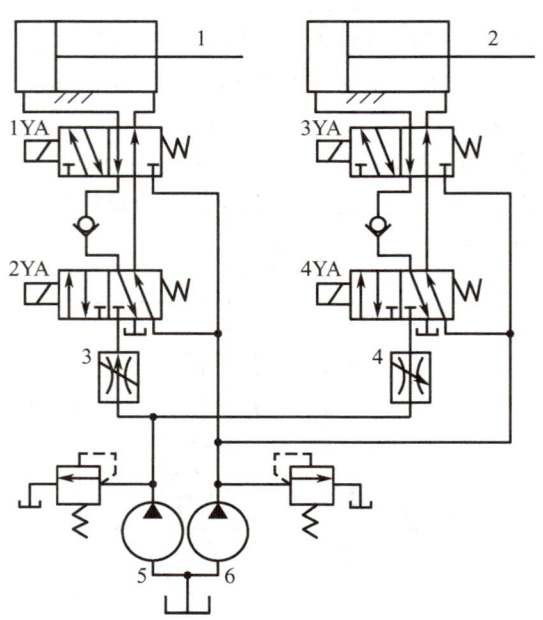

图 7-42 双泵供油的快慢速互不干扰回路
1，2—液压缸；3，4—调速阀；5，6—液压泵

表 7-1 电磁铁动作表

	1YA、3YA	2YA、4YA
快进	+	−
工进	−	+
快退	+	+
原停	−	−

注："+"通电；"−"断电。

本章小结

      本章通过液压传动系统原理图，结合一些工程实例，讲述了一些比较典型和比较常用的液压传动系统方向控制回路、压力控制回路、速度控制回路和多执行元件运动控制回路。在学习基本回路时，关键是要掌握它的基本原理及各自的优缺点，在进行液压传动系统的设计和分析时，能够选择合适的回路，满足液压传动系统特定工况要求。

复习思考题

7-1 减压回路有何功用？

7-2 什么是平衡回路？平衡阀的调定压力如何确定？

7-3 进口节流阀调速回路有何特点？

7-4 为什么采用调速阀能提高调速性能？

7-5 试绘出三种不同的快速运动回路。

7-6 什么是差动回路？

7-7 如图7-43所示，液压泵输出流量 $q_P = 10L/min$，液压缸无杆腔面积 $A_1 = 50cm^2$，液压缸有杆腔面积 $A_2 = 25cm^2$，溢流阀的调定压力 $p_r = 2.4MPa$，负载 $F = 10kN$，节流阀口视为薄壁孔，流量系数 $C_d = 0.62$，油液密度 $\rho = 900kg/m^3$。试求：

（1）节流阀口通流面积 $A_T = 0.05cm^2$ 和 $A_T = 0.01cm^2$ 时的液压缸速度 v、液压泵压力 p_P、溢流阀损失 Δp_r 和回路效率 η_{ci}；

（2）当 $A_T = 0.01cm^2$ 时，若负载 $F = 0N$，求液压泵的压力 p_P 和液压缸两腔压力 p_1 和 p_2 各为多大？

（3）当 $F = 10kN$ 时，若节流阀最小稳定流量为 $q_{min} = 50 \times 10^{-3} L/min$，所对应的节流阀口通流面积 A_T 和液压缸速度 v_{min} 多大？若将回路改为进口节流调速回路，则 A_T 和 v_{min} 多大？把两种结果相比较能说明什么问题？

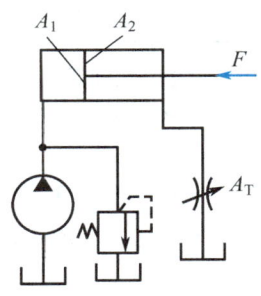

图7-43 题7-7图

7-8 如图7-44所示，各液压缸完全相同，负载 $F_2 > F_1$。已知节流阀能调节液压缸速度并不计压力损失，试判断在图7-44(a)和图7-44(b)的两个液压回路中，哪个液压缸先动？哪个液压缸速度快？试说明道理。

7-9 图7-45所示为采用调速阀的进口节流加背压阀的调速回路。负载 $F = 9kN$，液压缸两腔面积 $A_1 = 50cm^2$，$A_2 = 20cm^2$，背压阀的调定压力 $p_b = 0.5MPa$，液压泵的供油量 $q = 30L/min$。不计管道和换向阀的压力损失。试问：

（1）欲使液压缸速度恒定，不计调压偏差，溢流阀最小调定压力 p_r 应为多大？

（2）卸荷时的能量损失有多大？

（3）若背压阀增加了 Δp_b，溢流阀调定压力的增量 Δp_y 有多大？

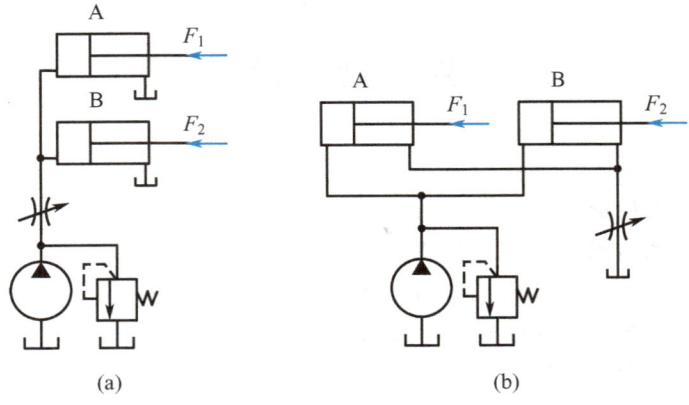

图 7 - 44　题 7 - 8 图

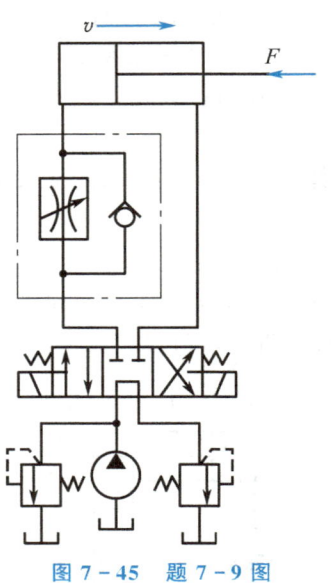

图 7 - 45　题 7 - 9 图

7 - 10　请列表说明图 7 - 46 所示压力继电器式顺序动作回路是怎样实现①→②→③→④顺序动作的？在元件数目不增加的情况下，排列位置容许变更，如何实现①→②→③→④的顺序动作，画出变动顺序后的液压回路图。

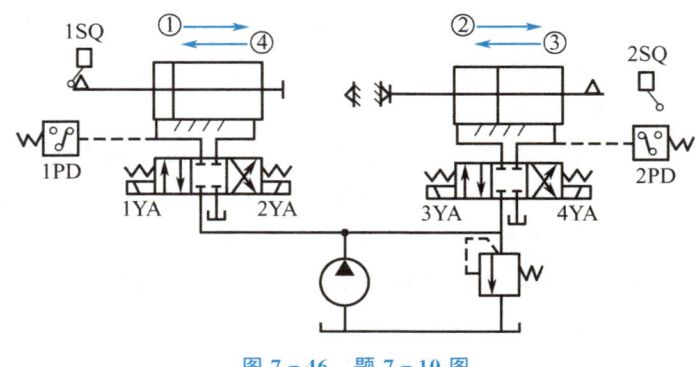

图 7 - 46　题 7 - 10 图

7－11 在图 7－47 所示的调速阀节流调速回路中，已知 $q_P=25L/min$，$A_1=100\times10^{-4}m^2$，$A_2=50\times10^{-4}m^2$，F 由 0 增至 30000N 时活塞向右移动速度基本无变化，$v=0.2m/min$，若调速阀要求的最小压差 $\Delta p_{min}=0.5MPa$。试求：

（1）不计调压偏差时溢流阀调整压力 p_y 是多少？泵的工作压力是多少？

（2）液压缸可能达到的最高工作压力是多少？

（3）回路的最高效率为多少？

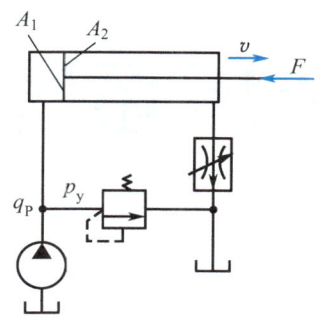

图 7－47 题 7－11 图

【第7章 参考答案】

第**8**章
典型液压系统实例分析

 **本章导读**

　　液压传动以其在功率重量比、自动控制、无级调速、过载保护等方面的独特技术优势，使其在国民经济各行业得到了广泛的应用。本章遵循体现先进性、多样性、系统性、实效性的原则，介绍了几个典型的液压传动系统在各自领域中的具体应用。根据液压主机的工况特点、工作要求及动作循环，熟悉各种液压元件在系统中的作用和由哪些基本回路构成，进而掌握阅读分析液压传动系统的步骤和方法。

学习目标

- ↘ 了解：各相关机械设备和装置的主机结构功能。
- ↘ 理解：机械设备典型液压系统的工作原理和特点。
- ↘ 应用：综合运用前几章所学的知识，能独立设计一些简单的液压系统。
- ↘ 分析：通过本章的学习，按照液压系统图的阅读方法，能分析液压传动系统的组成、工作原理、技术特点及液压元件在系统中的作用。

8.1　液压系统图的阅读方法

　　液压系统根据机械设备的工作要求，由各种不同功能的基本回路所组成，其原理一般用液压系统图表示。液压系统图应按规定的标准图形符号（国标）或半结构式符号画出，以表示所有液压元件的连接、控制方式和执行元件实现动作的工作原理。正确阅读液压系统图，能加深对各种基本回路和液压元件的综合应用的理解，对液压设备的正确使用、调整、维护和排除故障也有重要的作用。

　　阅读和分析比较复杂的液压系统图，可按以下几个步骤进行。

　　（1）了解设备对液压系统的动作、工作循环和性能要求。

（2）从油源到执行元件初步理清液压元件间的连接关系，以执行元件为核心，按所实现的动作要求将整个系统分解成若干个子系统。

（3）分析每个子系统是由哪些基本回路组成的，以及每个元件在回路中的功用。按执行元件的工作循环先找控制油路，逐步弄清实现每个动作的进油和回油路线。

（4）根据系统中各执行元件间的顺序、同步、互锁和防干扰等要求，分析各子系统之间的联系，弄清整个液压系统的工作原理。

（5）总结归纳整个液压系统的特点，以加深对整个系统的了解。

8.2　组合机床动力滑台液压系统

8.2.1　概述

组合机床是一种效率较高、工序集中的专用机床，图8-1为某组合机床的结构简图。动力滑台是组合机床实现直线进给运动的一种通用部件，其运动是靠液压缸驱动的。根据加工需要，滑台上安装动力箱、主轴箱或各种专用切削头等工作部件，可对工件完成钻、扩、铰、镗、铣、攻螺纹、倒角等加工工序。动力滑台由滑座、滑鞍、液压缸和各种挡铁所组成。为了控制滑鞍的运动，在滑座左右两侧固定着电气行程开关和液压行程换向阀，在其前端固定着一个轴向位置可调的螺钉式挡铁（死挡铁）。在滑鞍两侧压板和支承板的T形槽内安装挡铁。随着滑鞍的运动，挡铁对电气行程开关或行程阀压合与脱开就可引发液压系统中相应元件的动作而实现对滑鞍运动的控制。对动力滑台液压系统性能的主要要求是速度换接平稳，进给速度稳定，功率利用合理，系统效率高，发热少。

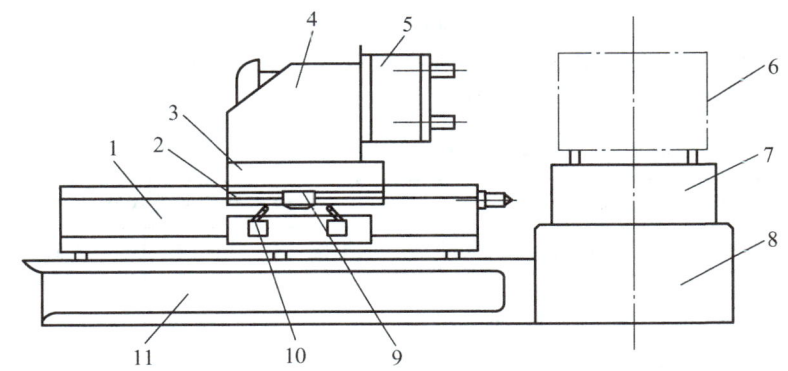

图8-1　某组合机床结构简图

1—滑座；2—压板；3—滑鞍；4—动力箱；5—主轴箱；6—工件；7—工作台；
8—中间底座；9—挡铁；10—电气行程开关；11—侧底座

图8-2所示为YT4543型动力滑台液压系统。该液压系统采用限压式变量叶片泵供油，电液换向阀换向，行程阀实现快慢速度的转换，两调速阀串联实现两种工作进给速度的换接，单杆活塞液压缸驱动。通常实现的动作循环是：快进→第一次工作进给→第二次

工作进给→死挡铁停留→快退→原位停止。在阅读和分析液压系统图时，可参阅表 8-1。

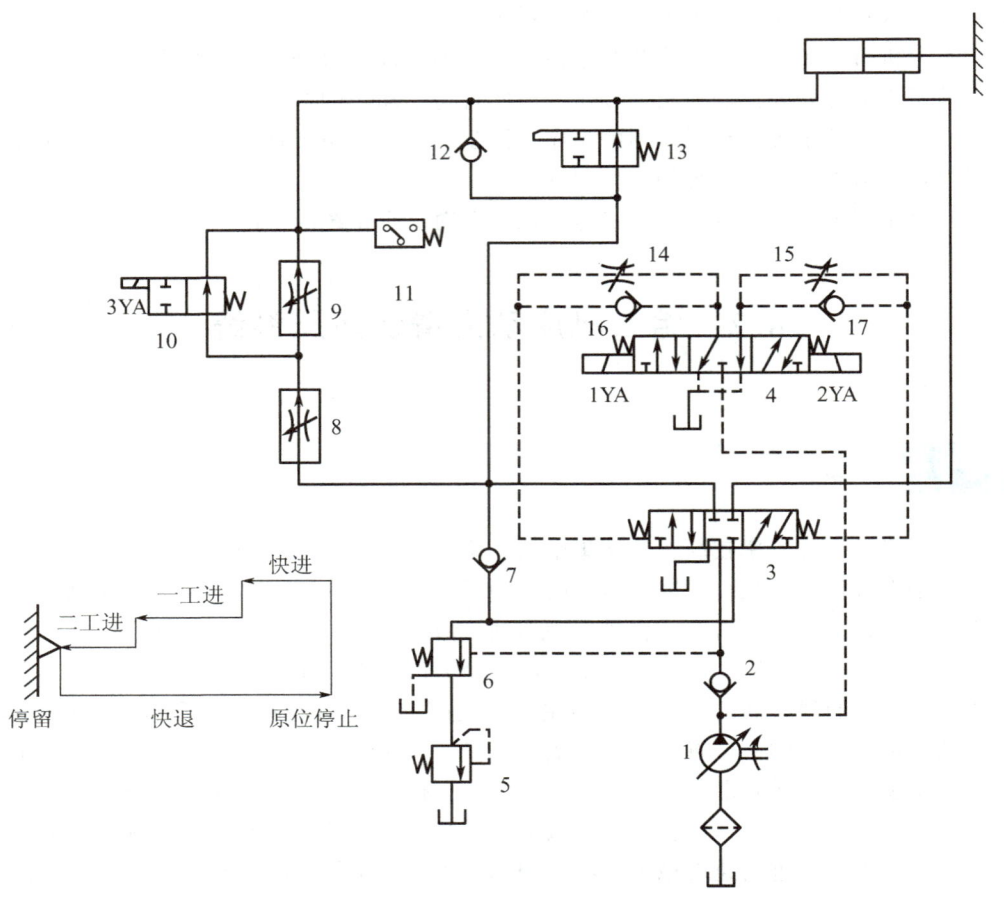

图 8-2　YT4543 型动力滑台液压系统

1—变量泵；2，7，12，16，17—单向阀；3—液控换向阀；4—电磁先导阀；5—背压阀；6—液控顺序阀；
8，9—调速阀；10—二位二通电磁换向阀；11—压力继电器；13—行程阀；14，15—节流阀

表 8-1　YT4543 型液压滑台液压系统的动作循环表

动 作 名 称	电磁铁所处状态			液压元件所处状态				
	1YA	2YA	3YA	顺序阀	先导阀	换向阀	电磁阀	行程阀
快进	＋	－	－	关闭			右位	右位
一工进	＋	－	－	打开	左位	左位		左位
二工进	＋	－	＋				左位	
死挡铁停留	＋	－	＋					
快退	－	＋	＋	关闭	右位	右位		右位
停止	－	－	－		中位	中位	右位	

注：表中"＋"表示电磁铁通电；"－"表示电磁铁断电。

8.2.2 YT4543型动力滑台液压系统的工作原理

1. 快速进给

快速进给时，先按下起动按钮，电磁铁1YA通电，电磁先导阀4左位接入系统，在控制油路的驱动下，液动换向阀3左位也接入系统。顺序阀6因系统压力较低而处于关闭状态，这时液压缸左右两腔连通，实现差动快进，变量泵1输出最大流量。系统中的油路如下。

【参考动画】

（1）控制油路

① 进油路：变量泵1→电磁先导阀4（左位）→单向阀16→液控换向阀3（左位）。

② 回油路：液控换向阀3（右位）→节流阀15→电磁先导阀（左位）→油箱。

这时，液控换向阀的阀芯右移，阀的左位接入系统。

（2）主油路

① 进油路：变量泵1→单向阀2→液控换向阀3（左位）→行程阀13（右位）→液压缸左腔。

② 回油路：液压缸右腔→液控换向阀3（左位）→单向阀7→行程阀13（右位）→液压缸左腔。

2. 第一次工作进给

快进到预定位置时，滑台上的行程挡铁压下行程阀13，切断了原来进入液压缸左腔的油路，此时电磁铁3YA处于失电状态，其控制油路未变，但主油路中的压力油只能通过调速阀8和二位二通电磁换向阀10（右位）进入液压缸左腔。由于调速阀8接入系统，使系统压力升高，液控顺序阀6打开，单向阀7关闭。限压式变量液压泵的输出流量自动减小，与调速阀8的控制流量相适应。其主油路如下。

【参考动画】

（1）进油路：变量泵1→单向阀2→液控换向阀3（左位）→调速阀8→二位二通电磁换向阀10（右位）→液压缸左腔。

（2）回油路：液压缸右腔→液控换向阀3（左位）→液控顺序阀6→背压阀5→油箱。

3. 第二次工作进给

第二次工作进给与第一次工作进给时的控制油路和主油路相同。当一次工作进给运动到指定位置时，行程挡块压下电气行程开关，使电磁铁3YA通电，二位二通电磁换向阀10（左位）工作，经该阀的通路被切断，压力油通过调速阀8和9进入液压缸左腔。由于调速阀9的开口比调速阀8小，因此，滑台进给速度减慢，从而实现由调速阀9调定的第二次工作进给。其主油路如下。

【参考动画】

（1）进油路：变量泵1→单向阀2→液控换向阀3（左位）→调速阀8→调速阀9→液压缸左腔。

（2）回油路：与第一次工作进给相同。

4. 死挡铁停留

【参考动画】

为了提高所加工的端面或台肩孔的轴向尺寸精度和表面质量，需要滑台在死挡铁处停留。当滑台以第二工作进给速度行进碰到死挡铁后，滑台停止前进，开始停留。此时油路状态不变，变量泵仍在继续运转，系统压力不断上升，压力继电器 11 动作并发出信号给时间继电器（图中未画出），使滑台在死挡铁停留一定时间后再返回，停留的时间由时间继电器调节。

5. 快速退回

【参考动画】

滑台停留时间结束后，时间继电器发出快退信号，使电磁铁 1YA 断电、2YA 通电，电磁先导阀 4 右位接入系统，控制油路换向，液控换向阀 3 的右位亦接入系统，主油路换向。因滑台返回时负载小，系统压力下降，变量泵 1 的流量又自动恢复到最大值，滑台快速退回。其油路如下。

（1）控制油路

① 进油路：变量泵 1→电磁先导阀 4（右位）→单向阀 17→液控换向阀 3 右端。

② 回油路：液控换向阀 3（左位）→节流阀 14→电磁先导阀 4（右位）→油箱。

（2）主油路

① 进油路：变量泵 1→单向阀 2→液控换向阀 3（右位）→液压缸右腔。

② 回油路：液压缸左腔→单向阀 12→液控换向阀 3（右位）→油箱。

6. 原位停止

当滑台快速退回至原位时，挡块压下原位行程开关，使电磁铁 1YA、2YA 和 3YA 都断电，电磁先导阀和液控换向阀都处于中间位置，滑台停止运动，变量泵 1 输出的液压油经液控换向阀中位（M 型）直接流回油箱，实现低压卸荷。其油路如下。

卸荷油路：变量泵 1→单向阀 2→液控换向阀 3（中位）→油箱。

8.2.3　YT4543 型动力滑台液压系统的性能分析

1. 采用的基本回路

从以上分析可知，YT4543 型动力滑台液压系统按其功能主要采用了下列基本回路。

（1）限压式变量液压泵、调速阀和背压阀组成的容积节流加背压的调速回路。

（2）液压缸差动连接的快速运动回路。

（3）电液换向阀的换向回路。

（4）由行程阀、电磁换向阀和顺序阀等组成的速度切换回路。

（5）串联调速阀的二次进给回路。

（6）用 M 型中位机能的液控换向阀的卸荷回路。

2. 性能特点

（1）采用了限压式变量液压泵、调速阀和背压阀组成的调速回路，保证了稳定的低速运动，较好的速度刚性和较大的调速范围（100 左右）。进给时回油路上的背压阀能防止空气渗入系统，还能使滑台承受负值负载。

（2）采用了限压式变量液压泵和液压缸差动连接两项措施来实现快进，可以得到较大的进给速度，能量的利用经济合理。

（3）采用了行程阀和顺序阀实现快进与工进的换接，不仅简化了油路，而且使动作可靠，转换的位置精度也比较高。由于速度比较低，两次工进速度的换接采用了由电磁阀切换的调速阀串联回路，既保证了必要的转换精度，又使油路的布局比较简单、灵活。采用死挡铁作限位装置，定位准确，重复精度高。

（4）采用了换向时间可调的三位五通电液换向阀来切换主油路，提高了滑台的换向平稳性，冲击和噪声小。滑台停止运动时，M 型中位机能的换向阀可使泵在低压下卸荷，五通结构又使滑台在后退时没有背压，减少了能量损失。

8.3 液压机液压系统

8.3.1 概述

液压机是一种应用广泛的压力加工设备，常用于可塑性材料的压制工艺，如锻压、冲压、冷挤、弯曲、校直、打包、翻边、粉末冶金及塑料成型等，是最早应用液压传动的机械设备之一。液压机的类型很多，其中以四柱式液压机最为典型。上滑块由四柱导向由上液压缸驱动，下液压缸布置在工作台中间孔内驱动下滑块。液压机结构如图 8 - 3 所示。液压机对液压系统的基本要求如下。

（1）压制工艺一般要求主缸（上液压缸）驱动上滑块实现"快速下行→慢速加压→保压延时→快速返回→原位停止"的动作循环。要求顶出缸（下液压缸）驱动下滑块实现"向上顶出→停留→向下返回或浮动压边下行→原位停止"的工作循环。图 8 - 4 所示为 YB32 - 200 型四柱万能液压机液压系统动作循环。

（2）系统流量大、功率大、空行程和加压行程的速度差异大，因此要求功率利用合理，工作平稳性和安全可靠性要高。

（3）液压系统中的压力要能经常变化和调节，并能产生较大的压制力以满足工作要求。

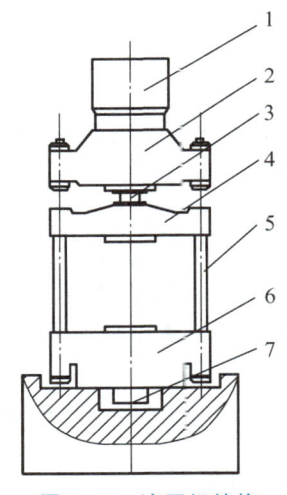

图 8 - 3 液压机结构

1—充气筒；2—上横梁；3—上液压缸；

4—上滑块；5—立柱；

6—下滑块；7—下液压缸

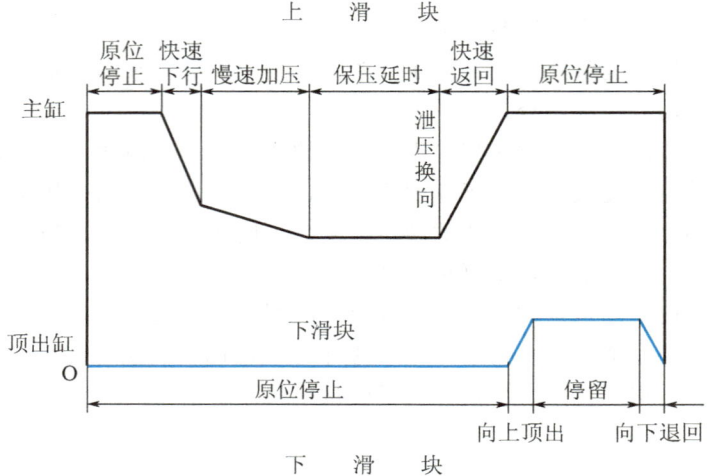

图 8 - 4　YB32 - 200 型四柱万能液压机液压系统动作循环

8.3.2　YB32 - 200 型四柱万能液压机液压系统的工作原理

图 8 - 5 为 YB32 - 200 型四柱万能液压机的液压系统。该系统由一高压泵供油，现以一般的定压成型压制工艺为例，分析该液压机液压系统的工作原理。

1. 主缸运动

（1）快速下行

按下起动按钮，电磁铁 1YA 通电，先导换向阀 5 和上缸换向阀（液控）7 左位接入系统，液控单向阀 10 打开，系统中的油液进入上液压缸的上腔，由于上滑块在自重的作用下迅速下行，这时液压泵的流量又比较小，不足以补充上缸上腔迅速增大的容积，上腔形成局部真空，液压缸顶部的充油筒内的油液在大气压作用下，经液控单向阀 13 进入上缸上腔进行补油。其油路如下。

　　① 进油路：液压泵 1→顺序阀 6→上缸换向阀 7（左位）→单向阀 11→ ⎤
　　　　　　　　　充液筒→液控单向阀 13→ ⎦ →上缸上腔。

　　② 回油路：上缸下腔→液控单向阀 10→上缸换向阀 7（左位）→下缸换向阀 14（中位）→油箱。

（2）慢速加压

当上滑块运行接触到工件时，因受阻力而减速，上缸上腔压力升高，液控单向阀 13 关闭，加压速度由液压泵的流量来决定，这时的油液流动情况与快速下行时相同。

（3）保压延时

当上缸上腔的压力上升到预定值时，压力继电器 8 动作发出信号，使电磁铁 1YA 断电，先导换向阀 5 和上缸换向阀 7 都处于中位，实现保压。保压时间由时间继电器（图中未画出）控制，可在 0～0.24min 内调节。保压时液压泵卸荷，系统中没有油液流动，其卸荷油路如下。

液压泵 1→顺序阀 6→上缸换向阀 7（中位）→下缸换向阀 14（中位）→油箱。

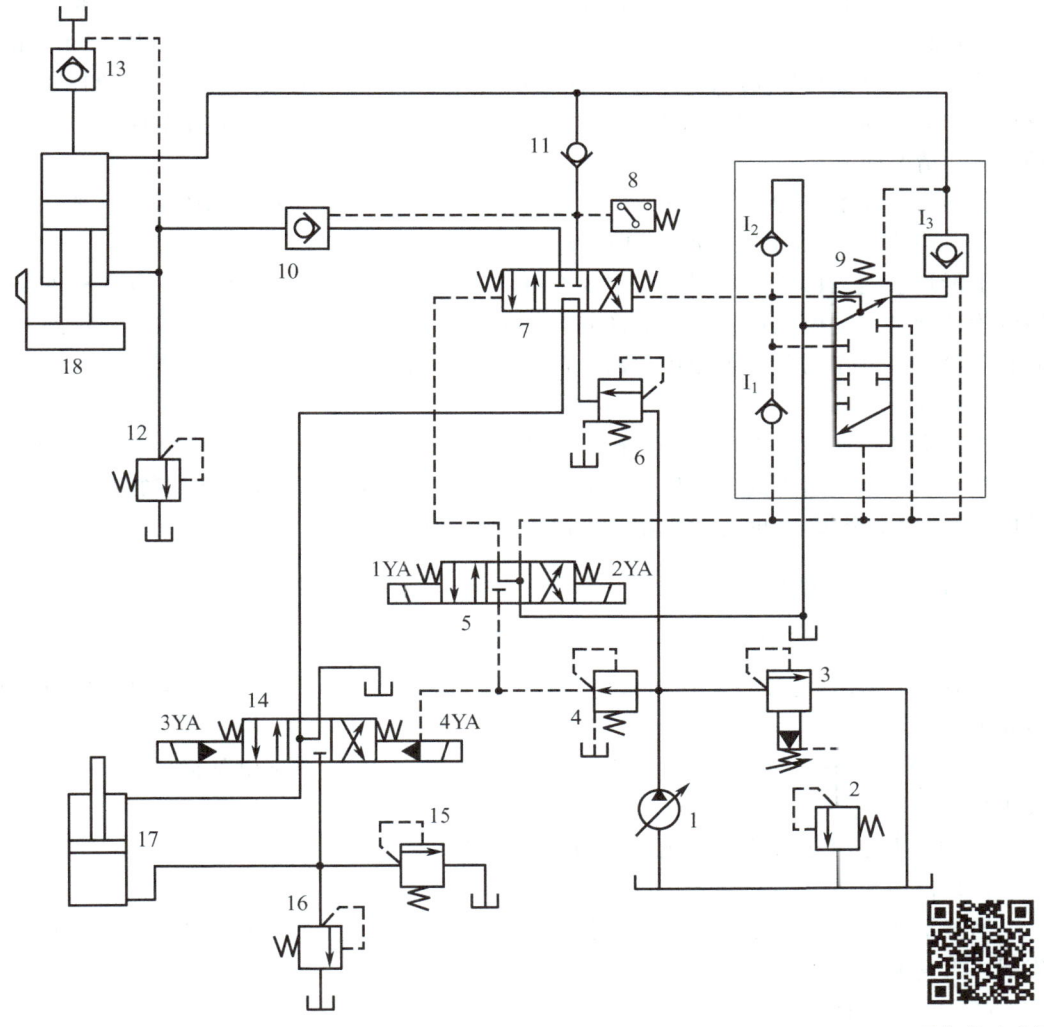

图 8-5 YB32-200 型四柱万能液压机液压系统

1—液压泵；2—调压阀；3，12—溢流阀；4—减压阀；5—先导换向阀；6—顺序阀；

7—上缸换向阀；8—压力继电器；9—预泄换向阀组；10，13，I_3—液控单向阀；

11，I_1，I_2—单向阀；14—下缸换向阀；15—下缸溢流阀；

16—下缸安全阀；17—下液压缸；18—上液压缸

（4）快速返回

保压延时结束后，时间继电器发出信号，使电磁铁 2YA 通电。为了防止保压状态向快速返回状态转换过快而引起的压力冲击和上滑块动作不平稳，设置了预泄换向阀组 9。预泄换向阀组 9 的作用是在电磁铁 2YA 通电后，控制压力油必须在上缸上腔泄压后，才能进入上缸换向阀右端使其换向。预泄换向阀组 9 的工作原理是：在保压阶段，这个阀以上位接入系统，当电磁铁 2YA 通电后，先导换向阀 5 右位接入系统时，控制油路中的压力油虽到达预泄换向阀组 9 的阀芯下端，但其上端的高压油未曾卸掉，阀芯不动。由于液控单向阀 I_2 可在控制压力低于其主油路压力下打开，于是上缸上腔高压油通过液控单向阀 I_2→预泄换向阀组 9（上位）→油箱而被卸掉。预泄换向阀组 9 的阀芯在控制压力油作用下向上移动，其下位接入系统，它一方面切断上缸上腔通向油箱的通道，另一方面使控制油路中的压力油输送到上缸换向阀 7 阀芯的右端，使该阀右位接入系统。液控单向阀 10 被打开，油液流动情况如下。

① 进油路：液压泵 1→顺序阀 6→上缸换向阀 7（右位）→液控单向阀 10→上缸下腔。

② 回油路：上缸上腔→液控单向阀 13→充液筒。

上滑块快速返回时，从回油路进入充液筒中的油液若超过预定位置，可从充液筒中的溢流管流回油箱。由图可见，上缸换向阀在由左位切换至中位时阀芯右端由油箱经液控单向阀 I_3 补油，在由右位切换至中位时，阀芯右端的油经单向阀 I_1 流回油箱。

（5）原位停止

当上滑块返回上升至挡块压下行程开关时，行程开关发出信号，使电磁铁 2YA 断电，先导阀和上缸换向阀都处于中位，上滑块停止运动。这时液压泵在低压下卸荷，由于液控单向阀 10 和安全阀 12 的支承作用，上滑块悬空停止。

2. 下滑块工作循环

（1）向上顶出

电磁铁 4YA 通电使下缸换向阀右位接入系统，下液压缸带动下滑块向上顶出，其油路如下。

① 进油路：液压泵 1→顺序阀 6→上缸换向阀 7（中位）→下缸换向阀 14（右位）→下液压缸下腔。

② 回油路：下缸上腔→下缸换向阀 14（右位）→油箱。

（2）停留

当下滑块上移至下液压缸活塞碰到上缸盖时，便停留在这个位置上。阀 15 为下缸溢流阀，由它调整顶出压力。

（3）向下退回

电磁铁 4YA 断电，3YA 通电，液压缸快速退回，其油路如下。

① 进油路：液压泵 1→顺序阀 7→上缸换向阀 7（中位）→下缸换向阀 14（左位）→下液压缸上腔。

② 回油路：下液压缸下腔→下缸换向阀 14（右位）→油箱。

（4）原位停止

当电磁铁 3YA、4YA 都断电，下缸换向阀 14 处于中位时实现原位停止。阀 16 为下缸安全阀。

8.3.3　YB32－200 型四柱万能液压机液压系统的特点

（1）系统采用高压轴向柱塞变量泵供油，充油筒补充快速下行时液压泵供油的不足，这使系统功率利用合理。

（2）系统保压时，采用单向阀 I_1、I_3 和液控单向阀 I_2 的密封性及管道和油液的弹性来保证，方法简单，造价低，但对液压缸等元件的密封性要求较高。

（3）系统采用了专用的预泄换向阀组来实现上滑块快速返回前的泄压，保证了动作的平稳，防止了换向时产生液压冲击和噪声。

（4）系统中的上下两缸动作协调由两换向阀 7 和 14 的互锁来保证，一个液压缸必须在另一个液压缸停止时才能动作。但是，在拉伸操作中，为了实现"压边"这个工步，上液压缸活塞必须推着下液压缸活塞移动，这时上液压缸下腔的油液进入下液压缸的上腔，而下液压缸下腔的油液则经下液压缸溢流阀排回油箱，不存在动作不协调的问题。

（5）系统中的两液压缸各有一个安全阀来实现过载保护。

8.4　汽车起重机液压系统

8.4.1　概述

汽车起重机是一种适用范围广、机动性强的机械工程设备。图 8 - 6 所示为 Q2 - 8 型汽车起重机的外形。Q2 - 8 型汽车起重机由汽车、回转台、前后支腿、吊臂变幅液压缸、基本臂、伸缩臂和起升机构等部分组成。

Q2 - 8 型汽车起重机幅度为 3m 时最大起重量为 80kN，最大起重高度为 11.5m。当安装附加臂后，可用于建筑工地吊装预制件，吊装的最大高度为 6m。该起重机可在有冲击、振动、温差变化大和环境较差的条件下工作。它所需要完成的动作有：收放下前后支腿、

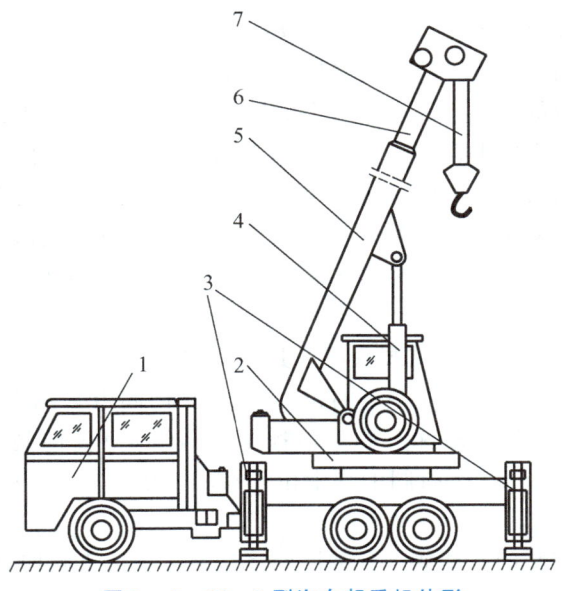

图 8 - 6　Q2 - 8 型汽车起重机外形

1—汽车；2—回转台；3—支腿；4—吊臂变幅液压缸；5—基本臂；6—伸缩臂；7—起升机构

调整吊臂长度和起落角度、起吊、回转、放下载荷等。Q2-8型汽车起重机虽然动作比较简单，对位置精度也无太高要求，但对液压系统具有很高的安全可靠性要求。

8.4.2 Q2-8型汽车起重机液压系统的工作原理

图8-7所示为Q2-8型汽车起重机液压系统的工作原理。Q2-8型汽车起重机液压系统采用一个中高压轴向柱塞泵作动力源，其额定压力为21MPa。由汽车发动机通过装在汽车底盘变速器上的取力箱传动。液压泵通过中心回转接头、截止阀和滤油器从油箱吸油，输出的压力油经手动阀组串联地输送到各执行元件。Q2-8型汽车起重机液压系统是一个单泵、开式、串联式多路阀液压系统，安全阀起过载保护作用，其调整压力为19MPa。该液压系统分上车和下车两部分布置，液压泵、安全阀、手动阀组及支腿部分装在汽车底盘上，其余液压元件装在可回转的上车部分。油箱也装在上车部分，兼作配重。上车和下车部分的油路通过回转接头连接。

Q2-8型汽车起重机液压系统由支腿收放、吊臂变幅、吊臂伸缩、转台回转和吊重起升五个工作回路组成。其中，前后支腿收放回路的换向阀A和B组成手动阀组1，其余四个回路换向阀C、D、E、F组成手动阀组2，各换向阀均采用M型中位机能的三位四通手动换向阀，相互串联组合，可实现多缸卸荷。根据起重情况的具体要求操纵各阀，不仅可以分别控制各执行元件的运动方向，还可以通过控制阀芯的位移量来实现节流调速。

1. 支腿收放回路

汽车起重机在作业前，必须将前后支腿放下，使汽车轮胎架空，用支腿承重。这是因为汽车轮胎支承能力有限，且为弹性体变形，作业时很不安全。汽车在行驶时又必须将前后支腿收起，轮胎着地。为此在汽车的前后两端各设置两条支腿，每条支腿均配有一个液压缸。前支腿两液压缸由一个三位四通手动换向阀控制收和放，而后支腿两液压缸由另一个三位四通手动换向阀控制收和放。为确保支腿能停放在任意位置并能可靠地锁住，在每个支腿液压缸的油路中都设置了一个由两个液控单向阀组成的双向液压锁。

欲将前支腿放下，应使手动阀组A的三位四通手动换向阀左位工作，其油路如下。

(1) 进油路：液压泵→换向阀A（左位）→液控单向阀组4→前支腿液压缸无杆腔。

(2) 回油路：前支腿液压缸有杆腔→液控单向阀组4→换向阀A（左位）→换向阀B（中位）→换向阀C（中位）→换向阀D（中位）→换向阀E（中位）→换向阀F（中位）→油箱。

当换向阀A右位工作时，前支腿收回，其油路如下。

(1) 进油路：液压泵→换向阀A（右位）→液控单向阀组4→前支腿液压缸有杆腔。

(2) 回油路：前支腿液压缸无杆腔→液控单向阀组4→换向阀A（右位）→换向阀B（中位）→换向阀C（中位）→换向阀D（中位）→换向阀E（中位）→换向阀F（中位）→油箱。

液压缸B控制后支腿的收和放，其油液的流动路线与前支腿回路相同。

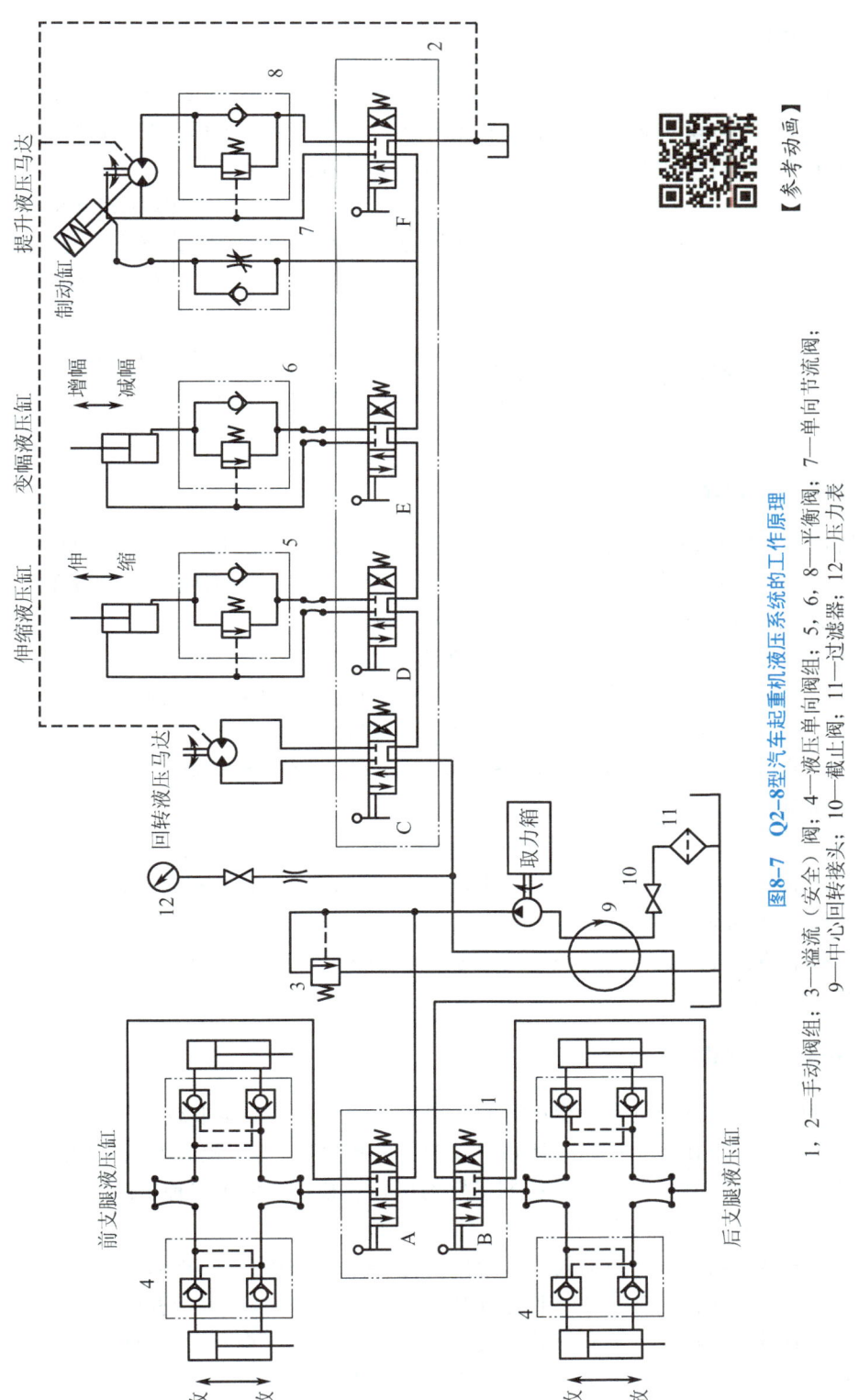

【参考动画】

图8-7 Q2-8型汽车起重机液压系统的工作原理

1、2—手动阀组；3—溢流（安全）阀；4—液压单向阀组；5、6、8—平衡阀；7—单向节流阀；
9—中心回转接头；10—截止阀；11—过滤器；12—压力表

2. 转台回转回路

转台的回转是靠一个大转矩双向液压马达来驱动的。通过齿轮、蜗轮蜗杆机构减速。转台可获得 1～3r/min 的低转速。由于转速较低，惯性较小，转台一般不设缓冲装置。液压马达的正转、反转和停止由手动换向阀 C 控制，其油路如下。

(1) 进油路：液压泵→换向阀 A（中位）→换向阀 B（中位）→换向阀 C $\begin{cases}（右位）→液压马达正转。\\（左位）→液压马达反转。\\（中位）→液压马达停止。\end{cases}$

(2) 回油路：回转液压马达→换向阀 C $\begin{cases}（左位）。\\（中位）→换向阀 D（中位）→换向阀 E（中位）。\\→换向阀 F（中位）→油箱。\\（右位）。\end{cases}$

3. 吊臂伸缩回路

吊臂由基本臂和伸缩臂组成，伸缩臂套装在基本臂内，由伸缩液压缸来驱动吊臂的伸缩运动。为防止吊臂在停止阶段因自重作用而下滑，在吊臂伸缩回路中设置了平衡阀 5。换向阀 D 控制伸缩臂的伸出、缩回和停止三种工况。

当换向阀 D 右位工作时，吊臂伸出，其油路如下。

(1) 进油路：液压泵→换向阀 A（中位）→换向阀 B（中位）→换向阀 C（中位）→换向阀 D（右位）→平衡阀中的单向阀→伸缩液压缸无杆腔。

(2) 回油路：伸缩液压缸有杆腔→换向阀 D（右位）→换向阀 E（中位）→换向阀 F（中位）→油箱。

当换向阀 D 左位工作时，吊臂缩回，其油路如下。

(1) 进油路：液压泵→换向阀 A（中位）→换向阀 B（中位）→换向阀 C（中位）→换向阀 D（左位）→伸缩缸有杆腔。

(2) 回油路：伸缩缸无杆腔→平衡阀 5→换向阀 D（左位）→换向阀 E（中位）→换向阀 F（中位）→油箱。

4. 吊臂变幅回路

吊臂变幅就是由液压缸来改变吊臂的起落角度。变幅要求能带载工作，空载时要防止因自重而下降，为工作安全可靠，油路中设置了平衡阀 6。为了提高变幅机构的承载能力，并联设置了两个液压缸。换向阀 E 控制吊臂的增幅、减幅和停止三种工况。

当吊臂增幅时，换向阀 E 右位工作，其油路如下。

(1) 进油路：液压缸→换向阀 A（中位）→换向阀 B（中位）→换向阀 C（中位）→换向阀 D（中位）→换向阀 E（右位）→平衡阀中的单向阀→变幅液压缸无杆腔。

(2) 回油路：变幅液压缸有杆腔→换向阀 E（右位）→换向阀 F（中位）→油箱。

当吊臂减幅时，换向阀 E 左位工作，其油路如下。

(1) 进油路：液压缸→换向阀 A（中位）→换向阀 B（中位）→换向阀 C（中位）→换向

阀 D（中位）→换向阀 E（左位）→变幅液压缸有杆腔。

（2）回油路：变幅液压缸无杆腔→平衡阀 6→换向阀 E（左位）→换向阀 F（中位）→油箱。

5. 吊重起升回路

吊重起升回路是起重机液压系统中的主要工作回路。它由一个大转矩液压马达带动卷扬机来完成吊重起升和降落。马达的正反转由换向阀 F 控制，马达的转速可通过改变发动机的转速来进行调节。油路中平衡阀 8 的作用是防止重物因自重而下落。由于马达的内泄漏比较大，当重物停在空中时，尽管油路中设有平衡阀，重物仍会缓慢下移。为此，在马达的驱动轴上设置了制动缸。当马达停转时，用制动缸的弹簧使闸块将驱动轴锁住。当起升机构工作时，在油压的作用下制动缸使闸块松开。当重物在悬空停止后再次起升时，若制动缸立即松闸，这时马达进油路还来不及立刻建立足够的油压，会造成重物短时间拖动马达反转而失控下滑。为了避免这种现象发生，在制动缸油路中设置了单向节流阀 7，使得马达停转时，制动缸的弹簧使闸块迅速抱闸，而在起升机构工作时，制动缸能缓慢松闸，松闸时间由节流阀 7 调节，这就是使制动器制动快、松闸慢的回路。

重物起升油路如下。

（1）进油路：液压泵→换向阀 A（中位）→换向阀 B（中位）→换向阀 C（中位）→换向

阀 D（中位）→换向阀 E（中位）→ ┌ 单向节流阀 7→制动缸下腔，制动器松开。
　　　　　　　　　　　　　　　　 │ 换向阀 F（右位）→平衡阀 8 中的单向阀
　　　　　　　　　　　　　　　　 └ 　　　　　　　　→起升液压马达正转，重物起升。

（2）回油路：起升液压马达→换向阀 F（右位）→油箱。

重物下落油路如下。

（1）进油路：液压泵→换向阀 A（中位）→换向阀 B（中位）→换向阀 C（中位）→换向

阀 D（中位）→换向阀 E（中位）→ ┌ 单向节流阀 7→制动缸下腔，制动器松开。
　　　　　　　　　　　　　　　　 └ 换向阀 F（左位）→起升液压马达反转，重物下落。

（2）回油路：起升液压马达→平衡阀 8→换向阀 F（左位）→油箱。

8.4.3　Q2-8 型汽车起重机液压系统的特点

（1）Q2-8 型汽车起重机液压系统为单泵、开式、串联系统，采用了换向阀串联组合，不仅各机构的动作能独立进行，而且在轻载作业时，可以实现起升和回转复合动作，以提高工作效率。

（2）Q2-8 型汽车起重机液压系统采用了 M 型中位机能的三位四通手动换向阀，能使系统卸荷，减少功率损失，适于起重机间歇工作。

（3）Q2-8 型汽车起重机液压系统采用了平衡回路、双向液压锁的锁紧回路和液压、机械式制动回路，保证了起重机操纵安全，工作可靠和运动平稳。

（4）Q2-8 型汽车起重机液压系统采用了手动换向阀串联组合，不仅操纵集中、方便灵活，而且可以通过手动控制流量，实现节流调速。在起升过程中，将此节流调速方法与

控制汽车发动机转速方法结合使用，可以实现工作部件微速动作。另外，在空载或轻载作业时，可以实现各机构任意组合并同时动作，以提高生产率。

本章小结

本章介绍了液压系统图的阅读方法和步骤，并运用这些方法和步骤进行了典型液压系统的分析；重点讲述了组合机床动力滑台、液压机和汽车起重机三种典型液压设备的组成、液压系统的工作原理和特点等。通过本章的学习应该明确以下几点。

（1）准确阅读机械设备的液压系统图，对了解该设备的性能及正确使用、调试、维修和故障排除都有重要作用。

（2）对于组合机床动力滑台液压系统，主要是由限压式变量叶片泵和调速阀的联合调速回路、电液换向阀的换向回路、差动快速回路、串联调速阀的二次进给调速回路及行程阀和电磁阀的速度换接回路等基本回路组成。系统具有位置控制准确可靠、速度换接冲击小、滑台运动平稳等特点。

（3）为了能满足大多数压制工艺的要求，液压机液压系统应能实现"滑块下行→慢速加压→保压延时→快速返回→原位停止"的自动工作循环。下滑块应能实现"向上顶出→停留→向下退回→原位停止"的工作循环。该系统具有输出力大、可保压延时、上下液压缸动作协调、液压泵可卸荷、可实现过载保护等特点。

（4）汽车起重机在空载或轻载作业时，各机构可同时动作，提高了生产率。在重载作业时各机构可独立进行，也可实现起升和回转同时进行。其特点是：操作集中、方便灵活、安全可靠，起重平稳，可实现节流调速，也可实现工作部件微速动作等。

（5）液压系统故障的诊断方法和常见故障的原因及排除方法。

复习思考题

8-1　参见图 8-2 回答下列问题。

（1）找出该系统由哪些基本回路组成，各元件在系统中的作用是什么？

（2）该系统采用什么方法实现液压缸快进的？

（3）采用行程阀实现快、慢速转换，有何特点？

（4）采用死挡铁停留有何作用？

8-2　试写出图 8-8 所示的液压系统图中的动作循环表，并分析该系统的特点。

8-3　图 8-9 所示的液压系统，写出其动作循环表，并分析该系统的特点。

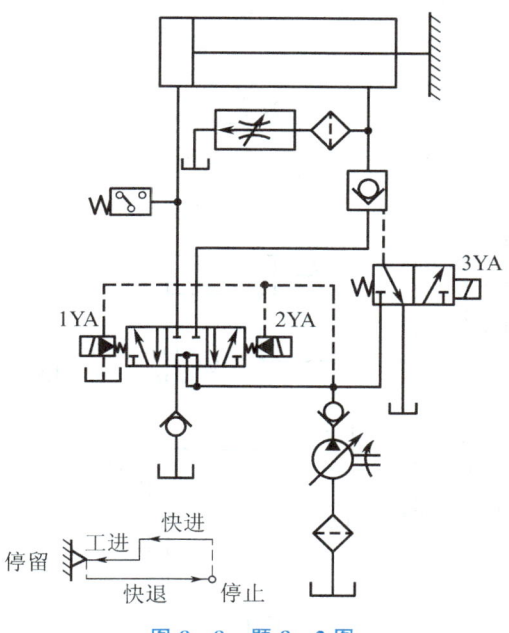

图 8-8 题 8-2 图

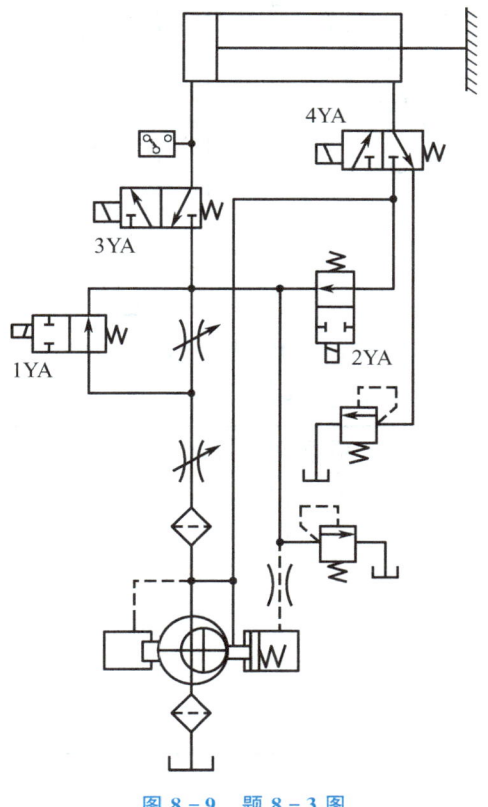

图 8-9 题 8-3 图

8-4 按提示说明图 8-10 所示液压系统的工作原理，并将电器元件动作循环表 8-2 填写完整。

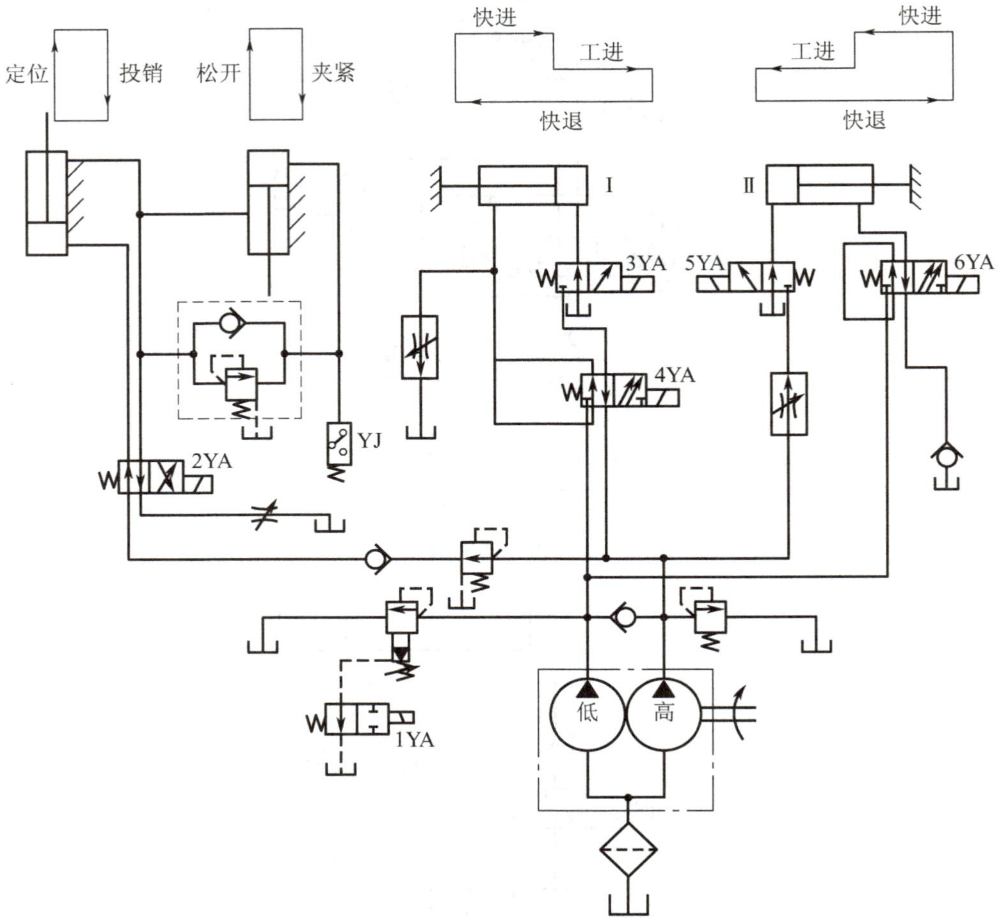

图 8-10 题 8-4 图

表 8-2 电器元件动作循环表

动作名称	电器元件							备 注
	1YA	2YA	3YA	4YA	5YA	6YA	YJ	（1）Ⅰ、Ⅱ两回路各自进行独立循环动作，互不约束
定位夹紧								（2）4YA、6YA 中任何一个通电时，1YA 便通电；4YA、6YA 均断电时，1YA 才断电快进
快进								
工进卸荷（低）								
快退								
松开拔销								

第 9 章
液压系统的设计计算

 **本章导读**

本章主要讲述液压系统设计方案的确定、主要参数计算及液压元件的正确选择，最后通过典型实例讲述液压系统设计的具体过程。

学习目标

↳ 了解：液压系统设计的一般步骤、设计方法及设计中应注意的事项。
↳ 理解：主要液压件选择时参数的计算方法。
↳ 应用：能进行简单液压系统的方案设计。

9.1 概　　述

液压系统设计作为机器整体设计的一个重要组成部分，设计时必须根据整机的用途、特点和要求，明确整机对液压系统的设计要求，进行工况分析；拟定出合理的液压系统原理图；确定液压系统的主要参数；通过计算来选择液压元件的型号和规格；验算液压系统的性能；绘制工作图、编制技术文件。本章通过一个典型液压系统的设计实例，说明液压系统设计的一般步骤和基本方法。

液压系统设计的一般步骤如下。

（1）明确设计要求、进行工况分析。

（2）拟定液压系统原理图。

（3）计算和选择液压元件。

（4）液压系统的性能验算。

（5）液压装置的结构设计及文件的编制。

以上步骤相互关联，彼此影响，因此常须穿插进行，交叉展开。最末一项属于结构设

计内容，则需仔细查阅产品样本、手册和资料，选定元件的结构和配置形式，才能布局绘图。

9.2 明确设计要求，进行工况分析

9.2.1 明确设计要求

开始设计液压系统时，必须明确的液压系统的设计要求主要有以下几个方面。

（1）动作和性能要求，例如执行元件的运动方式、行程和速度范围、负载条件、运动平稳性和精度、工作循环和动作周期、同步或互锁及可靠性要求。

（2）工作环境要求，例如温度、湿度、尘埃、通风情况、是否易燃、外界冲击振动的情况及安装空间的大小等。

（3）其他方面的要求，例如液压装置的质量、外观造型、外观尺寸及经济性等。

9.2.2 工况分析

工况分析是指对液压执行元件的工作情况进行分析，即进行运动和动力分析。其目的是明确在工作过程中执行元件的速度和负载的变化规律（通常是求出一个工作循环内各阶段的速度和负载数值），并将此规律用曲线表示出来，作为拟定液压系统方案、确定系统主要参数（流量和压力）的依据。若执行元件的动作比较简单，也可不做图，只需找出最大负载和最大速度即可。

1. 运动分析

按机器设备的工艺要求，把要研究的执行元件在完成一个工作循环时的运动规律用图表示出来，这个图称为速度图。现以液压缸驱动组合机床动力滑台为例来说明。图 9-1(a)为机床动作循环图，其工作循环为快进→工进→快退；图 9-1(b) 是完成一个工作循环的速度-位移曲线，即速度图。

2. 负载分析

负载分析是按设备的工艺要求，把执行元件在一个完整的工作循环中各阶段的负载用曲线表示出来。图 9-1(c) 为该组合机床的负载图，从图中可直观地看出执行元件在运动过程中何时受力最大，何时受力最小等各种情况，以此作为以后的设计依据。

当液压缸驱动执行元件进行直线往复运动时，所受到的外负载为

$$F = F_L + F_f + F_a \tag{9-1}$$

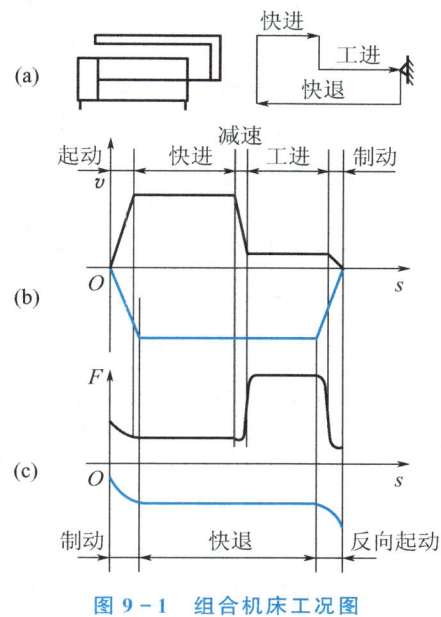

图 9 - 1　组合机床工况图

（1）工作负载 F_L

工作负载可以是正值，也可以是负值；可以是定量，也可以是变量，还可以是交变的。工作负载与设备的工作情况有关，当液压缸驱动执行元件进行直线往复运动时，其方向与活塞或液压缸缸筒的推力方向相同时，为负值负载，相反时为正值负载。非工作行程 $F_L=0$。

（2）摩擦阻力负载 F_f

摩擦阻力是指运动部件与支承面间的摩擦力，它与支承面的形状、材料、润滑条件及运动状态有关

$$F_f = fF_N \tag{9-2}$$

式中，f——摩擦系数，静摩擦系数取 $0.2\sim0.8$，动摩擦系数取 $0.05\sim0.1$；

　　　F_N——运动部件及外负载对支承面的正压力。

（3）惯性负载 F_a

惯性负载是运动部件的速度变化时，由其惯性而产生的负载，可用牛顿第二定律计算

$$F_a = ma \tag{9-3}$$

式中，m——运动部件的质量（kg）；

　　　a——运动部件的加速度（m/s²）。

除此以外，液压缸的受力还有密封阻力（一般用效率 $\eta=0.85\sim0.9$ 来表示）、背压力等。

若执行机构为液压马达，计算时将力换成转矩。

3. 执行元件的参数确定

（1）工作压力的确定

工作压力的大小，关系到所设计的系统的合理性与经济性。压力选得偏低，则执行元

件的结构尺寸就大，质量也大，系统完成给定速度所需的流量也大；压力选得偏高，则密封要求就高，对元件的制造精度和系统的使用维护要求也提高，容积效率就会降低，最终导致整个系统工作效率降低，所以应根据实际情况选取适当的工作压力。执行元件的工作压力可根据负载值或设备类型分别参照表9-1和表9-2选取。

表9-1　按负载值选取执行元件的工作压力

负载 F/kN	<5	5~10	10~20	20~30	30~50	>50
工作压力 p/MPa	<0.8~1.0	1.5~2.0	2.5~3.0	3.0~4.0	4.0~5.0	5.0~7.0

表9-2　各类液压设备常用的工作压力

设备类型	粗加工机床	半精加工机床	粗加工或重型机床	农业机械、小型工程机械	液压压力机、重型机械、大中型挖掘机、起重运输机械
工作压力 p/MPa	0.8~2.0	3.0~5.0	5.0~10.0	10.0~16.0	20.0~32.0

（2）执行元件几何参数的确定

对于液压缸，它的几何参数就是有效工作面积 A，对于液压马达，它的几何参数就是排量 V。液压缸有效工作面积 $A(m^2)$ 可由下式求得

$$A = \frac{F}{\eta_{cm} p} \tag{9-4}$$

式中，F——液压缸的外负载（N）；

η_{cm}——液压缸的机械效率；

p——液压缸的工作压力（Pa）。

这样计算得出的工作面积必须按液压缸所要求的最低稳定速度 v_{min} 来验算，即

$$A \geqslant \frac{q_{min}}{v_{min}} \tag{9-5}$$

式中，q_{min}——流量阀最小稳定流量。

若执行元件是液压马达，则其排量 $V(m^3/r)$ 可按下式计算

$$V = \frac{2\pi T}{\eta_{Mm} p} \tag{9-6}$$

式中，T——液压马达的总负载转矩（N·m）；

η_{Mm}——液压马达的机械效率；

p——液压马达的工作压力（Pa）。

同样，由式（9-6）求出的排量也必须满足液压马达最低稳定转速 n_{min} 的要求，即

$$V \geqslant \frac{q_{min}}{n_{min}} \tag{9-7}$$

式中，q_{min}——能输入液压马达的最低稳定流量。

排量确定后，可从产品样本中选择液压马达的型号。

（3）执行元件最大流量的确定

对于液压缸，所需的最大流量等于液压缸有效工作面积乘以液压缸最大移动速度；对

于液压马达，所需的最大流量等于马达的排量乘以马达最大转速。

4. 绘制执行元件的工况图

液压系统执行元件的工况图包括压力图、流量图和功率图。

（1）工况图的绘制

按照上面所确定的执行元件液压缸（或液压马达）的工作面积（或排量）和工作循环中各阶段的负载，即可绘制出压力图［图 9-2(a)］；根据液压缸（或液压马达）的工作面积（或排量）及工作循环中各阶段所要求的运动速度（或转速），即可绘制出流量图［图 9-2(b)］；再根据压力图和流量图，即可计算出各阶段所需功率，绘制出功率图［图 9-2(c)］。

（2）工况图的作用

从工况图中可直观、方便地找出最大工作压力、最大流量和最大功率的数值，根据这些数值即可选择液压泵及驱动电动机，同时对系统中所有液压元件的选择也有指导意义。通过分析工况图有助于设计者选择合理的基本回路，还可以对各阶段的参数进行鉴定，分析其合理性，必要时可进行调整。

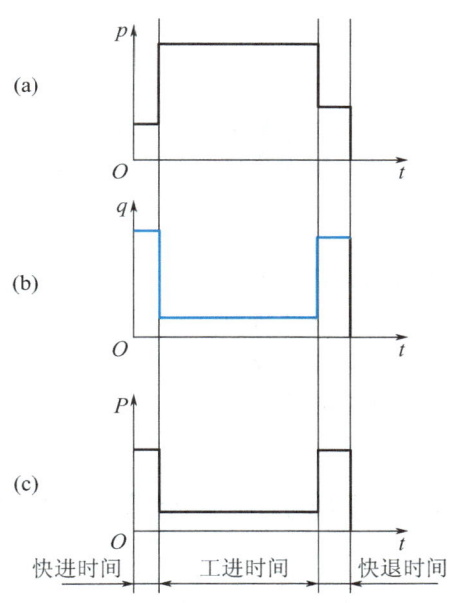

图 9-2　组合机床执行元件工况图

9.3　拟定液压系统原理图

拟定液压系统原理图是整个液压系统设计中最重要的一环。液压系统原理图将影响整个液压系统的性能。拟定液压系统原理图，一般要综合前面各章的内容，先根据工况和执行元件具体的动作和性能要求，初步选择并拟定出液压基本回路，然后将各个基本回路有机地组合成完善的液压系统图。拟定液压系统图时，应考虑以下几个方面的问题。

1. 所用液压执行元件的类型

在设计液压系统时，可按设备需要执行的运动情况来选择液压缸（或摆动缸）和液压马达，在选择时还应比较、分析，以求设计的效果最佳。例如，系统若需要输出往复摆动运动，既可以采用摆动缸又可以使用齿条式液压缸，也可以使用直线往复式液压缸和滑轮钢丝绳传动机构来实现，因此要根据实际情况进行比较、分析，综合考虑做出选择。

2. 液压回路的选择

在确定了液压执行元件后，要根据设备的工作特点和性能要求，在考虑节省能源、减少发热、减少冲击、保证动作精度等问题的同时，首先确定对主机主要性能起决定性影响的主要回路。例如，对于机床液压系统，其调速和速度换接是主要回路；对于压力机液压系统，调压回路是主要回路等。然后考虑其他辅助回路，又如有垂直运动部件的液压系统要考虑平衡回路；有多个执行元件的液压系统要考虑顺序动作回路，同步回路和防干扰回路等。

选择回路时可能有多种方案，要反复对比并参考或吸收同类型液压系统中已被实践证明是比较好的回路。

3. 液压回路的综合

液压回路的综合是先将选出来的各种基本回路放在一起，进行合并、整理，再增添一些必要的元件或辅助回路，使其成为较为完整的液压传动系统。进行这项工作时还要注意以下几点。

（1）尽可能省去不必要的元件，以简化系统结构。
（2）最终定下来的液压系统应保证工作循环的每个动作安全可靠、无相互干扰。
（3）尽可能提高系统效率，防止系统过热。
（4）尽可能使系统的经济性好，便于检测维修。
（5）尽可能使用标准件，减少自行设计的专用件。

9.4 液压元件的计算和选择

液压元件的计算和选择是指计算该元件在工作中承受的压力和流量，以便确定元件的规格和型号。

9.4.1 液压泵的选择

首先根据整机工况和对液压系统的设计要求确定液压泵的类型，然后根据液压泵的最高供油压力和最大供油量来选择液压泵的规格。

1. 确定液压泵的最高工作压力

液压泵的最高工作压力就是在系统正常工作时泵所提供的最高压力。对于定量泵系统，这个压力是由溢流阀调定的；对于变量泵系统，这个压力是与泵特性曲线上的流量相对应的。液压泵的最高工作压力是选择液压泵型号的重要依据。

液压泵最高工作压力的确定分两种情况：一是执行机构运动行程终了，停止时才需最高工作压力的情况（如液压机和夹紧机构中的液压缸）；二是最高工作压力是在执行机构的运动行程中出现的（如机床和提升机等）。对于第一种情况，泵的最高工作压力 p_p 就是执行机构所需的最大压力 p_1。而对于第二种情况，除了考虑执行机构的压力外，还要考虑油液在管路中流动时产生的总压力损失，即

$$p_p \geqslant p_1 + \sum \Delta p_1 \qquad (9-8)$$

式中，$\sum \Delta p_1$——液压泵的出口至执行机构进口之间总的压力损失，它包括沿程压力损失和局部压力损失。要准确地计算必须要等管路系统及其安装形式完全确定后才能进行，在此只能进行估算，可参考下述经验数据：一般节流调速和管路简单的系统取 $\sum \Delta p_1 = 0.2 \sim 0.5 \text{MPa}$；有调速阀和管路较复杂的系统取 $\sum \Delta p_1 = 0.5 \sim 1.5 \text{MPa}$。

2. 确定液压泵的最大供油量

液压泵的最大供油量要按执行元件工况图上的最大工作流量及回路系统的泄漏量来确定，即

$$q_p \geqslant K \sum q_{max} \qquad (9-9)$$

式中，K——考虑系统中有泄漏等因素的修正系数，一般 $K = 1.1 \sim 1.3$，小流量取大值，大流量取小值；

$\sum q_{max}$——同时动作的各缸所需流量之和的最大值。

若系统中采用了蓄能器供油时，泵的流量按一个工作循环的平均流量来选取，即

$$q_p \geqslant \frac{K}{T} \sum_{i=1}^{n} q_i \Delta t_i \qquad (9-10)$$

式中，T——工作循环的周期时间；

q_i——工作循环中第 i 个阶段所需的流量；

Δt_i——第 i 个阶段持续的时间；

n——循环中的阶段数。

3. 选择液压泵的规格

根据前面计算过程中得出的 p_p 和 q_p 值，即可从产品样本中选择合适的液压泵的型号和规格。为使液压泵工作安全可靠，液压泵应有一定的压力储备量，通常液压泵的额定压力比 p_p 高 $25\% \sim 60\%$。液压泵的额定流量则与 q_p 相当，不能超过太多，以免造成过大的功率损失。

4. 确定液压泵的驱动功率

当系统中使用定量泵时，视具体工况不同，其驱动功率的计算是不同的。

（1）在整个工作循环中，液压泵的功率变化较小时，可按下式计算液压泵所需的驱动功率，即

$$P=\frac{p_\text{p}q_\text{p}}{\eta_\text{p}} \tag{9-11}$$

式中，p_p——液压泵的最大工作压力；

q_p——液压泵的输出流量；

η_p——液压泵的总效率。

（2）当在整个工作循环中，液压泵的功率变化较大，且在功率循环图中最高功率所持续的时间很短时，则可按式（9-11）分别计算出工作循环各阶段的功率，然后用下式计算其所需电动机的平均功率，即

$$P_i=\sqrt{\frac{\sum\limits_{i=1}^{n}P^2}{\sum\limits_{i=1}^{n}t_i}} \tag{9-12}$$

式中，t_i——一个工作循环中第 i 个阶段持续的时间。

求出平均功率后，还要验算每一个阶段电动机的超值量是否在允许的范围内，一般电动机允许短期超值量为 25%。如果在允许超值量范围内，即可根据平均功率和泵的转速从产品样本中选取电动机。

对于限压式变量泵系统，可按式（9-11）分别计算快速与慢速两种工况时所需的功率，取两者较大值作为选择电动机功率规格的依据。由于限压式变量泵在快速与慢速的转换过程中，必须经过泵流量特性曲线最大功率点 P_max（拐点），为使所选的电动机在经过该点时不致停转，需进行验算，即

$$P_\text{max}=\frac{p_\text{B}q_\text{B}}{\eta_\text{p}}\leqslant 2P_\text{n} \tag{9-13}$$

式中，p_B——限压式变量泵调定的拐点压力；

q_B——压力为 p_B 时，泵的输出流量；

P_n——所选电动机的额定功率；

η_p——限压式变量叶片泵的效率。

在计算过程中应注意，对于限压式变量叶片泵在输出流量较小时，其效率 η_p 会急剧下降，一般当其输出流量为 0.2～1L/min 时，$\eta_\text{p}=0.03\sim0.14$，流量大者取大值。

9.4.2 阀类元件的选择

阀类元件须根据阀的最大工作压力和流经阀的最大流量来选择控制阀的规格，即所选的阀类元件的额定压力和额定流量要大于系统的最高工作压力及实际通过阀的最大流量。在条件不允许时，可适当增大通过阀的流量，但不得超过阀额定流量的 20%，否则会引起压力损失过大。具体地讲，选择压力阀时应考虑调压范围，选择流量阀时应注意其最小稳定流量，选择换向阀时除考虑压力外，还要考虑其中位机能及操纵方式。

9.4.3　液压辅助元件的选择

　　油箱、滤油器、蓄能器、油管、管接头、冷却器等液压辅助元件可按第 6 章的有关原则选择。

9.5　液压系统的性能验算

　　当回路的形式、元件及连接管路等完全确定后，可针对实际情况对所设计的系统进行各项性能分析和主要性能验算，以便评判其设计质量，并改进和完善系统。对一般的系统，主要为进一步确切地计算系统的压力损失、容积损失、效率、压力冲击及发热温升等。根据分析计算发现问题，对某些不合理的设计进行调整，或采取其他的必要措施。下面说明系统压力损失及发热温升的验算方法。

9.5.1　液压系统的压力损失验算

　　绘出管路装配草图后，即可计算管路的沿程压力损失 Δp_λ 和局部压力损失 Δp_ζ，管路总的压力损失为

$$\sum \Delta p = \sum \Delta p_\lambda + \sum \Delta p_\zeta \tag{9-14}$$

应按液压系统工作循环的不同阶段，对进油路和回油路分别计算压力损失。

　　但是，在液压系统的具体管道布置情况没有明确之前，Δp_λ 和 Δp_ζ 仍无法计算。为了尽早地评估液压系统的主要性能，避免后面的设计工作出现大的反复，在液压系统方案初步确定之后，通常用液流通过阀类元件的局部压力损失来对管路的压力损失进行概略的估算，因为这部分损失在液压系统的整个压力损失中占很大的比例。

　　在对进油路和回油路分别算出 Δp_λ 和 Δp_ζ 后，将此验算值与前述设计过程中初步选取的进油路和回油路压力损失经验值相比较。若验算值较大，一般应对原设计进行必要的修改，重新调整有关阀类元件的规格和管道尺寸等，以降低系统的压力损失。

　　实践证明，对于较简单的液压系统，压力损失验算可以省略。

9.5.2　液压系统发热温升的验算

1. 液压系统发热量的计算

　　液压系统在工作时，有压力损失、容积损失和机械损失，这些损失所消耗的能量多数转换为热能。特别是液压系统发热使油温升高，导致油的黏度下降、油液变质，影响正常工作。为此，温升必须控制在许可范围内，如一般机床 $\Delta T = 25 \sim 30\,℃$；数控机床 $\Delta T \leqslant 25\,℃$；粗加工机械、工程机械和机车车辆 $\Delta T = 35 \sim 40\,℃$。

假设功率损失全部变成热量使油温升高，单位时间内系统的发热量 ϕ（kW）为

$$\phi = P_1 - P_2 \tag{9-15}$$

式中，P_1——系统的输入功率；

$\quad\ P_2$——系统的输出功率。

若在一个工作循环中有几个工作阶段，则可根据各阶段的发热量求出系统的平均发热量，即

$$\phi = \frac{1}{T}\sum_{i=1}^{n}(P_{1i} - P_{2i})t_i \tag{9-16}$$

式中，T——工作循环周期；

$\quad\ i$——工作阶段的序号；

$\quad\ t_i$——各工作阶段的持续时间。

2. 液压系统散热量的计算

液压系统在工作中产生的热量，经过所有元件的表面散发到空气中去，现假设全部热量都是由油箱散发的。油箱在单位时间内的散热量为

$$\phi' = hA\Delta T \tag{9-17}$$

式中，h——油箱的表面传热系数，当自然冷却通风很差时，$h=(8\sim9)\times10^{-3}\,\text{kW}/(\text{m}^2\cdot\text{℃})$；
当冷却通风良好时，$h=15\times10^{-3}\,\text{kW}/(\text{m}^2\cdot\text{℃})$；用风扇冷却时 $h=23\times10^{-3}\,\text{kW}/(\text{m}^2\cdot\text{℃})$；用循环水冷却时，$h=(110\sim170)\times10^{-3}\,\text{kW}/(\text{m}^2\cdot\text{℃})$；

$\quad\ A$——油箱的散热面积；

$\quad\Delta T$——液压系统的温升。

当液压系统的散热量等于发热量时，即 $\phi'=\phi$，系统达到了热平衡，这时系统的温升为

$$\Delta T = \frac{\phi}{hA} \tag{9-18}$$

如果油箱三个边长的比例在 $1:1:1$ 到 $1:2:3$ 内，且油面高度为油箱高度的 80%，其散热面积 A 近似为

$$A = 6.5\times10^{-4}\sqrt[3]{V^2} \tag{9-19}$$

式中，V——油箱有效容积。

算出的温升值如果超过允许数值时，液压系统必须采取适当的冷却措施或修改液压系统图。

9.6　绘制工作图和编制技术文件

所设计的液压系统经验算后，即可对初步拟定的液压系统进行修复，并绘制工作图和编制技术文件。

（1）液压系统原理图：图上除画出整个系统的回路以外，还要注明各元件的规格、型号及压力调整值，并给出各执行元件的工作循环图，列出电磁铁及压力继电器的动作顺

序表。

（2）集成油路装配图：若选用油路板，应将各元件画在油路板上，便于装配；若采用集成块或叠加阀，因有通用件，设计者只需选用，最后将选用的产品组合起来绘制装配图。

（3）泵站装配图：将集成油路装置、泵、电动机与油箱组合在一起画成装配图，表明它们各自之间的相互位置、安装尺寸及总体外形。

（4）画出非标准专用件的装配图及零件图。

（5）管路装配图：表示出油管的走向，注明管道的直径和长度，各种管接头的规格、管夹的安装位置和装配技术要求等。

（6）电气线路图：表示出电动机、电磁阀的控制线路，压力继电器和行程开关等。

9.7　液压系统设计举例

设计任务：设计一台钻、镗两用组合机床的液压系统。要求：液压系完成快进→工进→死挡铁停留→原位停止的工作循环，并完成工件的定位与夹紧。机床的快进速度为 5m/min，快退速度与快进速度相等。工进要求：能在 20～100mm/min 内无级调速。最大行程为 500mm，工进行程为 300mm，最大切削力为 12000N，运动部件自重为 20000N。导轨水平放置。工件所需夹紧力不得超过 6500N，最小不低于 4000N。夹紧缸的行程为 50mm，由松开到夹紧的时间 $\Delta t_1 = 1s$，起动换向时间 $\Delta t_2 = 0.2s$。

9.7.1　工况分析

1. 运动参数分析

根据主机要求画出动作循环图（图 9-3），然后根据动作循环图和速度要求画出速度与路程的工况图（图 9-4）。

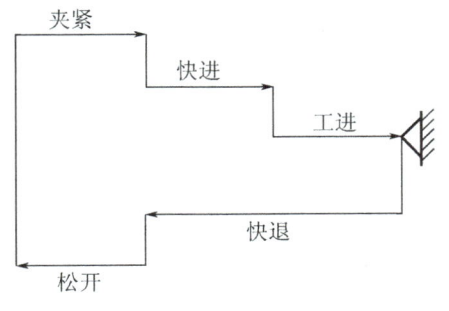

图 9-3　动作循环图

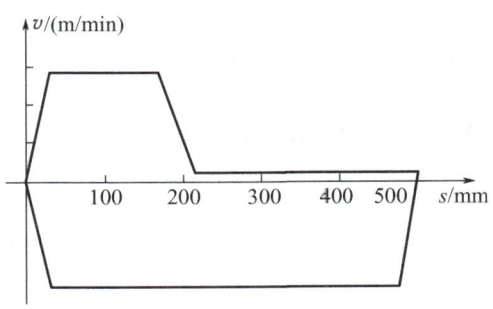

图 9-4　速度与路程的工况图

2. 动力参数分析

（1）计算各阶段的负载

① 起动和加速阶段的负载 F_q。

从静止到快速的起动时间很短，故以加速过程进行计算，但摩擦阻力仍按静摩擦阻力考虑。

$$F_q = F_j + F_g + F_m$$

式中，F_j——静摩擦阻力，计算时其摩擦系数可取 0.16～0.2；

F_g——惯性阻力，可按牛顿第二定律求出

$$F_g = ma = \frac{G\Delta v}{gt_2} = \frac{20000 \times 5/6}{9.81 \times 0.2} \approx 849.47(\text{N})$$

F_m——密封产生的阻力，经验可取 $F_m = 0.1F_q$，所以

$$F_q = F_j + F_g + F_m = 0.16 \times 20000 + 849.47 + 0.1F_q$$

$$F_q = \frac{3200 + 849.47}{0.9} \approx 4499.41(\text{N})$$

② 起动阶段的负载 F_k。

$$F_k = F_{dm} + F_m = 0.1 \times 20000 + 0.1F_k$$

式中，F_{dm}——动摩擦阻力，取其摩擦系数为 0.1；

F_m——密封阻力，取 $F_m = 0.1F_k$，所以

$$F_k = \frac{20000}{0.9} \approx 2222.22(\text{N})$$

③ 工进阶段的负载 F_{gj}。

$$F_{gj} = F_{dm} + F_{qx} + F_m$$
$$= 0.1 \times 20000 + 12000 + 0.1F_{gj}$$

式中，F_{dm}——动摩擦阻力，取其摩擦系数为 0.1；

F_{qx}——切削力；

F_m——密封阻力，取 $F_m = 0.1F_{gj}$，所以有

$$F_{gj} = \frac{2000 + 12000}{0.9} \approx 15555.56(\text{N})$$

其余制动负载及快退负载等也可按上面类似的方法计算。这里不再一一计算。

（2）绘制工况图

根据上述计算得出的负载，可初步绘制出负载与路程的工况图，如图 9-5 所示。

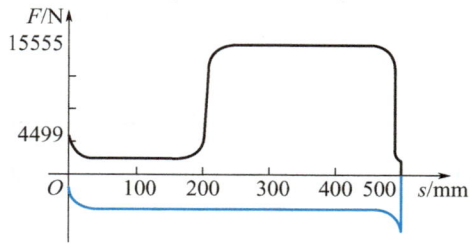

图 9-5 负载与路程的工况图

9.7.2　计算液压缸尺寸和所需流量

1. 工作压力的确定

工作压力可根据负载来计算，取工作压力 $p=3\mathrm{MPa}$。

2. 计算液压缸尺寸

（1）液压缸的有效工作面积 A_1（图 9 - 6）

$$A_1=\frac{F}{p}=\frac{15555.56}{3\times10^6}\approx5185.19\times10^{-6}(\mathrm{m}^2)\approx5185(\mathrm{mm}^2)$$

液压缸内径

$$D=\sqrt{\frac{4\times A_1}{\pi}}=\sqrt{\frac{4\times5185}{\pi}}\approx81.25(\mathrm{mm})$$

根据有关要求，取标准值 $D=80\mathrm{mm}$。

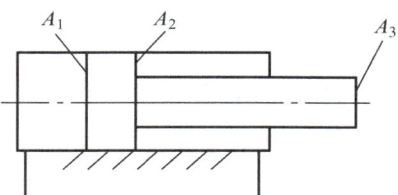

图 9 - 6　液压缸工作示意图

（2）活塞杆直径

要求快进与快退的速度相等，故用差动连接的方式，所以取 $d=0.7D=56(\mathrm{mm})$，再取标准值为 $d=55\mathrm{mm}$。

（3）缸径、杆径取标准值后的有效面积

无杆腔有效工作面积

$$A_1=\frac{\pi}{4}D^2=\frac{\pi}{4}\times80^2\approx5000(\mathrm{mm}^2)$$

活塞杆面积

$$A_3=\frac{\pi}{4}d^2=\frac{\pi}{4}\times55^2\approx2400(\mathrm{mm}^2)$$

有杆腔有效工作面积

$$A_2=A_1-A_3=5000-2400=2600(\mathrm{mm}^2)$$

3. 确定液压缸所需的流量

快进流量

$$q_{\mathrm{kj}}=A_3v_{\mathrm{k}}=2400\times10^{-6}\times5=12\times10^{-3}(\mathrm{m}^3/\mathrm{min})=12(\mathrm{L/min})$$

快退流量

$$q_{kt} = A_3 v_k = 2600 \times 10^{-6} \times 5 = 13 \times 10^{-3} (\text{m}^3/\text{min}) = 13(\text{L/min})$$

工进流量

$$q_{gj} = A_1 v_g = 5000 \times 10^{-6} \times 0.1 = 0.5 \times 10^{-3} (\text{m}^3/\text{min}) = 0.5(\text{L/min})$$

4. 夹紧缸的有效面积、工作压力和流量的确定

（1）确定夹紧缸的工作压力

根据最大夹紧力，取工作压力 $p_1 = 1.8\text{MPa}$。

（2）计算夹紧缸有效面积、缸径、杆径

夹紧缸有效面积

$$A_j = \frac{F_j}{p_j} = \frac{6500}{1.8 \times 10^6}$$

$$\approx 3611.11 \times 10^{-6}(\text{m}^2) \approx 3600(\text{mm}^2)$$

夹紧缸直径

$$D_j = \sqrt{\frac{4 \times A_j}{\pi}} = \sqrt{\frac{4 \times 3611}{\pi}} \approx 67.81(\text{mm})$$

取标准值为 $D_j = 70\text{mm}$，则夹紧缸有效面积为

$$A_j = \frac{\pi}{4} \times 70^2 \approx 3848.45(\text{mm}^2)$$

活塞杆直径

$$d_j = 0.5D_j = 35(\text{mm})$$

夹紧缸在最小夹紧力时的工作压力为

$$p_{jmin} = \frac{F_j}{A_j} = \frac{4000}{3848.45 \times 10^{-6}} \approx 1.04 \times 10^6 (\text{Pa})$$

（3）计算夹紧缸的流量

$$q_j = A_j v_j = A_j \times \frac{50 \times 10^{-3}}{\Delta t_1}$$

$$= 3848.45 \times 10^{-6} \times \frac{50 \times 10^{-3}}{1}$$

$$\approx 0.19 \times 10^{-3}(\text{m}^3/\text{s}) = 11.4(\text{L/min})$$

9.7.3 确定液压系统方案，拟定液压系统图

1. 确定执行元件的类型

（1）工作缸

根据本设计的特点要求，本机床的液压系统选用无杆腔面积等于两倍有杆腔面积的差

动液压缸。

（2）夹紧缸

由于结构上的原因和为了有较大的有效工作面积，本机床液压系统采取单缸液压缸作为夹紧缸。

2. 换向方式的确定

为了便于工作台在任意位置停止，使调整方便，所以换向阀应采用三位换向阀；为了便于组成差动连接，应采用三位五通换向阀；考虑本设计机器工作位置的调整方便性和采用液压夹紧的具体情况，换向阀应采用 Y 型机能的三位五通换向阀。

3. 调速方式的选择

在组合机床的液压系统中，进给速度的控制一般采用节流阀或调速阀。根据钻、镗类专用机床工作时对低速性能和速度负荷都有一定要求的特点，采用调速阀进行调速；为了便于实现压力控制，采用进口节流调速；同时为了保证低速进给时的平稳性，以及避免钻通孔终了时出现前冲现象，在回油路上设有背压阀。

4. 快进转工进的控制方式的选择

为了保证转换平稳、可靠、精度高，快进转工进时采用行程控制阀来进行控制。

5. 终点转换控制方式的确定

根据镗削时停留和控制轴向尺寸的工艺要求，本机床液压系统终点转换采用行程开关和压力继电器加死挡铁控制。

6. 实现快进运动的供油部分设计

因为快进、快退和工进的速度相差很大，为了减少功率损耗，本机床液压系统采用双联泵驱动（也可采用变量泵）。工进时中压小流量泵供油，并控制液控卸荷阀，使低压大流量泵卸荷；快进时两泵同时供油。

7. 夹紧回路的确定

由于夹紧回路所需压力低于进给系统压力，所以在供油路上串联一个减压阀。此外为了防止主系统压力下降时（如快进和快退）影响夹紧系统的压力，所以在减压阀后串联一个单向阀。

夹紧缸只有两种工作状态，故采用二位阀控制。这里采用二位五通带钢球定位的电磁换向阀。为了实现夹紧后才能让滑台开始快进的顺序动作，并保证进给系统工作时夹紧系统的压力始终不低于所需的最小夹紧压力，故在夹紧回路上安装一个压力继电器。当压力继电器动作时，滑台进给；当夹紧压力降到压力继电器复位值时，换向阀回到中位，进给停止。

根据以上分析，绘出液压系统图如图 9-7 所示。

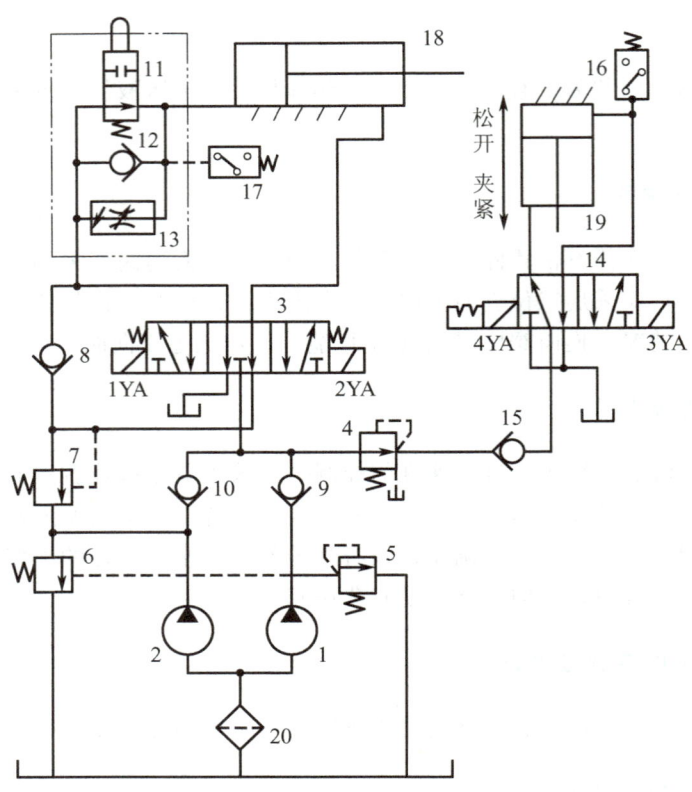

图 9-7　液压系统图

1，2—液压泵；3，14—电磁换向阀；4—减压阀；5，7—溢流阀；6—卸荷阀；8，9，10，12，15—单向阀；
11—行程换向阀；13—调速阀；16，17—压力继电器；18，19—液压缸；20—滤油器

本章小结

　　本章从以下方面阐述了液压系统的设计步骤和方法：①明确设计要求、进行工况分析；②确定液压系统的主要性能参数；③拟定液压系统图；④计算和选择液压件；⑤估算液压系统的性能；⑥绘制工作图，编写技术文件。并通过钻、镗两用组合机床的液压系统的设计实例具体地介绍了设计的过程。

复习思考题

9-1　设计液压系统一般经过哪些步骤？要明确哪些要求？

9-2　设计液压系统要进行哪些方面的计算？

9-3 如何拟定液压系统原理图？

9-4 设计一台卧式单面多轴钻孔组合机床动力滑台液压系统。要求设计的动力滑台实现快进→工进→快退→停止的工作循环。主要性能参数与性能要求是：切削阻力 $F_L=$ 30468N；运动部件自重为 $G=9800$N；快进、快退速度 $V_1=V_3=0.1$m/s，工进速度 $V_2=$ $0.88×10^{-3}$m/s；快进行程 $L_1=100$mm，工进行程 $L_2=50$mm；往复运动的加速时间 Δt $=0.2$s；动力滑台采用平导轨，静摩擦系数 $\mu_s=0.2$，动摩擦系数 $\mu_d=0.1$。液压系统执行元件选为液压缸，液压缸的机械效率 $\eta_{cm}=0.9$。

9-5 设计一台小型液压机的液压传动系统，要求实现快速空程下行→慢速加压→保压→快速回程→停止的工作循环。快速返程速度为 3m/min，加压速度为 40～250mm/min，压制力为 200000N，运动部件自重为 20000N（不考虑各种损失）。

第10章

气压传动基础知识

本章导读

要了解和正确设计气压传动系统，首先必须了解空气的性质，掌握气压传动的相关基础知识。本章先由一个具体实例讲述气压传动系统的工作原理及组成；然后介绍气压传动系统相关的空气主要性质；并着重强调气压传动系统对介质的各项要求。

学习目标

- ↘ 了解：气压传动系统的工作原理、空气的基本性质、气压传动对介质的要求。
- ↘ 理解：气压传动系统的工作原理及组成。
- ↘ 应用：总体上掌握气压传动系统的组成，根据气压传动系统对介质的相关要求对气源装置合理设计。

10.1　气压传动概述

10.1.1　气压传动系统的工作原理

气压传动系统是以压缩空气为工作介质进行能量传递的一种传动方式。气压传动简称为气动。现以气动剪切机为例，介绍气压传动系统的工作原理。

图 10-1 是气动剪切机的工作原理图，图示为剪切前的预备状态。

空气压缩机产生的压缩空气，经冷却器、油水分离器降温及初步净化后，送入气罐备用；压缩空气从气罐引出，先经过分水滤气器再次净化，然后经减压阀、油雾器到达气控换向阀。小部分气体经节流通路 a 进入换向阀的下腔 A，使上腔弹簧压缩，换向阀阀芯处于上端；大部分压缩空气经换向阀后由 b 路进入气缸的上腔，而气缸的下腔经 c 路、换向阀与大气相通，故气缸活塞处于最下端位置。当送料装置将工料送入剪切机并到达规定位置时，工料压下行程阀。此时换向阀阀芯下腔压缩空气经 d 路、行程阀排入大气，在弹簧的推动下，换向阀阀芯向下运动至下端；压缩空气经换向阀后由 c 路进入气缸下腔，上腔经b 路、换向阀与大气相通，气缸活塞向上运动，剪刀随之上行剪断工料。工料剪下后，即与行程阀脱开，行程阀阀芯在弹簧的作用下复位，d 路堵死，换向阀阀芯上移，气缸活塞向下运动，又恢复到剪切前的状态。

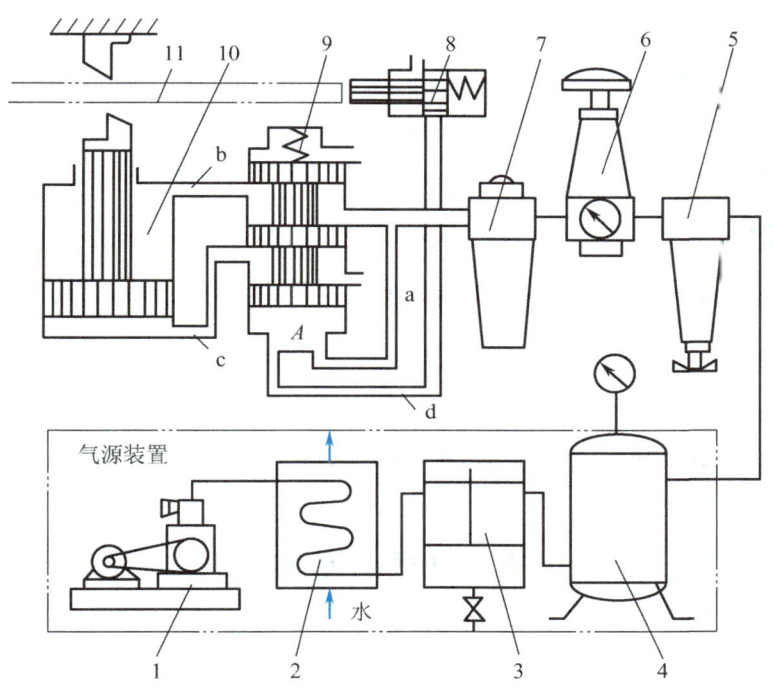

图 10 - 1 气动剪切机的工作原理

1—空气压缩机；2—后冷却器；3—油水分离器；4—气罐；5—分水滤气器；
6—减压阀；7—油雾器；8—行程阀；9—换向阀；10—气缸；11—工料

由此可见：剪刃克服阻力剪断工料的机械能来自压缩空气的压力能；负责提供压缩空气的是空气压缩机；气路中的换向阀、行程阀起到改变气体流动方向进而控制气缸运动方向的作用。因此，气压传动系统的工作原理就是利用空气压缩机将原动机输出的机械能转变为空气的压力能，然后在控制元件的控制及辅助元件的配合下，利用执行元件把空气的压力能转换为机械能，从而完成直线或回转运动并对外做功。

10.1.2 气压传动系统的组成

典型的气压传动系统（图 10 - 1）主要由以下五部分组成。

1. 气源装置

把机械能转换成空气压力能的装置，如空气压缩机。

2. 气动执行元件

将压缩空气的压力能转变为机械能的装置，如做直线运动的气缸和做回转运动的气动马达等。

3. 气动控制元件

控制压缩空气的流量、压力、方向及执行元件工作程序的元件，如各种流量阀、压力阀、方向阀、逻辑元件等。

4. 辅助元件

辅助元件包括除上述三种元件以外的其他装置，如油雾器、消声器、散热器、放大器及管件等。

5. 工作介质

气压传动的工作介质为压缩空气，在气压传动中起传递运动、动力和信号的作用。

10.2　空气的基本性质

10.2.1　空气的特性

要了解和正确设计气压传动系统，首先必须了解空气的组成，掌握空气的物理性质。

1. 空气的组成

自然界的空气是由许多种气体混合而成的，其主要成分是氮气（78.3％）、氧气（20.93％）、氩气（0.93％）、二氧化碳（0.03％）、氢气（0.01％）、其他惰性气体等，另外还有水蒸气、砂土等细小固体。同时由于烟雾和汽车排气等缘故，大气中还含有亚硝酸、碳氢化合物等物质。它们在空气中的含量随地球上的位置和温度不同在很小范围内变动。至于空气中的不定组成部分，则随不同地区变化而有不同，例如，靠近冶金工厂的地方会含有二氧化硫，靠近氯碱工厂的地方会含有氯等。

2. 干空气和湿空气

空气可分为干空气和湿空气两种形态，以是否含水蒸气作为区分标志：不含有水蒸气的空气称为干空气，含有水蒸气的空气称为湿空气。

湿空气中所含水分的程度，可用湿度表示。湿度又分为绝对湿度和相对湿度。

（1）绝对湿度

1m³湿空气中所含水蒸气的质量称为绝对湿度，也就是湿空气中水蒸气的密度。把在一定的温度和压力下，空气中所含水蒸气达到最大极限时的湿空气称为饱和湿空气。1m³的饱和湿空气中所含水蒸气的质量称为饱和湿空气的绝对湿度。

（2）相对湿度

在相同温度、相同压力下，绝对湿度与饱和绝对湿度之比称为该温度下的相对湿度。一般湿空气的相对湿度值在0～100％变化。通常情况下人体在空气相对湿度为60％～70％时感觉较为舒适。气动技术中规定各种阀的相对湿度应小于95％。

3. 空气的压缩性

气体与固体和液体相比最大的特点是分子间距离相当长，分子运动起来较自由。在空气中分子间距离是分子直径的9倍左右。由于气体分子间距离大，其内聚力小，体积也容易变化。一定质量的静止气体由于压力改变而导致气体所占容积发生变化的现象称为气体的压缩性。由于气体比液体容易压缩，所以气体常被称为可压缩流体。气体容易压缩，有利于气体的储存，但难于实现气缸的平稳运动和低速运动。

4. 空气的黏性

空气的黏性是空气质点相对运动时产生阻力的性质。黏性的大小用黏度来表示。空气黏性受压力变化的影响小，通常可忽略。空气黏性随温度变化而变，温度升高，黏度增加；反之亦然。这主要是因为温度升高后空气内分子运动加剧，使原本间距较大的分子之间碰撞增多。气体相对于液体而言其黏度要小得多。

10.2.2　对气压传动介质的质量的要求

由空气压缩机排出的压缩空气虽然可以满足气动系统工作时的压力和流量要求，但其温度高达170℃，且含有汽化的润滑油、水蒸气和灰尘等污染物，这些污染物将对气动系统造成下列不利影响。

（1）混在压缩空气中的油蒸气可能聚集在气罐、管道、气动元件的容腔里形成易燃物，有爆炸危险。另外，润滑油被汽化后形成一种有机酸，使气动元件和管道内表面腐蚀、生锈，影响其使用寿命。

（2）压缩空气中含有的水分，在一定压力、温度的条件下，会饱和而析出水滴，并聚集在管道内形成水膜，增加气流阻力；如遇低温（$t < 0℃$）或膨胀排气降温等，水滴会结冰而阻塞通道、节流小孔，或使管道附件等胀裂；游离的水滴形成冰粒后，冲击元件内表面而使元件遭到损坏。

（3）混在空气中的灰尘等污染物沉积在系统内，与凝聚的油分、水分混合形成胶状物质，堵塞节流孔和气流通道，使气动信号不能正常传递，气动系统工作不稳定；同时，还会使配合运动部件间产生研磨磨损，降低元件的使用寿命。

（4）压缩空气温度过高，会加速气动元件中各种密封件、膜片和软管材料等的老化，

且温差过大，元件材料会发生胀裂，降低系统的使用寿命。

因此，由空气压缩机排出的压缩空气必须经过降温、除油、除水、除尘和干燥，使品质达到一定要求后，才能使用。

本章小结

本章主要介绍了气压传动工作原理和气压传动系统组成，介绍了气压传动系统相关的空气主要性质，给出了气压传动系统对介质的各项要求。

复习思考题

10-1 典型的气压传动系统主要由哪几部分组成？

10-2 气压传动介质经过什么处理可以达到传动要求？

【第10章　参考答案】

第**11**章
气源装置与辅助元件

本章导读

　　气源装置和辅助元件是气动系统的两个不可缺少的重要组成部分。气源装置给系统提供足够清洁、干燥且具有一定压力和流量的压缩空气；辅助元件是元件连接和提高系统可靠性、使用寿命，及改善工作环境等所必需的。

学习目标

- ➥ 了解：空气压缩机的分类，气动辅助元件的功用。
- ➥ 理解：深入理解并掌握空气压缩机的分类及选择，以及气罐容积的计算。
- ➥ 应用：掌握本章理论与方法，能够为气压传动系统提供设计基础。

11.1　气源装置

11.1.1　气源装置的作用和分类

　　空气压缩机的作用是将电能转化成压缩空气的压力能，向气动系统提供压缩空气的设备。气动系统中气源装置的主体是空气压缩机。空气压缩机的种类很多，可按照工作原理、结构形式及性能参数进行分类。

1. 按工作原理、结构形式分类

　　空气压缩机按工作原理、结构形式分类可分为容积型和速度型。容积型又可分为往复式和回转式；速度型又可分为离心式和轴流式，即

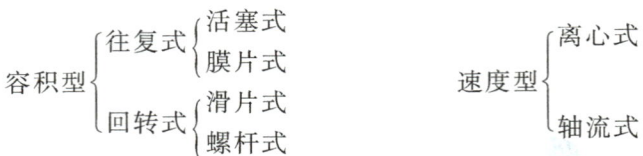

2. 按排气压力分类

空气压缩机按排气压力分类可分为低压压缩机（$0.2MPa < p \leqslant 1MPa$）、中压压缩机（$1MPa < p \leqslant 10MPa$）、高压压缩机（$10MPa < p \leqslant 100MPa$）和超高压压缩机（$p > 100MPa$）。

3. 按排气量分类

空气压缩机按排气量分类可分为微型（$q \leqslant 1m^3/min$）、小型（$1m^3/min < q \leqslant 10m^3/min$）、中型（$10m^3/min < q \leqslant 100m^3/min$）和大型（$q > 100m^3/min$）。

通过缩小气体的体积来提高气体的压力的方法称为容积型。提高气体的速度，让动能转化为压力能，来提高气体压力的方法称为速度型。速度型也称为透平型或涡轮型。

11.1.2 气源装置的组成与布局

一般的压缩空气站除空气压缩机外，还必须设置滤油器、后冷却器、油水分离器和气罐等净化装置，这些装置都是压缩空气站的组成部分。可以说大型气压传动系统的动力源装置应为压缩空气站。一般规定：排气量大于或等于 $6m^3/min$，就应独立设置压缩空气站；若排气量低于 $6m^3/min$，可将压缩机或气泵直接安装于主机旁。一般气源装置的组成如图 11-1 所示，空气首先经过滤气器过滤去部分灰尘、杂质后进入空气压缩机，压缩机输出的空气先进入冷却器进行冷却，当温度下降到 40～50℃时，使油气与水气凝结成油滴和水滴，然后进入油水分离器，使大部分油、水和杂质从气体中分离出来；将得到的初步净化的压缩空气送入气罐中（一般称为一次净化系统）。

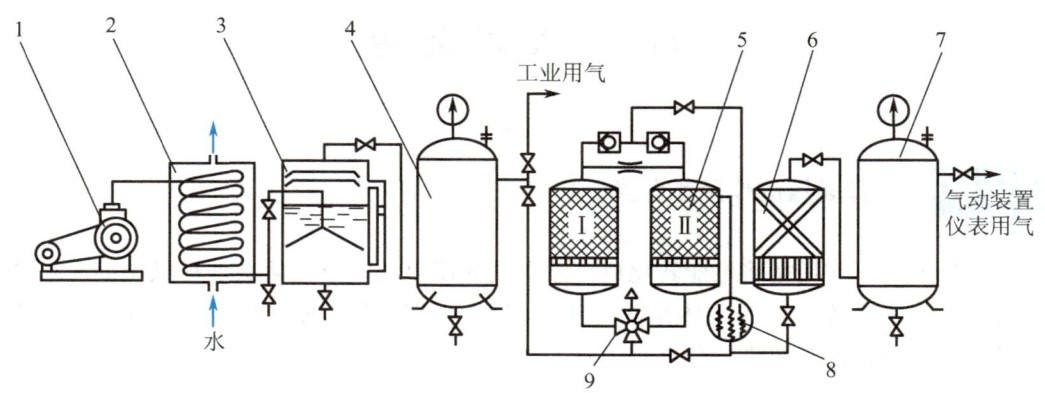

图 11-1 气源装置的组成布置示意图

1—空气压缩机；2—冷却器；3—油水分离器；4—活塞杆；5—干燥器；
6—滤油器；7—气罐；8—加热器；9—四通阀

对于要求不高的气压系统，即可从气罐直接供气。但对仪表用气和质量要求高的工业用气，则必须进行二次和多次净化处理，即将经过一次净化处理的压缩空气再送进干燥器，进一步除去气体中的残留水分和油。在净化系统中干燥器Ⅰ和Ⅱ交换使用，其中闲置的一个利用加热器吹入的热空气进行再生，以备接替使用。四通阀用于转换两个干燥器的工作状态，滤油器的作用是进一步清除压缩空气中的杂质和油气。经过处理的气体进入气罐，可供给气动设备和仪表使用。

11.1.3 压缩空气发生装置

1. 工作原理

这里主要介绍活塞式空气压缩机的工作原理，如图 11 - 2 所示。当活塞向右移动时，气缸内活塞左腔的压力低于大气压力，吸气阀开启，外界空气进入缸内，这个过程称为吸气过程。当活塞向左移动，缸内气体被压缩，这个过程称为压缩过程。当缸内压力高于输出管道内的压力后，排气阀被打开，压缩空气输送至管道内，这个过程称为排气过程。活塞的往复运动是由电动机带动曲柄转动，通过连杆带动滑块在滑道内移动，则活塞杆便带动活塞做直线往复运动。

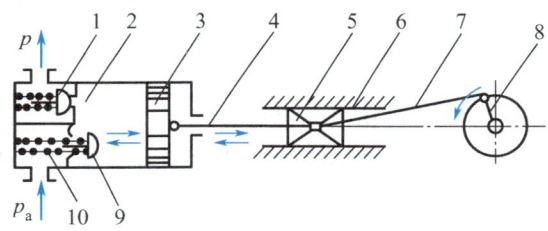

图 11 - 2　活塞式空气压缩机工作原理图

1—排气阀；2—气缸；3—活塞；4—活塞杆；5—滑块；6—滑道；7—连杆；

8—曲柄；9—吸气阀；10—弹簧

2. 空气压缩机选用

（1）输出排量的确定

在确定空气压缩机组的输出排量时，应以气动系统最大耗气量为基础，并考虑到气动设备和系统管道阀门的泄漏量，以及各种气动设备是否连续用气等因素。空气压缩机组的输出排量为

$$q_C = k_1 k_2 k_3 q \tag{11-1}$$

式中，q_C——空气压缩机组的输出排量；

　q——气动系统的最大耗气量；

　k_1——漏损系数，k_1 取 1.15～1.5；

　k_2——备用系数，k_2 取 1.3～1.6；

　k_3——利用系数。

k_1是考虑气动元件、管接头等处的泄漏，尤其是气动工具等的磨损泄漏；k_2是考虑系统中增添新的气动设备的余量，系数大小视具体情况而定；k_3是考虑到多台设备不一定同时使用的情况，若同时使用，令$k_3＝1$。

（2）输出压力

$$p_C = p + \sum \Delta p \qquad (11-2)$$

式中，p——气动系统的工作压力；

$\sum \Delta p$——气动系统总的压力损失。

气动系统的工作压力应理解为系统中各个气动执行元件工作的最高工作压力。气动系统的总压力损失除了考虑管路的沿程损失和局部阻力损失外，还应考虑为了保证减压阀的稳压性能所必需的最低输入压力，以及气动元件工作时的压降损失。

11.1.4　压缩空气净化、储存设备

压缩空气必须经过干燥和净化处理后才能使用，因为压缩空气中的水分、油污和灰尘等杂质会混合而成胶体渣质，若不经过处理而直接进入管路系统时，可能会造成混合杂质沉积在管道内减小管径，使气阻增大或管路堵塞；也可能较大的杂质进入气动系统中的气缸或控制阀中使其表面磨损；也还会出现形成高温的有机酸对系统中的金属件起腐蚀作用等不良后果。

1. 后冷却器

后冷却器的作用是使空气压缩机排出的温度高达 $120\sim150℃$ 的气体冷却到 $40\sim50℃$，并使其中的水蒸气和被高温氧化的变质油雾冷凝成水滴和油滴，以便对压缩空气实施进一步净化处理。

后冷却器有风冷式和水冷式两大类。风冷式后冷却器是靠风扇产生的冷空气吹向带散热片的热空气管道进行冷却。经风冷后的压缩空气的出口温度比环境温度高15℃左右。水冷式后冷却器是通过强迫冷却水沿压缩空气流动方向的反方向流动来进行冷却，如图 11-3 所示。压缩空气出口温度大约比环境温度高10℃。

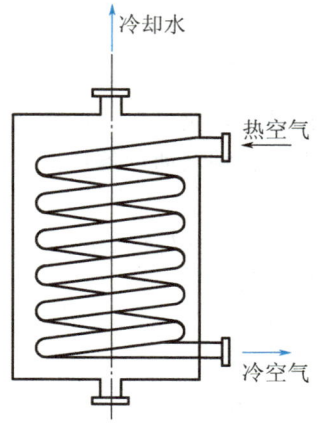

图 11-3　水冷式后冷却器

后冷却器上应装有自动排水器，以排除冷凝水和油滴等杂质。

2. 油水分离器

油水分离器的作用是将压缩空气中的冷凝水和油污等杂质分离出来，使压缩空气得到初步净化。图 11-4 所示的油水分离器采用了惯性分离原理。因固态、液态物质的密度比气态物质的密度大得多，依靠气流撞击隔离壁时的折转和旋转离心作用，使气体上浮，液态和固态物下沉，固液态杂质积聚在容器底部，经排污阀排出。

为了提高油水分离的效果，气流回转后的上升速度越小越好，但为了不使容器内径过大，速度宜为 1m/s 左右。

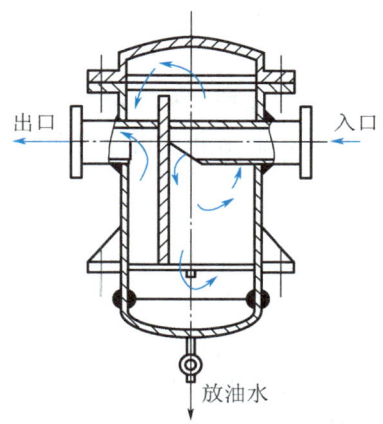

出口　　入口

放油水

图 11-4　油水分离器

3. 气罐

气罐的作用如下。

（1）储存一定的压缩空气，保证连续、稳定的气流输出。

（2）当空气压缩机停机或突然停电等意外事故发生时，可用气罐中储存的压缩空气实施紧急处理，以保证安全。

（3）减小空气压缩机输出气流脉动，以稳定输出。

（4）降低空气温度，分离压缩空气中的部分水分和油分。

气罐容积确定时，应考虑以下两个方面因素。

（1）若以储存压缩空气，调节系统设备用气量与空气压缩机之间平衡为目的，气罐容积 V（m³）为

$$V_c = \frac{(q - q_z) t p_0}{(p_1 - p_2)} \tag{11-3}$$

式中，V_c——气罐容积（m³）；

　　　q_z——空气压缩机或空气压缩站供气量（自由流量）（m³/s）；

　　　q——气动系统中设备装置消耗的自由空气流量（m³/s）；

　　　t——气动系统一个工作循环所用的时间（周期）（s）；

p_0——大气压力，$p_0 = 0.1013\text{MPa}$；

p_1——气罐中气体能够上升达到的最高压力（MPa）；

p_2——气罐中气体允许下降到的最低压力（MPa）。

（2）以消除压力波动为目的，可以参考以下经验公式。

当 $q_z < 0.1\text{m}^3/\text{s}$ 时

$$V_c = 12q_z\text{m}^3 \tag{11-4}$$

当 $q_z = 0.1 \sim 0.5\text{m}^3/\text{s}$ 时

$$V_c = 9q_z\text{m}^3 \tag{11-5}$$

当 $q_z > 0.5\text{m}^3/\text{s}$ 时

$$V_c = 6q_z\text{m}^3 \tag{11-6}$$

式中，各字母表示同上。

在气罐上应装有安全阀、压力表，以控制和指示其内部压力；底部装有排污阀，并定时排放。气罐属于压力容器，其设计、制造和使用应遵守国家有关压力容器的规定。

4. 干燥器

压缩空气经后冷却器、油水分离器、气罐、主管路滤油器和空气滤油器得到初步净化后，仍含有一定量的水蒸气。气动回路在充、排气过程中，元件内部存在高速流动处（如节流阀及换向阀的孔口处）或气流发生绝热膨胀处，温度要下降，空气中的水蒸气就会冷凝成水滴，这会对气动元件的工作产生不利影响。故有些应用场合，必须进一步清除水蒸气。干燥器就是用来进一步清除水蒸气的，但不能依靠它清除油分。当前使用的干燥方法主要是吸附法和冷冻法。冷冻法是利用制冷设备使空气冷却到一定的露点温度，析出空气中超过饱和水蒸气压部分的水分，以降低其含湿量，增加干燥程度的方法。吸附法是利用硅胶、铝胶、分子筛、焦炭等吸附剂吸收压缩空气中的水分，使压缩空气得到干燥的方法。

图 11-5 是吸附式干燥器中的一种无热再生吸附式干燥器的工作原理图。其中的吸附剂对水分具有高压吸附、低压脱附的特性。为了利用这个特性，干燥器有两个充填了吸附剂的相同的吸附筒 T_1 和 T_2。除去油雾的压缩空气通过二位五通阀，从吸附筒 T_2 的下部流入，通过吸附剂层流到上部，空气中的水分在加压条件下被吸附剂层吸收。干燥后的空气通过单向阀，大部分从输出口输出，供气动系统使用。同时，占 $10\% \sim 15\%$ 的干燥空气经固定节流孔 O_1 从吸附筒 T_1 的顶部进入。因吸附筒 T_1 通过二位五通阀和二位二通阀与大气相通，故这部分干燥的压缩空气迅速减压，流过 T_1 中原来吸收水分已达饱和状态的吸附剂层，吸附剂中的水分在低压下脱附，脱附出来的水分随空气排至大气，实现了不需外加热源而使吸附剂再生的目的。由定时器周期性地对二位五通电磁阀和二位二通电磁阀进行切换（通常 $5 \sim 10\text{min}$ 切换一次），使 T_1 和 T_2 定期交换工作，使吸附剂轮流吸附和再生，便可得到连续输出的干燥压缩空气。在干燥压缩空气的出口处装有湿度显示器，可定性地显示压缩空气的露点温度。

吸附式干燥器体积小、质量轻、易维护，但处理流量小。因此，适合于处理空气量小，但干燥程度要求高的场合。

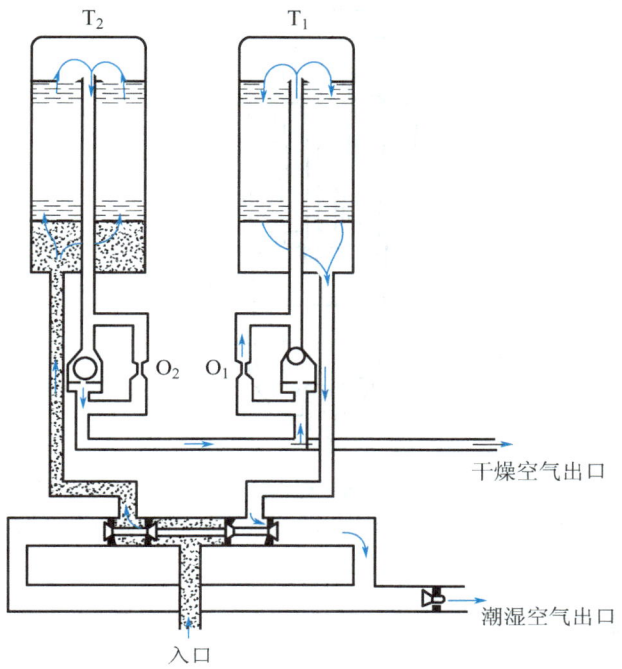

图 11 - 5　无热再生吸附式干燥器的工作原理

　　气源装置中冷却器、油水分离器、干燥器、滤油器及气罐等均属压力容器，须按有关标准设计制造，并做水压试验。

11.2　气动三联件

　　气动三联件是气动系统储存罐与气动执行元件之间的二次压力控制装置，包括分水滤气器、减压阀和油雾器，它们依次无管化连接成组合件，又称气动三大件。工作时安装在用气设备的近处，其组成及规格，须由气动系统具体用气要求确定，可以少于三件，也可以多于三件。

11.2.1　分水滤气器

　　分水滤气器能除去压缩空气中的冷凝水、固态杂质和油滴，用于空气的精过滤。如图 11-6 所示，它的工作原理是：当压缩空气从输入口流入后，由导流板（旋风挡板）引入滤杯中。旋风挡板使气流沿切线方向旋转，于是，空气中的冷凝水、油滴和固态杂质等因质量较大，受离心力作用被甩到滤杯内壁上，并流到底部沉积起来；随后，空气流过滤心，进一步除去其中的固态杂质，并从输出口输出。挡水板的作用是防止已沉积于滤杯底部的冷凝水再次被混入气流输出。拧开排放螺栓，可排放掉沉积的冷凝水和杂质。

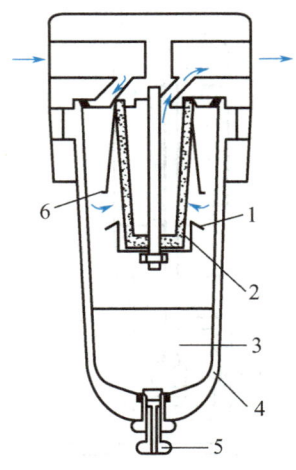

图 11-6　分水滤气器

1—挡水板；2—滤芯；3—冷凝物；4—滤杯；5—排放螺栓；6—旋风挡板

11.2.2　油雾器

气动系统中使用的油雾器是一种特殊的注油装置。油雾器可使润滑油雾化，并随气流进入需要润滑的部件，在那里气流撞壁，使润滑油附着在部件上，以达到润滑的目的。用这种方法注油，具有润滑均匀、稳定、耗油量少和不需要大的储油设备等特点。

1. 油雾器的工作原理

油雾器的工作原理如图 11-7 所示，假设气流通过文氏管后压力降为 p_2，当输入压力 p_1 和 p_2 的压差 Δp 大于把油吸引到排出口所需压力 $\rho g h$ 时，油被吸上，在排出口形成油雾，并随压缩空气输送出去。若已知输入压力为 p_1，通过文氏管后压力降为 p_2。$\Delta p = p_1 - p_2$，油的黏性阻力是阻止油液向上运动的力，因此，实际需要的压力差要大于 $\rho g h$，黏度较高的油吸上时所需的压力差 Δp 就较大；相反，黏度较低的油吸上时所需的压力差 Δp 就小一些，但是，黏度较低的油即使雾化也容易沉积在管道上，很难到达所期望的润滑地点。因此，在气动装置中，要正确地选择润滑油的牌号（一般选用 32 或 46 号汽轮机油）。

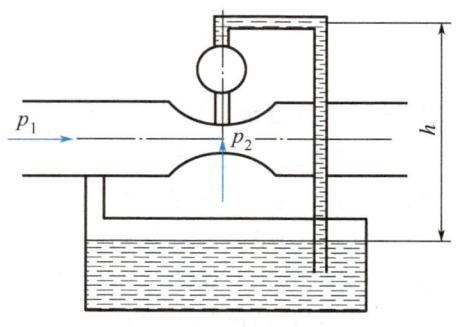

图 11-7　油雾器的工作原理

2. 普通型油雾器结构简介

图 11−8 所示为普通型油雾器的结构。压缩空气从输入口进入后，通过立杆上的小孔 a 进入截止阀座的腔内，在截止阀的阀芯上下表面形成压力差，此压力差被弹簧的部分弹簧力所平衡，而使阀芯处于中间位置，因而压缩空气就进入储油杯的上腔 c，油面受压，压力油经吸油管将单向阀的阀芯托起，阀芯上部管道有一个边长小于阀芯（钢球）直径的四方孔，使阀芯不能将上部管道封死，压力油能不断地流入视油器内，再滴入立杆中，被通道中的气流从小孔 b 中引射出来，雾化后从输出口输出。视油器上部的节流阀用以调节滴油量，可在每分钟 0～200 滴内调节。

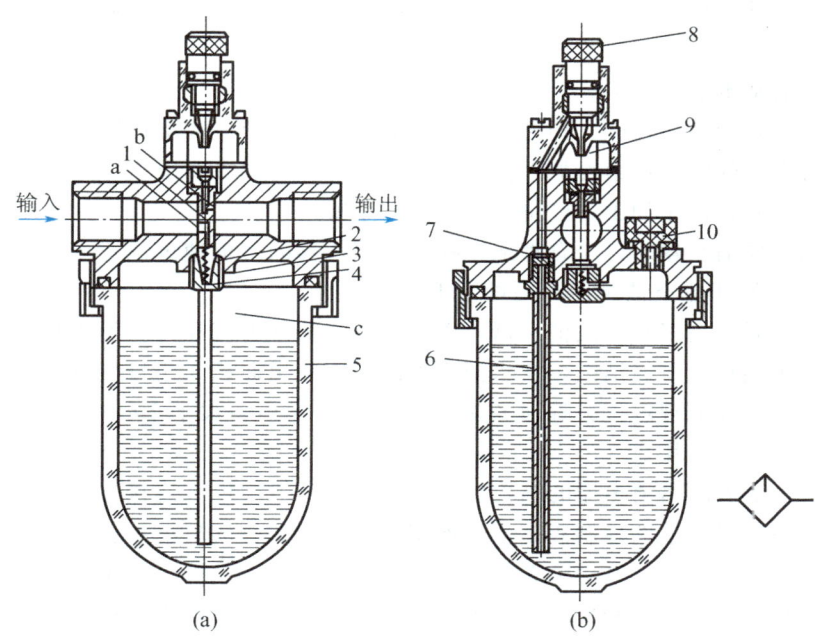

图 11−8　普通型油雾器的结构

1—立杆；2—阀芯；3—弹簧；4—阀座；5—储油杯；6—吸油管；7—单向阀；
8—节流阀；9—视油器；10—油塞

普通型油雾器能在进气状态下加油，这时只要拧松油塞后，储油杯上腔 c 便通大气，同时，输入进来的压缩空气将阀芯压在截止阀座上，切断压缩空气进入 c 腔的通道。又由于吸油管中单向阀的作用，压缩空气也不会从吸油管倒灌到储油杯中，所以就可以在不停气状态下向油塞口加油。加油完毕，拧上油塞。由于截止阀稍有泄漏，储油杯上腔的压力又逐渐上升到将截止阀打开，油雾器又重新开始工作，油塞上开有半截小孔，当油塞向外拧出时，并不等油塞全打开，小孔已经与外界相通，油杯中的压缩空气逐渐向外排空，以免在油塞打开的瞬间产生压缩空气突然排放现象。

储油杯一般用透明的聚碳酸酯制成，能清楚地看到杯中的储油量和清洁程度，方便补充与更换。视油器用透明的有机玻璃制成，能清楚地看到油雾器的滴油情况。

11.3 消　声　器

在气动系统中，压缩空气经换向阀向气缸等执行元件供气；动作完成后，又经换向阀向大气排气。由于阀内的气路复杂且又十分狭窄，压缩空气以接近声速的流速从排气口排出，空气急剧膨胀和压力变化产生高频噪声，声音十分刺耳。排气噪声与压力、流量和有效面积等因素有关，当阀的排气压力为 0.5MPa 时，排气噪声可达 100dB 以上。而且，执行元件速度越高，流量越大，噪声也越大。此时，就要用消声器来降低排气噪声。

消声器是一种允许气流通过而使声能衰减的装置，能够降低气流通道上的空气动力性噪声。

对消声器的基本要求如下。

（1）具有较好的消声性能，即要求消声器具有较好的消声频率特性。

（2）具有良好的空气动力性能，消声器对气流的阻力损失要小。

（3）结构简单，便于加工，经济耐用，无再生噪声。

在设计和选择消声器时，应合理地选择通过消声器的气流速度。对于一般系统，可取 6～10m/s；对于高压排空消声器，则可大于 20m/s。

阀用消声器通常用多孔扩散消声器，以消除高速喷气射流噪声。消声材料用铜颗粒烧结而成，也有用塑料颗粒烧结的，要求消声器的有效流出面积大于排气管道面积。阀用消声器的消声效果按标准规定：公称通径为 6～25mm，噪声不大于 20dB；公称通径为 32～50mm，噪声不大于 25dB。

图 11-9 所示为阀用消声器的结构。阀用消声器一般用螺纹连接方式直接拧在阀的排气口上。对于集成式连接的控制阀，消声器安装在底板的排气口上。在自动线中也有用集中排气消声的方法，把每个气动装置的控制阀排气口，用排气管道集中引入用作消声的长圆筒中排放。长圆筒用钢管制成，内部填装玻璃纤维作为吸声材料。这种集中消声的效果好，能保持周围环境的宁静。

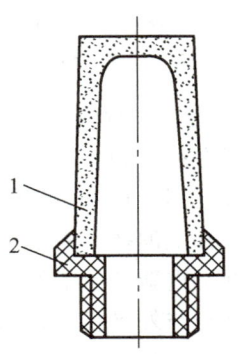

图 11-9　阀用消声器的结构
1—管接头；2—消声套

11.4 负压元件

气动系统中的大多数气动元件，包括气源发生装置、执行元件、控制元件及各种辅件，都是在高于大气压力的气压作用下工作的，用这些元件组成的气动系统称为正压系统；另有一类元件可在低于大气压力条件下工作，这类元件组成的系统称为负压系统（或称真空系统）。

11.4.1 负压系统的组成

负压系统一般由负压发生器（负压压力源）、吸盘（执行元件）、负压阀（控制元件，有手动阀、机控阀、气控阀及电磁阀），以及辅助元件（压力开关、管件接头、滤油器和消声器）等组成。有些元件在正压系统和负压系统中是能通用的，如管件接头、滤油器和消声器及部分控制元件。

图 11-10 所示为典型负压回路。实际上，用负压发生器构成的负压回路往往是正压系统的一部分。例如在气动机械装置中，吸盘负压回路仅是其气动控制系统的一部分，吸盘是机械手的抓取机构，随着机械手手臂（如坐标气缸）而运动。

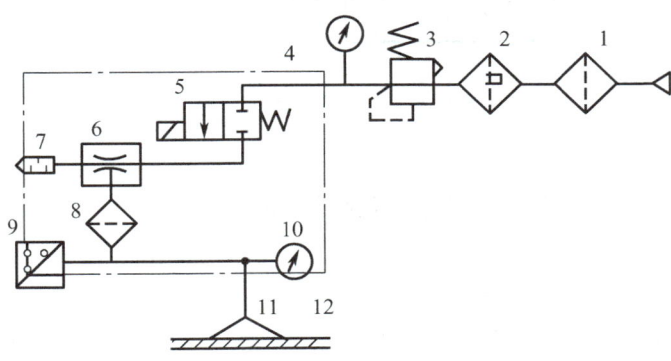

图 11-10 典型负压回路

1—滤油器；2—精密滤油器；3—减压阀；4—压力表；5—电磁阀；6—负压发生器；
7—消声器；8—负压滤油器；9—负压压力开关；10—负压压力表；11—吸盘；12—工件

11.4.2 负压发生器

产生负压有两种方法：一种是由电动机、真空泵等机械运动方法产生；另一种是利用气流流动的文丘里原理的负压发生器产生。采用负压发生器产生负压的特点如下。

（1）结构简单、体积小、使用寿命长。

（2）产生的负压度、流量均不大，但可控、可调，稳定可靠。

（3）瞬时开关特性好，无残余负压。

（4）同一输出口可使用负压或交替使用正负压。

图 11-11 所示为负压发生器原理。负压发生器由工作喷嘴、接收室、混合室和扩散室组成。

压缩空气通过收缩的喷嘴后，气流速度上升，当喉口截面积足够小，使气流达到亚音速时，在喷嘴出口处，即接收室内可获得一定的负压。

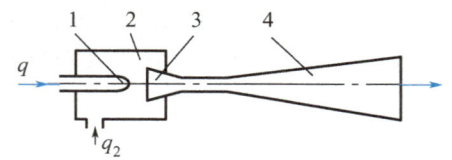

图 11-11　负压发生器原理

1—工作喷嘴；2—接收室；3—混合室；4—扩散室

图 11-12 所示为一种普通负压发生器的结构，P 接气源，R 接消声器，U 口接负压吸盘。压缩空气从负压发生器的 P 口流向 R 口时，按照文丘里原理在 U 口产生负压。当 P 口无压缩空气输入时，抽吸过程停止，U 口为大气压。

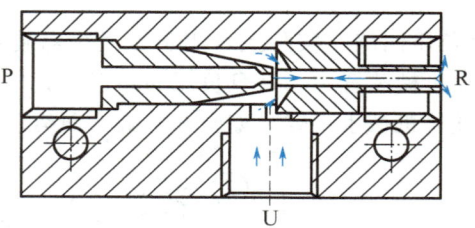

图 11-12　普通负压发生器

本章小结

本章主要介绍了气源装置与辅助元件的基本组成、工作原理及其相关理论知识。

复习思考题

11-1　常用气动三联件有哪些气动元件及辅助元件？采用什么措施可达到所要求的质量？

11-2　油雾器的作用是什么？

11-3　气罐在气源装置中起什么作用？

【第11章　参考答案】

第12章

气动执行元件

 本章导读

气压传动与液压传动类似，是以压缩空气这类流体为工作介质，以空气压缩机为动力源而实现传动功能。气压传动具有防火、防爆、节能、高效及无污染等特点。气动执行元件是气压传动系统组成之一，是将压缩空气的压力能转换为机械能的元件。气动执行元件可分为气缸和气动马达。气缸用于实现直线往复运动或摆动，气动马达用于实现连续的回转运动。

学习目标

- 了解：气压传动的组成与特点，气动执行元件的作用。
- 理解：气缸的分类及常用气缸的结构、工作原理及用途，气动马达工作原理及应用。
- 应用：掌握本章理论与方法，参照液压缸相关知识，能够通过计算为气压传动系统选择合适的气缸和气动马达。

12.1 气 缸

气缸是气动系统中使用最多的一种执行元件。气缸与液压缸的功用相同，不同的是气缸以压缩空气为工作介质。除此之外，气缸的工作压力较液压缸小，输出的力和扭矩较小，但压缩空气对环境没有污染，反应迅速，动作较快，在自动化生产中应用广泛。

12.1.1 气缸的分类

气缸作为气压传动系统中关键的一种执行元件，根据不同用途和使用条件，可分为多种类型。

1. 按结构特征分类

气缸按结构特征分类，可分为活塞气缸、薄膜气缸、伸缩气缸。

2. 按安装形式分类

（1）固定式气缸：气缸缸体固定不动。

（2）轴销式气缸：气缸缸体绕固定轴销在一定角度内摆动。

（3）回转式气缸：气缸缸体固定在机床主轴上，随机床主轴一起做旋转转动，常用于机床上的气动卡盘。

（4）嵌入式气缸：气缸直接做在夹具体内。

3. 按活塞端面力的作用方式分类

（1）单作用气缸：气缸的活塞向一个方向的运动是气压推动，而反向时靠其他外力推动，如弹簧力或自重。

（2）双作用气缸：气缸的活塞往返运动均由气压推动。

4. 按气缸的功能分类

（1）普通气缸：包括单作用和双作用气缸，常用在无特殊要求的场合。

（2）缓冲气缸：气缸带缓冲装置，可防止和减轻活塞运动到端部时发生的撞击。

（3）摆动气缸：气缸的运动为绕其轴心线的往复转动，用于夹具转位、阀门开关等。

（4）冲击气缸：是一种以活塞杆高速运动形成冲击力的高能缸，用于冲压、切断等。

（5）气-液阻尼缸：气缸和液压缸串联，可控制气缸活塞的运动速度，通过这样的方法使其速度相对稳定。

（6）步进气缸：是一种根据不同的控制信号，使活塞杆伸出不同的相应位置的气缸。

12.1.2　常见气缸的工作原理及特性

1. 普通气缸

普通气缸的工作原理与液压缸类似，可参照相应的液压缸部分。

2. 特殊气缸

（1）气-液阻尼缸

气缸在工作载荷变化较大时，常会出现"爬行"或"自走"现象，平稳性较差。气-液阻尼缸克服了这些缺点，速度稳定，调速准确。气-液阻尼缸由气缸和液压缸组合而成，以压缩空气为能源，以液压油作为控制调节气缸运动速度的介质，利用油液的不可压缩性和控制流量来获得活塞的平稳运动和调节活塞的运动速度。

图 12-1 为气-液阻尼缸的工作原理，左侧为液压缸，右侧为气缸，双活塞杆腔作为液压缸，可以减小补油箱的容积。液压缸和气缸活塞共用一个活塞杆。当压缩空气进入气

缸右腔时，推动活塞左行，液压缸左腔油液流出，经节流阀进入液压缸的右腔，通过调节节流阀来控制调节阻尼缸运动速度。当压缩空气进入气缸左腔，活塞向右运动，液压缸右腔排油，打开单向阀，无阻尼作用，油液快速流回液压缸左腔，阻尼缸可快速返回。

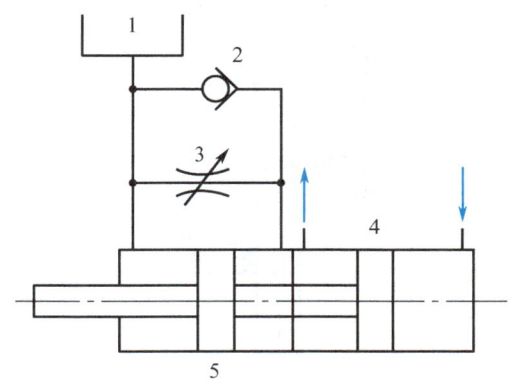

图 12 − 1　气-液阻尼缸的工作原理
1—补油箱；2—单向阀；3—节流阀；4—气缸；5—液压缸

（2）薄膜气缸

薄膜气缸是以薄膜代替普通气缸中的活塞，靠膜片的变形使活塞杆运动。图 12 − 2 所示为单作用薄膜气缸。当气口 P 输入压缩空气时，推动膜片、膜盘、活塞杆向右运动，依靠弹簧力返回。

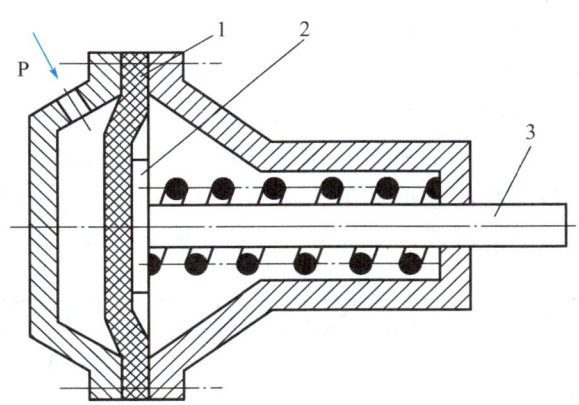

图 12 − 2　单作用薄膜气缸
1—膜片；2—膜盘；3—活塞杆

薄膜气缸具有结构简单、紧凑、成本低、维修方便、寿命长、效率高等优点，其不足之处是行程较小，一般小于 40mm，输出的推力随行程的增大而减小。膜片的结构有平膜片、碟形膜片和滚动膜片。图 12 − 2 所示的膜片为碟形膜片。一般平膜片气缸的行程为膜片直径的 1/10。

（3）冲击气缸

冲击气缸是将压缩空气的能量转化为活塞高速运动能量的一种气缸，用于完成下料、冲孔、打印、铆接及弯曲等多种作业。冲击气缸与普通气缸相比，增加了储能腔和带有喷嘴的中盖。图 12-3 所示为普通型冲击气缸的结构简图。

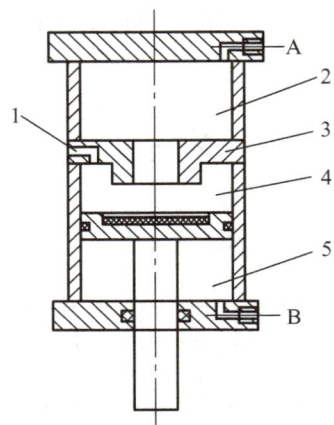

图 12-3　普通型冲击气缸的结构简图

1—排气孔；2—储能腔；3—中盖；4—尾腔；5—头腔

普通型冲击气缸的工作过程如下。

第一阶段：如图 12-4(a) 所示，压缩空气由 B 口进入冲击气缸的头腔，储能腔与尾腔均与大气相通，活塞上行至上限位置，封住中盖上的喷嘴口。

第二阶段：如图 12-4(b) 所示，压缩空气由 A 口进入储能腔，腔中压力逐渐升高，喷嘴口与活塞接触处的作用力也在不断增大，同时，头腔排气，腔内的压力逐渐降低，作用在头腔一侧活塞面上的力也在不断减小。

第三阶段：如图 12-4(c) 所示，当活塞的上侧力大于下侧力时，活塞的平衡状态被打破，即开始离开喷嘴向下运动，喷嘴口打开，尾腔与储能腔连通，储能腔内的高压气体经喷嘴口以声速流入尾腔并作用在整个活塞全面积上，活塞在很大压力差作用下迅速加速，在很短的时间内，以极高的速度冲下，在冲程达到一定时，获得最大冲击速度和能量。冲击气缸经过上述三个阶段后，开始另一个工作循环。

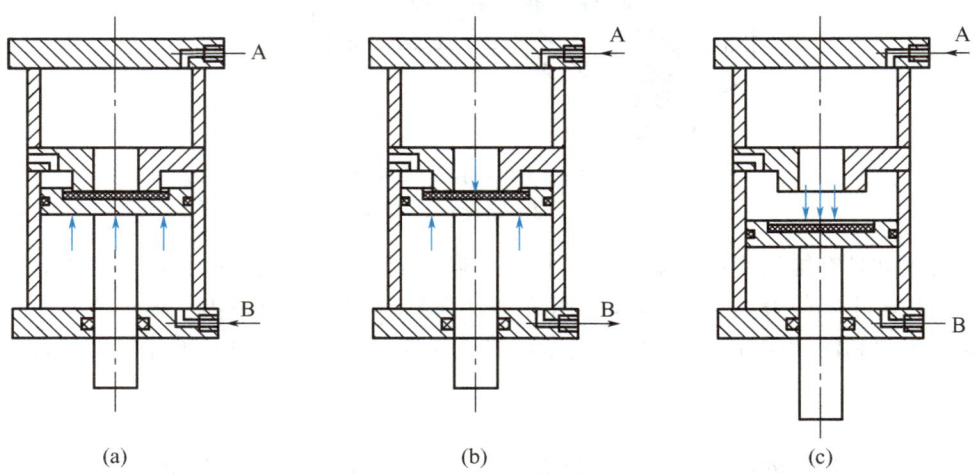

(a)　　　　　　　　　　(b)　　　　　　　　　　(c)

图 12-4　普通型冲击气缸的工作过程

（4）摆动气缸

摆动气缸的输出为转矩，实现有限角度摆动运动。图 12－5 所示为单叶片式摆动气缸的工作原理。其中定子与缸体固定，叶片与转子连接，在压缩空气的推动下叶片带动转子，转子与轴输出转矩。当左腔 A 口进气时，右腔 B 口排气，转子顺时针转动；反之，转子逆时针转动。

摆动气缸常用于安装位置受到限制，或转角小于 360° 的回转工作场合，如夹具的回转、阀门的开启、工件的搬移转位等。

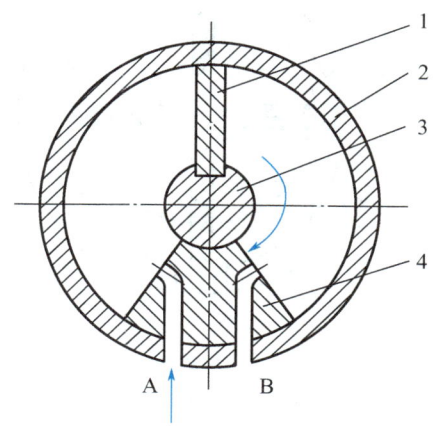

图 12－5　单叶片式摆动气缸的工作原理
1—叶片；2—缸体；3—转子；4—定子

12.2　气动马达

气动马达是把压缩空气的压力能转换成回转机械能的气动执行元件，其作用相当于液压马达或电动机。在气压传动中叶片式气动马达和活塞式气动马达应用最为广泛。

图 12－6 所示为叶片式气动马达的工作原理。压缩空气从气口 A 进入，一小部分经定子两端密封盖上的通道进入叶片底部，将叶片推出，紧密抵在定子的内壁上，保证密封性；而大部分压缩空气进入相应的密闭空间，推动叶片外伸部分，产生转矩带动转子做逆时针转动。做功后的气体由气口 C 和气口 B 排出。若由气口 B 输入压缩空气，则转子顺时针转动。

气动马达工作适应性较强，具有以下特点。

（1）工作安全，具有防爆性能，适用于易燃、易爆、高温、潮湿、粉尘多的场合。

（2）有过载保护作用。当过载时气动马达转速降低或停止。

（3）可长期满载工作，且温升较小。

（4）具有较高的起动转矩，能带负载起动。

（5）结构简单，操作方便，可以实现无级调速。

（6）与同功率的电动机相比，气动马达尺寸小，质量轻。

（7）输出功率小，效率低，耗气量大，噪声大，容易产生振动。

气动马达主要应用于矿山机械、专机制造、工程机械、造纸、船舶、航空航天、化工、油田、炼钢、医疗等行业，许多气动工具如风钻、风动砂轮、风扳手、风铲等均装有气动马达。

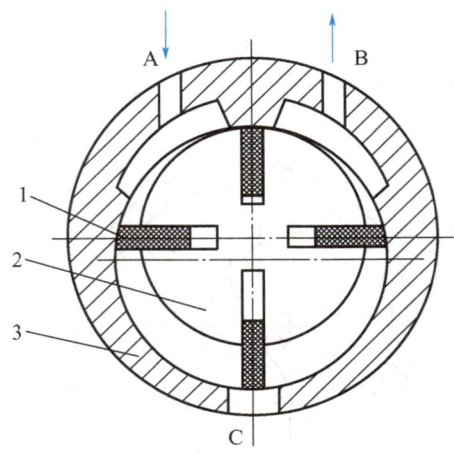

图 12-6　叶片式气动马达
1—叶片；2—转子；3—定子

本章小结

本章讲述了气压传动的执行元件气缸和气动马达，指出了常见气缸及气动马达的工作原理和应用场合。

复习思考题

12-1　气-液阻尼缸由哪些部分组成？试简述其工作原理。

12-2　薄膜气缸有什么特点？常用于哪些场合？

12-3　气动马达有哪些特点？常用于哪些场合？

【第12章　参考答案】

第13章
气动控制元件与基本回路

本章导读

气动控制元件是控制和调节压缩空气的压力、流量、流动方向和发送信号的重要元件。这些元件的有序组合，可构成具有不同功用的基本气动回路。气动控制元件可分为方向控制阀、压力控制阀和流量控制阀三大类。气动基本回路主要分为方向控制回路、压力控制回路和速度控制回路。

学习目标

- ▶ 了解：气动控制元件的类型及作用。
- ▶ 理解：各种控制阀的结构、工作原理、图形符号及用途；掌握基本回路组成、工作原理及应用。
- ▶ 应用：掌握本章理论与方法，能够为气压传动系统设计系统图。

13.1 方向控制阀与换向回路

13.1.1 方向控制阀

方向控制阀按阀内气流方向可分为单向型控制阀和换向型控制阀。

1. 单向型控制阀

（1）单向阀

单向阀是指气流只能向一个方向流动而不能反向流动的阀，其工作原理如图 13-1 所示。在图 13-1（a）中，单向阀在弹簧和 A 口余气作用下关闭；在图 13-1（b）中，P 口

有压缩空气进入，当压力克服弹簧力和 A 口气压时，便可推动阀芯左移，使阀开启。单向阀的结构与图形符号如图 13 - 2 所示。单向阀多与节流阀组合起来控制执行元件的运动速度。

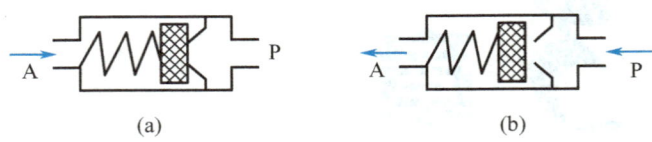

（a）   （b）

图 13 - 1　单向阀的工作原理

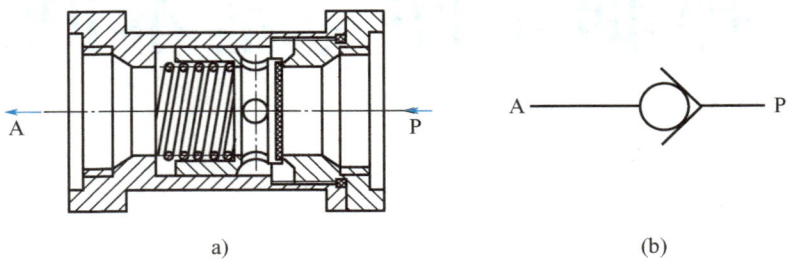

a)   （b）

图 13 - 2　单向阀的结构与图形符号

（2）梭阀

梭阀是两个单向阀的组合，属于气动逻辑元件。图 13 - 3 所示为梭阀的工作原理。图 13 - 4 所示为梭阀的结构与图形符号。在图 13 - 3(a) 中，当 P_1 口进气时，阀芯被推向右侧，P_2 口被关闭，A 口有气体输出；在图 13 - 3(b) 中，当 P_2 口进气时，阀芯被推向左侧，P_1 口被关闭，A 口也有气体输出。当 P_1 口和 P_2 口同时进气时，阀芯向压力低的一端运动，高压端与 A 口连通，另一端被关闭。在气动逻辑回路中，该阀只取 P_1 口和 P_2 口中的一个口与 A 口导通，起或门的作用。图 13 - 5 是梭阀在手动-自动换向回路中应用的例子，该回路既可手动控制，也可电动控制。

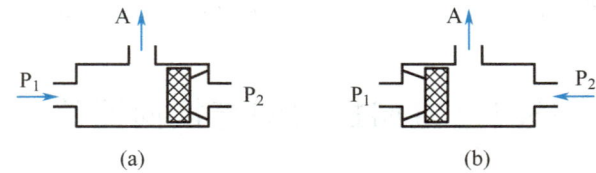

（a）   （b）

图 13 - 3　梭阀的工作原理

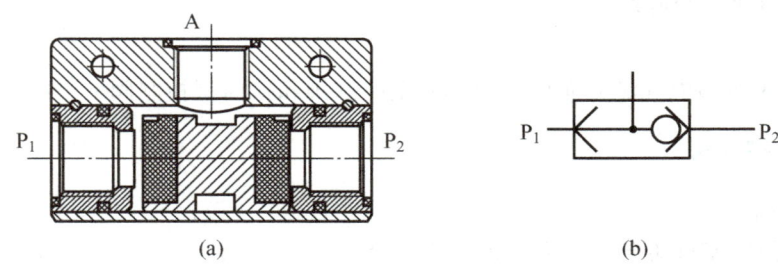

（a）   （b）

图 13 - 4　梭阀的结构与图形符号

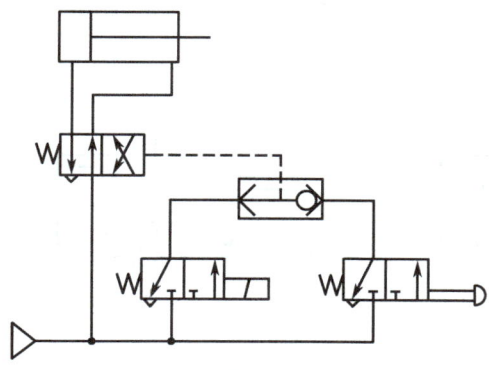

图 13 - 5　梭阀的应用回路

（3）双压阀

双压阀在逻辑上又称与门，相当于两个单向阀的组合，也属于气动逻辑元件，工作原理如图 13 - 6 所示。在图 13 - 6(a) 中，当 P_1 口进气时，阀芯向右运动，P_1 口与 A 口不通，A 口无输出；同理 P_2 口进气时，阀芯向左运动，A 口也无输出，如图 13 - 6(b) 所示；只有当 P_1 口和 P_2 口同时作用时，阀芯居中，A 口才有输出，如图 13 - 6(c) 所示。若 P_1 口和 P_2 口压力不等，气压高的一侧将自身的输出通道封闭，气压低的一侧与 A 口导通，在气动逻辑回路中，该阀要求 P_1 口和 P_2 口同时有输入，A 口才有输出，逻辑上起与门的作用。图 13 - 6(d) 所示为双压阀结构，图 13 - 6 （e）所示为双压阀的图形符号。

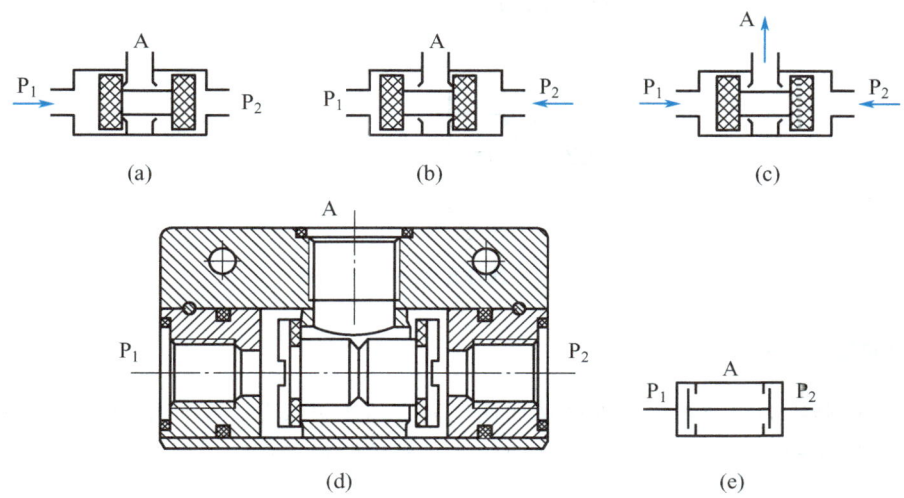

图 13 - 6　双压阀的工作原理

（4）快速排气阀

快速排气阀用来加快气缸排气腔排气，以提高气缸运动速度。快速排气阀的工作原理如图 13 - 7 所示。在图 13 - 7(a) 中，当 P 口进气时，将阀芯推向上方，关闭快排口 1，A 口输出；在图 13 - 7(b) 中，当 P 口停止供气时，在 O 口与 P 口压差作用下，阀

芯快速下降，封闭阀口 2，使气体经快排口 1，再由 O 口快速排出。图 13 - 7(c) 所示为快速排气阀的图形符号。

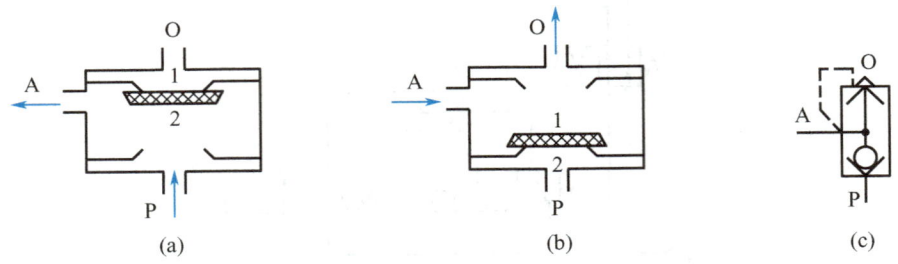

图 13 - 7 快速排气阀的工作原理

1—快排口；2—阀口

快速排气阀通常装在换向阀与气缸之间，使气缸的排气不需要通过换向阀而快速完成，从而加快了气缸往复运动的速度。

图 13 - 8 所示为气缸在进气和排气双侧装有快速排气阀的回路。该回路具有双向都能快速动作的特点。

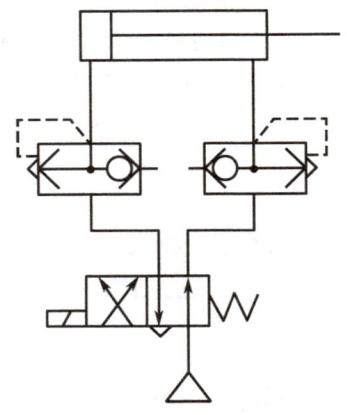

图 13 - 8 快速排气阀应用回路

2. 换向型控制阀

换向型控制阀通过改变气体通路从而使气流方向发生改变。换向型控制阀按其驱动方式可分为气压控制换向阀、电磁控制换向阀、机械控制换向阀、手动控制换向阀和时间控制换向阀。下文仅介绍部分换向阀。

（1）气压控制换向阀

气压控制换向阀是利用气体压力推动阀芯运动实现换向的。图 13 - 9 所示为单气控截止式换向阀的工作原理。如图 13 - 9(a) 所示，K 口没有控制信号时，阀芯在复位弹簧的作用下将 P 口关闭，A 口与 O 口相通，阀处于排气状态；如图 13 - 9(b) 所示，当 K 口有控制气体输入时，阀芯压向下方，O 口与 A 口断开，P 口与 A 口导通，P 口输入，A 口输出，实现换向功能。图 13 - 9(c) 所示为其图形符号。

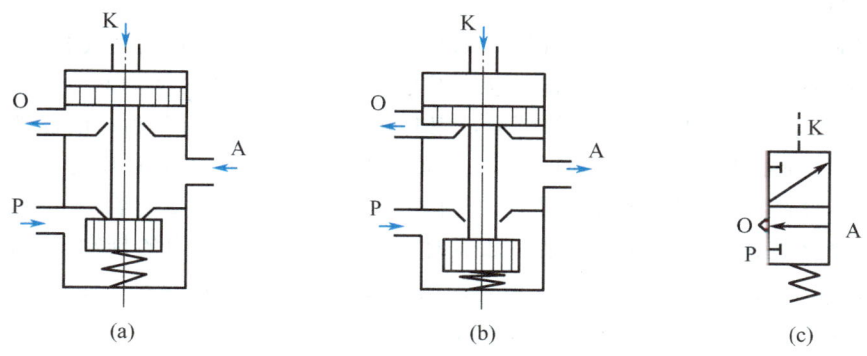

图 13-9　单气控截止式换向阀的工作原理

（2）电磁控制换向阀

电磁控制换向阀是由电磁铁的衔铁直接推动阀芯进行换向的。图 13-10 所示为单电磁铁控制换向阀的工作原理。图 13-10(a) 所示为断电状态，A 口与 O 口相通，阀处于排气状态，P 口与 A 口不通；当电磁铁通电时，如图 13-10(b) 所示，阀芯被推向下，封闭 O 口与 A 口的通路，同时打开 P 口与 A 口的通路，P 口进气，A 口输出，实现换向功能。图 13-10(c) 所示为图形符号。图 13-11 所示为双电磁铁控制直动式换向阀的工作原理。其中：图 13-11(a) 表示的是电磁铁 1 得电，电磁铁 2 断电；图 13-11(b) 表示的是电磁铁 2 得电，电磁铁 1 断电。图 13-11(c) 所示为图形符号。

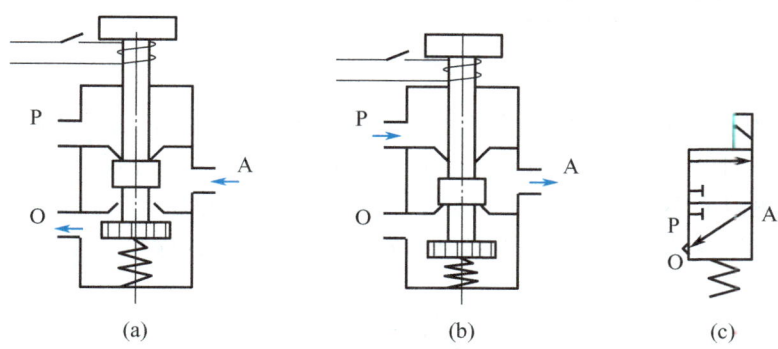

图 13-10　单电磁铁控制换向阀的工作原理

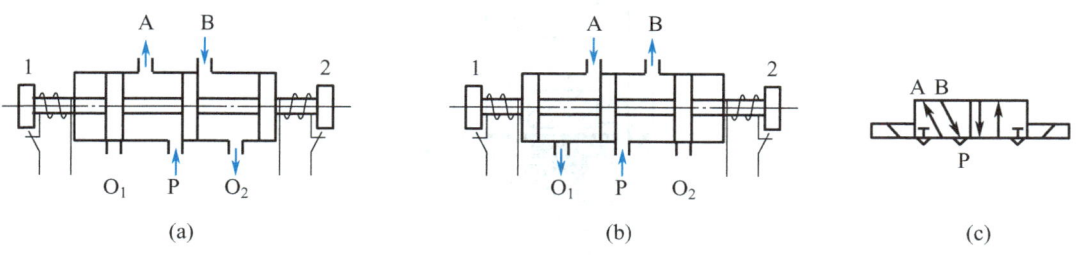

图 13-11　双电磁铁控制直动式换向阀的工作原理

1，2—电磁铁

（3）时间控制换向阀

时间控制换向阀是使气流通过气阻（如小孔、缝隙等）节流后流到气容（储气空间）中，经过一定时间后，气容内建立起一定的压力，再使阀芯动作的换向阀。在不允许使用时间继电器的场合，如易燃、易爆等环境，用时间控制换向阀具有其独特的优越性。

图 13-12 所示为二位三通延时控制换向阀。当无气控信号时，P 口与 A 口断开，A 口与 O 口接通后排气；当有气控信号时，气体经节流阀节流后进入气容 a 中，经一段时间充气后，待气容内的压力上升到了某一数值时，阀芯便在气容压力的推动下，向右移动，使 P 口与 A 口导通，A 口即有输出。K 口控制信号消失后，气容腔内气体经单向阀排出。通过调节节流口的大小，可控制延时换向的时间，这种阀的延时时间可在 0～20s 内进行调整。

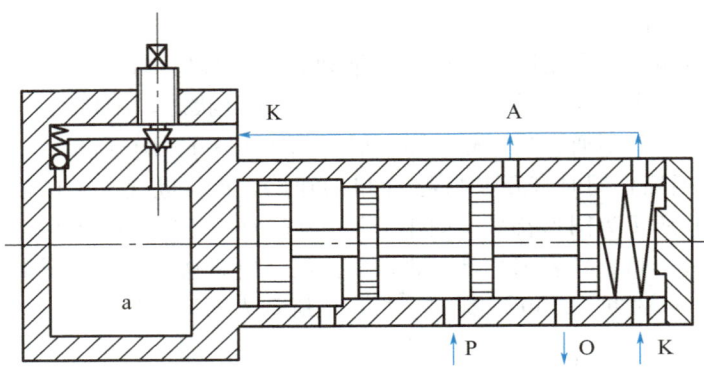

图 13-12　二位三通延时控制换向阀

图 13-13 所示为脉冲阀的工作原理。脉冲阀可使压力输入长信号转换为短暂的气压脉冲信号输出。当 P 口进气时，推动阀芯向上移动，P 口与 A 口导通，A 口便有输出。同时，气流经左侧阻尼小孔流向气容 a，经充气后压力达到动作压力，弹簧膜片便推动阀芯向下移动，与 A 口断开，P 口与 O 口接通，输出停止。这种阀输出脉冲宽度一般为 2s。

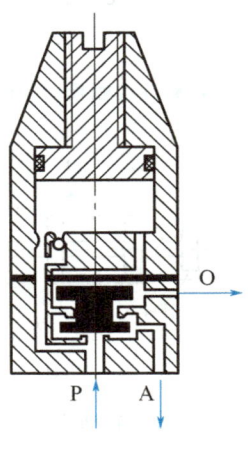

图 13-13　脉冲阀

（4）阀岛

阀岛是通过气路板将若干电磁换向阀集成为一个模块，犹如一个控制岛屿，如图 13－14 所示。阀岛大大地减少了连接用气管和电气连线，可以直接由 PLC 控制。阀岛是新一代气电一体化控制元器件，是气动自动化的发展方向。

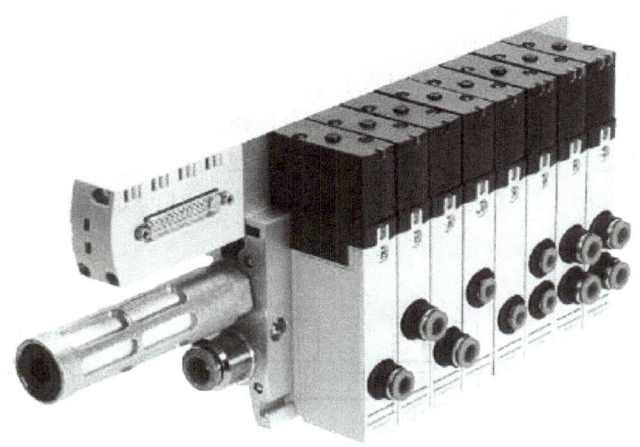

图 13－14　阀岛

13.1.2　换向回路

1. 单作用气缸换向回路

图 13－15（a）所示为用一个二位三通电磁换向阀控制单作用气缸上下运动的回路。通电时，气缸活塞上行；断电时，活塞在弹簧力作用下返回。图 13－15（b）所示为用三位四通电磁换向阀控制单作用气缸上下运动和停止回路。阀处中位时，理论上气缸可任意停留，但由于存在不可避免的内泄漏现象，使得实际停留时间较短。

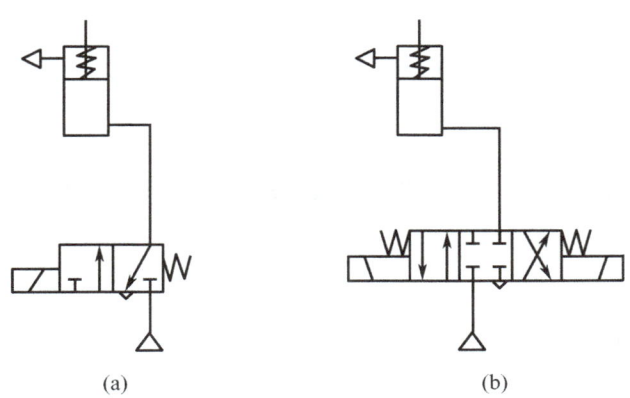

(a)　　　　　　　　　　　(b)

图 13－15　单作用气缸换向回路

2. 双作用气缸换向回路

双作用气缸换向控制可用二位阀或三位阀实现。图 13-16 所示为双作用气缸换向回路。图 13-16(a) 所示为用二位五通气控的换向阀的换向回路。当有气控时，活塞杆伸出；无气控时，活塞杆缩回。图 13-16(b) 所示为用两个二位三通气控阀分别接到气缸的左右两腔。当有气控时，活塞杆伸出，无气控时，活塞杆缩回。图 13-16(c) 所示为以手动二位三通阀控制二位五通气控换向阀进行换向。按钮按下时，活塞杆伸出；按钮松开时，活塞缩回。图 13-16(d)～图 13-16(f) 中，换向阀的两端控制端（电磁铁或按钮）不能同时动作，应考虑采用互锁方式防止换向阀出现误动作。图 13-16(f) 所示回路中，中位具有停留功能，可用于气缸短时间驻留，但停留时间难以保持长久，定位精度也不高。

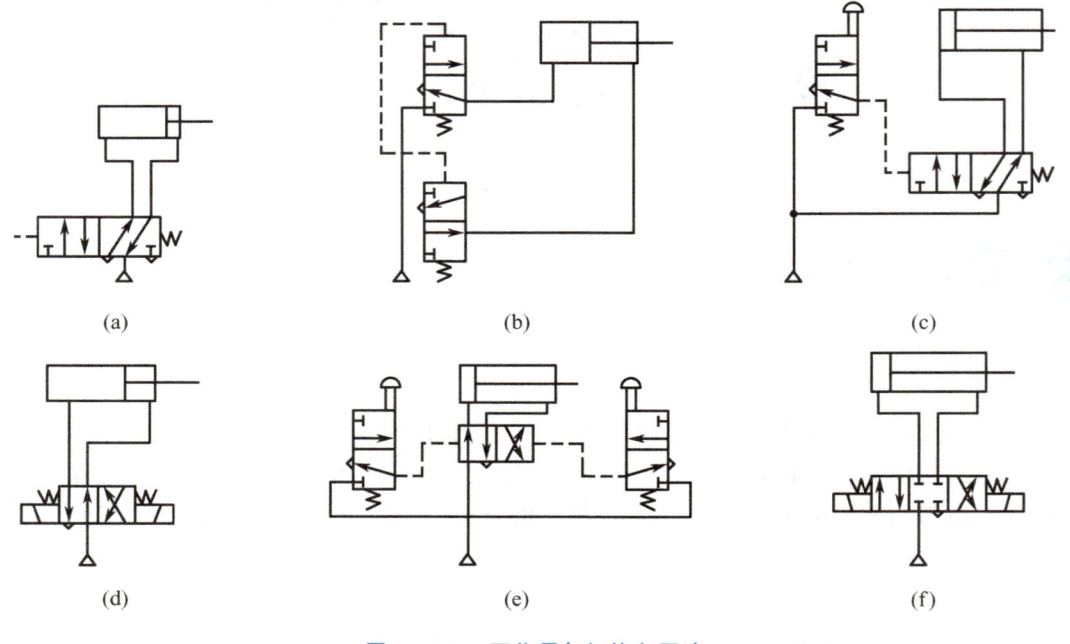

(a)　　　　　　　　　(b)　　　　　　　　　(c)

(d)　　　　　　　　　(e)　　　　　　　　　(f)

图 13-16　双作用气缸换向回路

13.2　压力控制阀与压力控制回路

13.2.1　压力控制阀

压力控制阀主要用来控制系统中压缩气体的压力，以满足系统对不同压力的需要。气动压力控制阀有多种类型，常用的有减压阀（调压阀）、顺序阀、安全阀（溢流阀）等。

1. 减压阀 (调压阀)

气动系统一般由空气压缩机先将空气压缩后储存在气罐内，然后经管路输送给各气动装置使用。气罐输出的压力通常比较高，同时压力波动也比较大，只有经过减压，降至装置实际所需的压力，并使压力稳定下来才可使用。因此，减压阀是气动系统中必不可少的一种调压元件。

图13-17所示为直动式减压阀的结构。旋转调整手柄向下，调压弹簧推动下弹簧座、膜片和阀芯向下移动，阀口开启，左侧气流经阀口的开度大小，以调节减压阀输出压力的高低。减压阀出口有一阻尼孔，出口气流可由该孔进入膜片室，在膜片上产生一个向上的推力与调压弹簧的弹簧力相平衡，因此保证了在进口压力波动时，出口压力却能保持基本稳定。如果 P_1 上升，P_2 也会随之上升，从而使膜片向上推力加大，阀芯便上移，阀口开度就减小，节流作用加强，使输出端压力又降下来；同样，如果 P_1 下降，P_2 也会下降，膜片推力减小，阀芯下移，阀口开度加大，输出压力又回升上去。可见，减压阀具有减压和稳压两种作用。

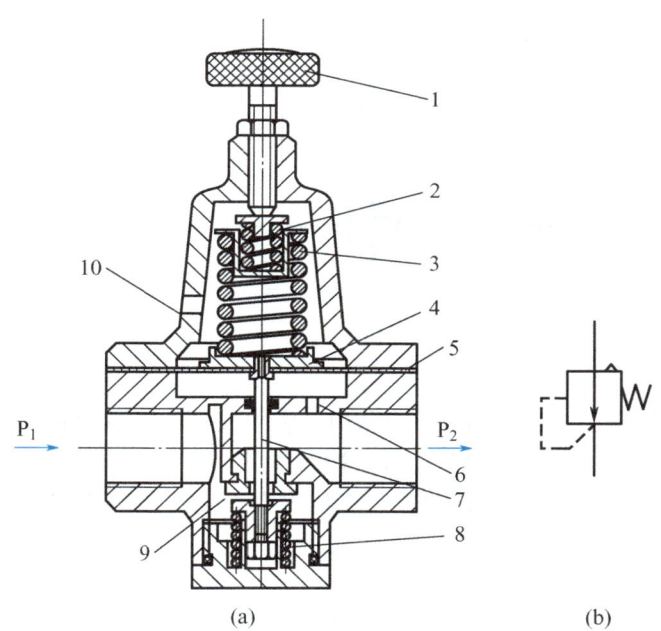

图13-17 直动式减压阀的结构

1—调整手柄；2，3—调压弹簧；4—弹簧座；5—膜片；6—阻尼孔；7—阀芯；
8—复位弹簧；9—进气阀口；10—排气口

2. 顺序阀

有些气动回路需要依靠回路中压力的高低变化实现执行元件的顺序动作，这时就可以用顺序阀来完成。

图13-18所示为顺序阀的工作原理。顺序阀通过调节手柄决定弹簧的压缩量，从而控制开启压力。当P口处压力产生的推力小于弹簧力时，阀关闭，如图13-18（a）所示。

只有当压力上升达到设定值，才能顶开弹簧，顺序阀被打开，气流由 P 口注入 A 口流出，进入回路中，如图 13-18（b）所示。图 13-18（c）所示为顺序阀的图形符号。

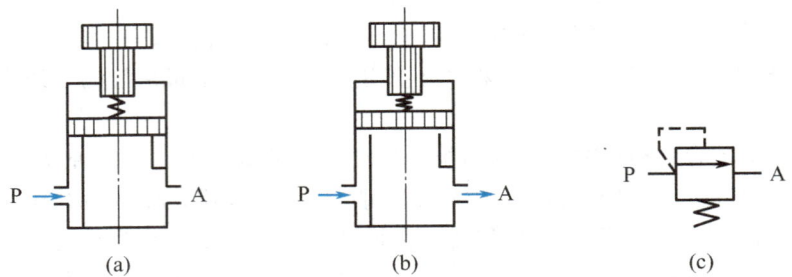

图 13-18 顺序阀的工作原理

图 13-19 所示为采用顺序阀实现两个气缸顺序动作的回路。

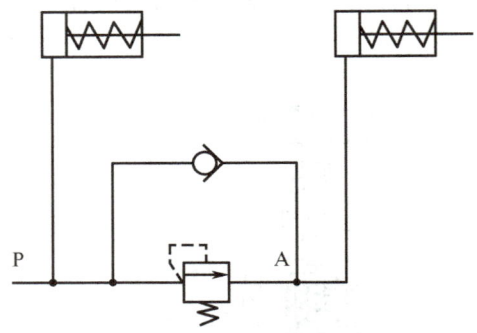

图 13-19 顺序阀应用

3. 安全阀（溢流阀）

当气罐或气动回路中的压力超过一定值时，需要安全阀能够立即打开放气，以阻止继续升高产生危险。安全阀在系统中起过压保护的作用。

图 13-20 所示为安全阀的工作原理。当压力在设定压力范围以下，作用在活塞上的

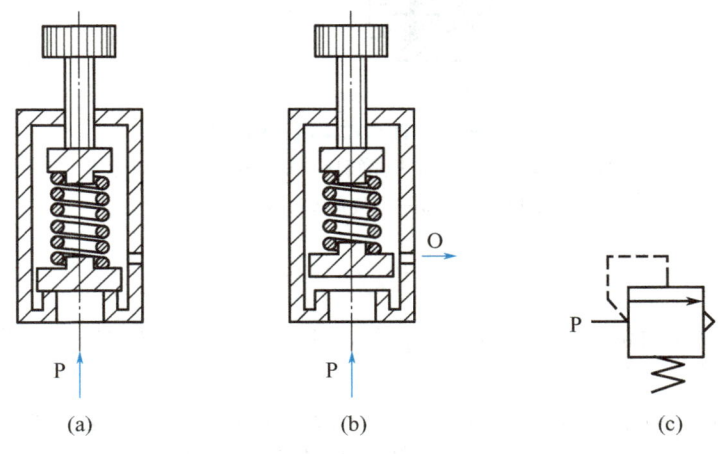

图 13-20 安全阀的工作原理

推力小于弹簧力,安全阀关闭,如图 13 – 20(a) 所示。只有当压力升至推力大于弹簧力时,安全阀开启放气,如图 13 – 20(b) 所示,直至压力又降回到安全范围以内时,安全阀才重新关闭。图 13 – 20(c) 所示为安全阀图形符号。

13.2.2 压力控制回路

压力控制回路的作用是使系统保持在某一规定的压力范围内。常用的有一次压力控制回路、二次压力控制回路和高低压转换回路。

1. 一次压力控制回路

一次压力控制回路用于使气罐送出的气体压力不超过规定压力,如图 13 – 21 所示。通常气罐上装有一只安全阀,一旦罐内超过规定压力,安全阀便打开放气。气罐上一般装有带电触点的压力表,当压力超出时,立即断开空气压缩机,气罐便不再充气。

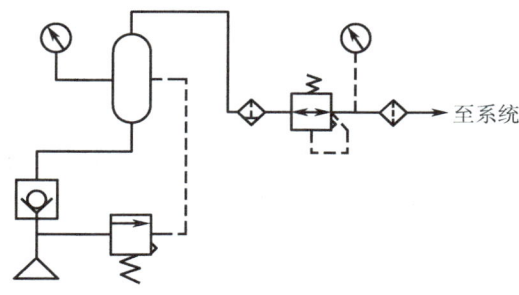

图 13 – 21　一次压力控制回路

2. 二次压力控制回路

二次压力控制回路用于气动控制系统气源压力的控制,以保证系统使用的气体压力为一稳定值。如图 13 – 22 所示,该回路通常由空气滤油器、减压阀、油雾器组成。需注意的是,逻辑单元的供气应接在油雾器之前,因逻辑元件中不能加入润滑油。

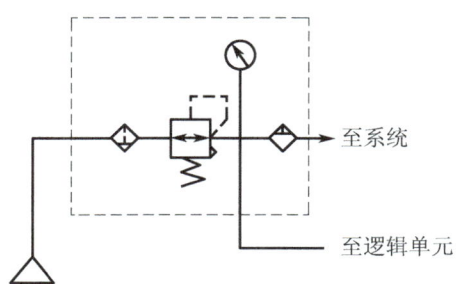

图 13 – 22　二次压力控制回路

3. 高低压转换回路

高低压转换回路用于低压气源或高压气源的转换输出。如图 13 – 23 所示,经两个减

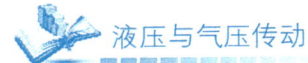
压阀减压后，分别得到气源压力 P_1 和 P_2，再通过二位三通换向阀可任选一种气源压力输出，从而实现高压与低压的相互转换。

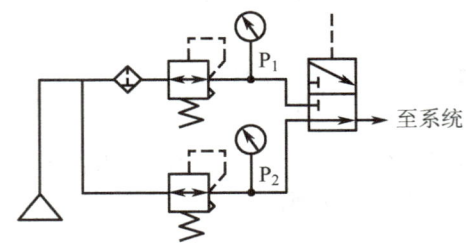

图 13 - 23　高低压转换回路

13.3　流量控制阀与速度控制回路

13.3.1　流量控制阀

流量控制阀是通过调节压缩空气的流量实现对气动执行元件运动速度的控制，而流量的调节是通过改变阀的通流面积来实现的。常用流量控制阀包括节流阀、单向节流阀、排气节流阀和柔性节流阀等。

1. 节流阀

图 13 - 24(a) 所示为节流阀的结构。压缩空气由 P 口进入，由 A 口流出，旋转调节螺杆的上下位移量可改变阀芯开度的大小，使通流面积相应呈近似线性关系改变，从而控制通过的气体流量。图 13 - 24(b) 所示为节流阀的图形符号。图 13 - 25 所示为节流阀应用于调速的实例。该回路中的两个节流阀分别装在二位三通换向阀的进气口和排气口上，以控制活塞的左右运动的速度。

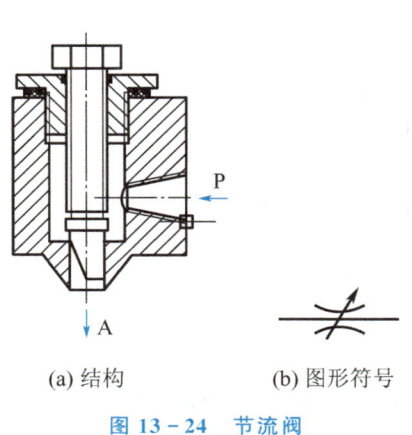

(a) 结构　　　(b) 图形符号

图 13 - 24　节流阀

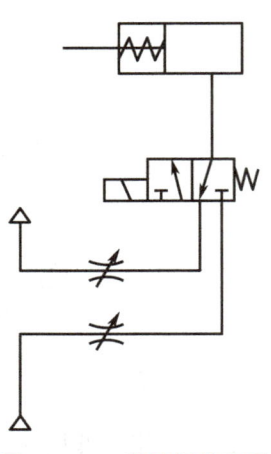

图 13 - 25　节流阀的应用

2. 排气节流阀

排气节流阀与节流阀的工作原理基本相同。但是排气节流阀只能安装在排气口处，调节排入大气的气体流量，以控制执行元件的运动速度。图 13-26 所示为排气节流阀的工作原理。气流由 P 口进入，经节流口节流后再经消声套 A 排出。可见排气节流阀不仅具有节流调速的作用，还能起到降低排气噪声的作用。

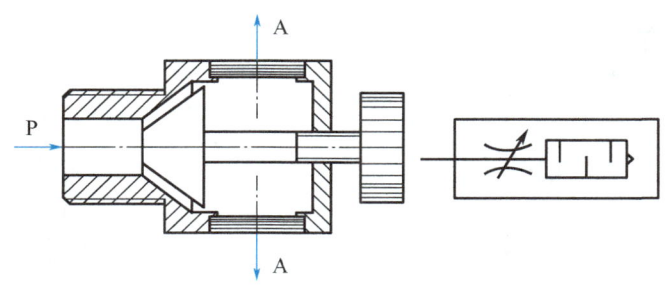

图 13-26　排气节流阀的工作原理

3. 柔性节流阀

图 13-27 所示为柔性节流阀的工作原理。该阀通过调节阀杆夹紧柔韧的橡胶管而产生节流作用，也可利用气体压力代替阀杆压缩橡胶管。柔性节流阀结构简单，压降小，动作可靠性高，对污染不敏感，可在 0.3～0.63MPa 压力下工作。

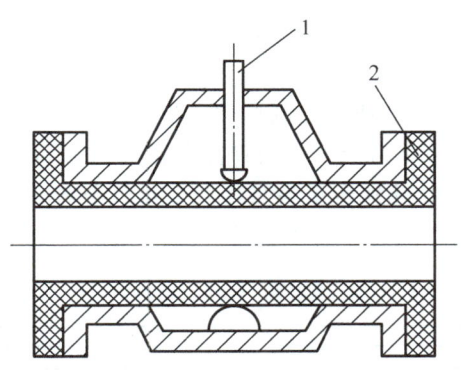

图 13-27　柔性节流阀的工作原理
1—阀杆；2—橡胶管

13.3.2　速度控制回路

速度控制回路通过流量控制阀来控制执行元件的运动速度。但需注意的是，在气动系统中，单纯采用速度控制回路来实现对执行元件的速度控制，精度是比较低的，如果要求得到满意的调速效果，宜采用气-液联动的方式。

1. 单作用气缸速度控制回路

图 13-28 所示为单作用气缸速度控制回路。图 13-28(a) 所示的回路为双向调速回路,用两个相对安装的单向节流阀分别控制气缸活塞杆左右运动,进气时位于上面的单向阀打开,排气时下面的单向阀打开。图 13-28(b) 所示的回路为单向调速回路,气缸活塞杆伸出时由节流阀调速,退回时缸内气体通过快速排气阀排气,活塞杆快速返回。

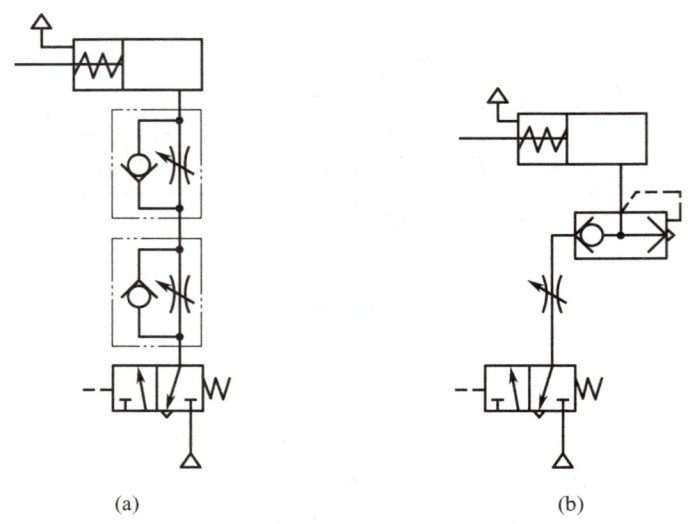

(a)   (b)

图 13-28　单作用气缸速度控制回路

2. 双作用气缸速度控制回路

图 13-29 所示为双作用气缸速度控制回路。图 13-29(a) 所示为采用两个单向节流阀的双向节流调速回路。调节节流阀开度可调整气缸背压并调节排气速度,从而也就控制了活塞的运动速度。图 13-29(b) 所示为采用两个排气节流阀的双向调速回路。排气节流调速与进气节流调速相比进气阻力小,气缸速度受外界负载变化影响小,运动较平稳,应用较多。

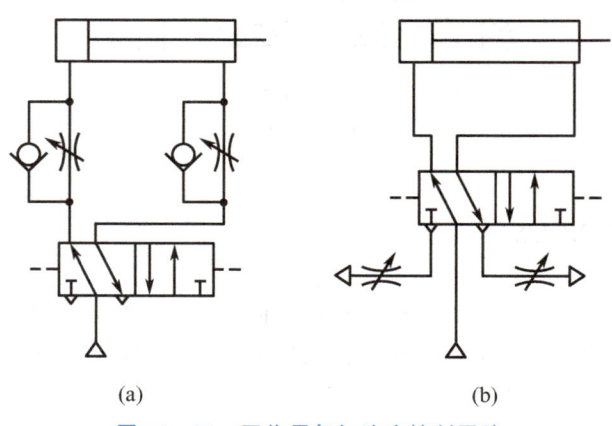

(a)   (b)

图 13-29　双作用气缸速度控制回路

3. 缓冲回路

为降低或避免气缸行程末端活塞与缸体的撞击，在行程长、速度快、惯性大的场合除采用缓冲气缸外，一般还采用缓冲回路，如图 13-30 所示。该回路可实现快进—缓冲—停止—快退。在正向行程末端，行程阀的排气路由通变断，强制排气经节流阀排出，起到缓冲作用。

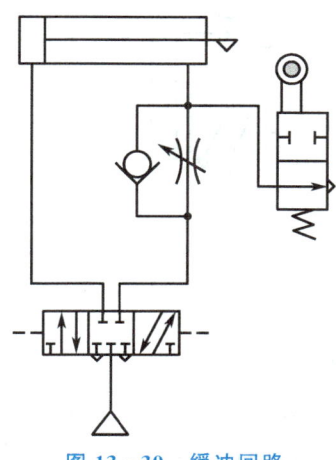

图 13-30   缓冲回路

4. 速度换接回路

图 13-31 所示为速度换接回路。该回路利用两个二位二通电磁阀与单向节流阀并联而成，当撞块压下行程开关时，发出电信号，控制二位二通电磁阀换向，改变排气的通路，使气缸的速度改变。

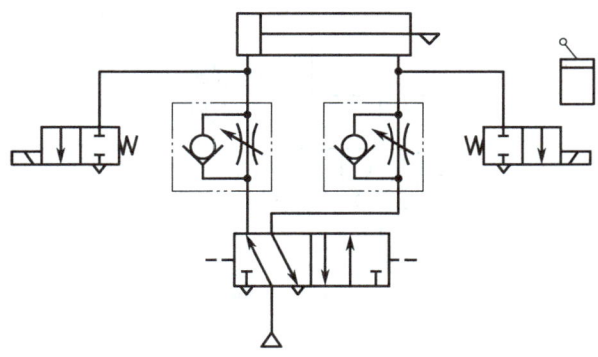

图 13-31   速度换接回路

5. 气-液转换速度控制回路

图 13-32 所示为气-液转换速度控制回路。该回路以气缸为动力，利用气-液转换器，将气压变成液压，利用液压油驱动液压缸，通过调节节流阀开度，可以得到相应平稳的活塞运动速度，且易控制。

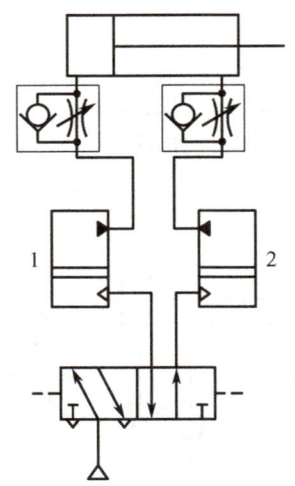

图 13－32　气-液转换速度控制回路

1，2—气-液换向器

6. 气-液阻尼缸速度控制回路

图 13－33 所示为气-液阻尼缸速度控制回路。该回路可以实现慢进快退的功能，改变单向节流阀的开度，可控制活塞运动的速度，而当活塞回程时，气-液阻尼缸中的液压缸无杆腔油液经单向阀快速流入有杆腔，使回程的速度快于进程的速度。

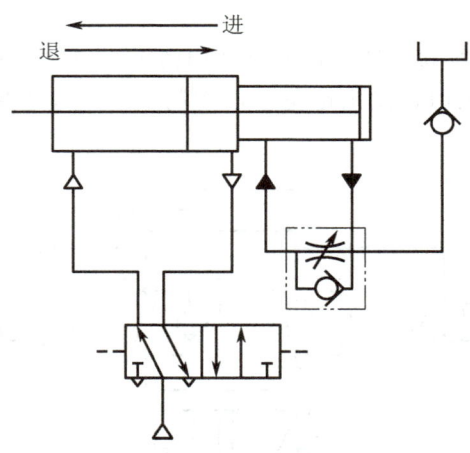

图 13－33　气-液阻尼缸速度控制回路

13.4　延时回路

图 13－34 所示为延时回路。图 13－34(a) 所示为延时输出回路。当控制信号切换二位三通换向阀 4 后，压缩空气经单向节流阀 2 向气容 3 充气，气容内的压力不断上升，当压力达到可以使二位三通换向阀 4 换位时，二位三通换向阀 4 就有了输出，这个过程有一个时间

差，起到了延时的作用。图 13-34(b) 所示回路，在按下手动换向阀 5 时，二位四通换向阀 6 切换到左位，气缸活塞向右运动，当气缸活塞杆压下机动换向阀 8 后，压缩空气经节流阀向气容 7 充气，经过延时，压力升高将二位四通换向阀 6 换向到右位，气缸活塞退回。

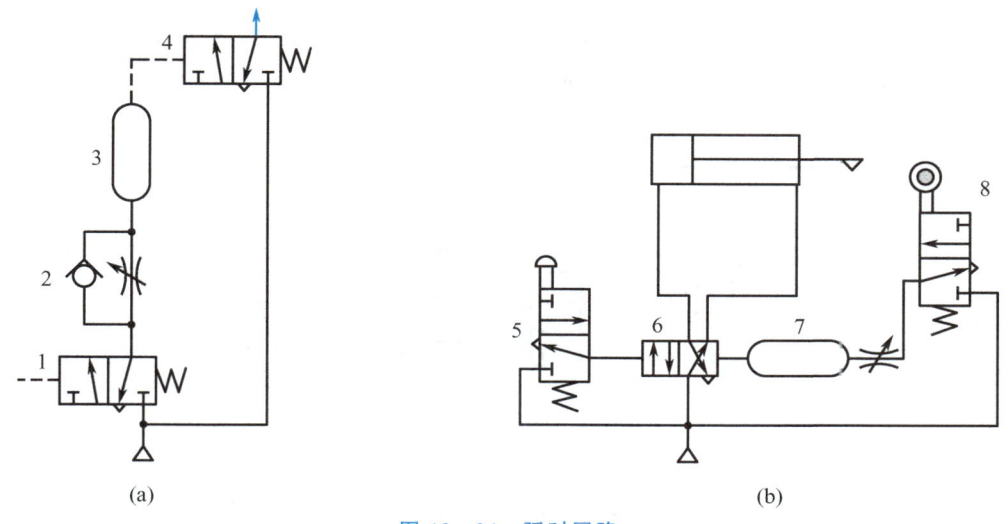

图 13-34　延时回路

1，4—二位三通换向阀；2—单向节流阀；3，7—气容；5—手动换向阀；

6—二位四通换向阀；8—机动换向阀

13.5　过载保护回路

图 13-35 所示为过载保护回路。活塞杆在伸出行程中，如果遇到障碍或其他原因造成过载时，活塞杆马上缩回，实现过载保护。在图 13-35 中，手动开停阀左位时，气缸活塞杆向右运动，若遇到障碍，活塞停止运动，使无杆腔压力升高，这时顺序阀被打开，同时二位三通换向阀换向，二位四通换向阀切换成右位，活塞杆退回。

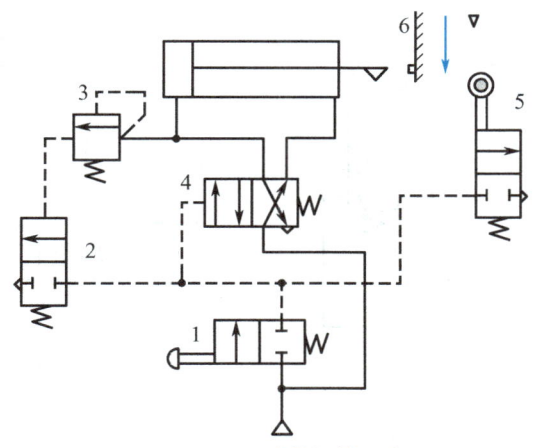

图 13-35　过载保护回路

1—手动开停阀；2—二位二通换向阀；3—顺序阀；4—二位四通换向阀；5—行程阀；6—障碍

13.6 互锁回路

图 13-36 所示为互锁回路。该回路中使用了三个机动二位三通阀串联，同时对二位四通主阀进行控制，只有三个串联的阀都接通，主阀才能换向。

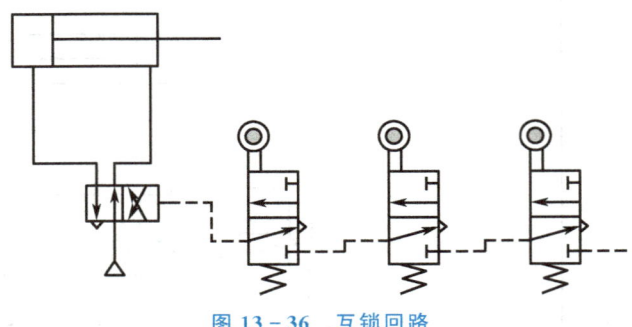

图 13-36 互锁回路

13.7 顺序动作回路

13.7.1 单往复控制回路

图 13-37 所示为单缸单往复控制回路。图 13-37(a) 所示为行程阀控制的单往复回路。按下手动阀后，二位四通换向阀切换到左位，气缸活塞杆伸出，当行程到位压下行程阀时，二位四通换向阀复位，活塞杆退回，完成一次往复运动。图 13-37(b) 所示为延时控制的单往复回路。按下手动阀，二位四通换向阀切换到左位，活塞杆伸出，当活塞行程到位后，压下行程阀，向气容充气，延时后气容压力升高，推动二位四通换向阀切换到右位，活塞杆退回。

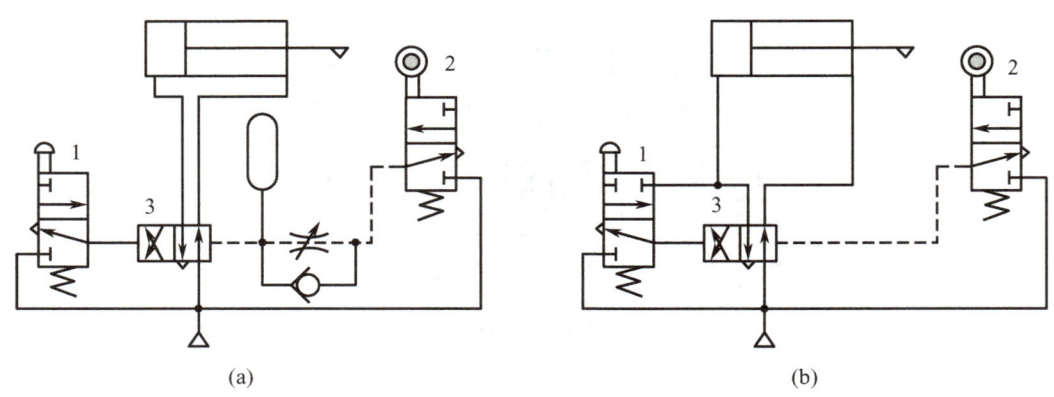

(a)   (b)

图 13-37 单缸单往复控制回路

1—手动阀；2—行程阀；3—二位四通换向阀

连续往复控制回路

图 13-38 所示为单缸连续往复动作回路。按下手动阀 1，二位五通换向阀 4 切换到左位，气缸活塞杆伸出，行程阀 3 复位，二位五通换向阀 4 的气路中断，保持左位。活塞杆继续向右运动，当压下行程阀 2 时，行程阀 2 换位，接通气路，二位五通换向阀 4 排气并切换到右位换向，活塞杆退回。当活塞杆返回到原位，又将行程阀 3 压下，二位五通换向阀 4 再次换向，气缸继续下一个循环往复动作，直到手动阀 1 按钮提起，气缸运动中止。

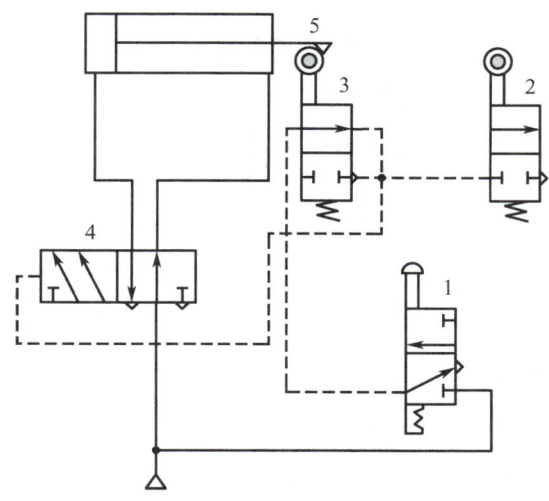

图 13-38　单缸连续往复动作回路
1—手动阀；2，3—行程阀；4—二位五通换向阀；5—气缸

13.8　气动逻辑元件

气动逻辑元件是指在控制回路中改变气流方向从而实现一定逻辑功能的流体控制元件。

13.8.1　气动逻辑元件分类

气动逻辑元件按工作压力可分为高压元件（0.2～0.8MPa）、低压元件（0.02～0.2MPa）、微压元件（0.02MPa 以下）；按逻辑功能分为或门元件、与门元件、非门元件及双稳元件；按结构形式分为截止元件、膜片式元件、滑阀式元件。

13.8.2　高压截止式逻辑元件

高压截止式逻辑元件是靠气压信号或膜片变形推动阀芯动作，改变气流的流动方向来实现一定逻辑功能的。其工作压力高，流量大，行程短，对气源净化程度要求低。

1. 或门元件

或门元件的工作原理如图13-39所示。或门元件由硬芯膜片和阀体构成。图中A、B为信号输入口，S为信号输出口。当只有A口有信号输入时，阀芯C向下移动，B口被堵住，气流经S口输出；当只有B口输入信号时，阀芯C向上运动，A口被封住，气流经S口输出；当A口和B口均有信号输入时，阀芯的位置取决于A口和B口输入信号大小和输入时间，有可能上移，或下移，或处于中位，不管是何种位置，S口都会有输出，从逻辑关系上看为"或"的功能。

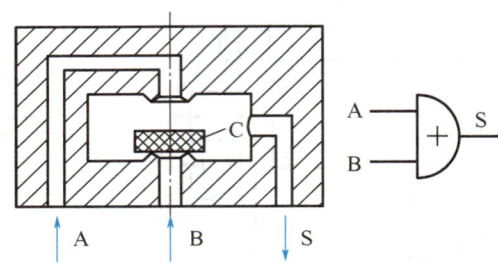

图13-39 "或门"元件的工作原理

2. 是门元件和与门元件

是门元件和与门元件的工作原理如图13-40所示。当B口接气源P，A口为信号输入口时，就为是门元件，A口无信号输入，阀芯在弹簧及气源压力的作用下，处于图示位置，封住P口与S口之间阀口，S口与排气孔连通，S口无输出；当A口有信号输入时，膜片在输入信号的作用下，将阀芯推动下移，封住S口与排气孔之间通道，打开P口与S口之间通道，S口有输出。这种有输入就有输出、无输入就无输出的关系，相当于逻辑关系中的是门。

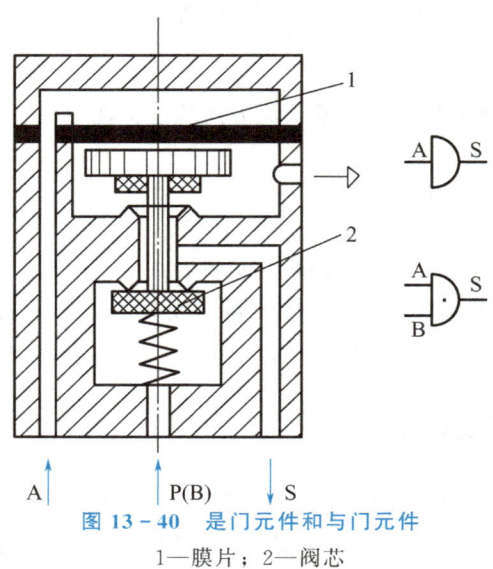

图13-40 是门元件和与门元件

1—膜片；2—阀芯

若将中间口不接气源而改接另一输入信号 B，则此元件成为与门元作，即只有当 A 口与 B 口均有输入信号时，S 口才有输出。逻辑上为与门关系。

3. 非门元件和禁门元件

图 13-41 所示为非门和禁门元件的工作原理图。图中所示 A 口为信号输入口，S 口为信号输出口，中间 B 口接气源，这时为非门元件，其工作原理为：当 A 口无信号输入时，阀芯在气源压力 P 的作用下上移，并将 S 口与排气口之间通道封住，S 口有信号输出；当 A 口有信号输入时，膜片在信号压力的作用下，推动阀芯下移，封住 B 口，断开气源通道，S 口无输出。这种有信号输入时无输出、无信号输入时有输出的关系称为非门逻辑关系。

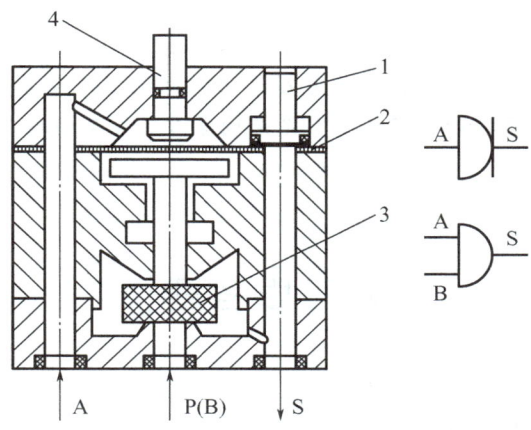

图 13-41　非门元件和禁门元件的工作原理
1—活塞；2—膜片；3—阀芯；4—手动按钮

若将中间孔不接气源而改接另一输入信号 B，则该元件称为禁门元件，即 A 口输入信号对 B 口输入信号起到禁止的作用。

4. 双稳元件

双稳元件又称双记忆元件。图 13-42 所示为双稳元件的工作原理。当 A 口有信号输入时，阀芯 1 被推向右端，气源的压缩空气由 P 口进入，由 S_1 口输出，S_2 口与排气孔相

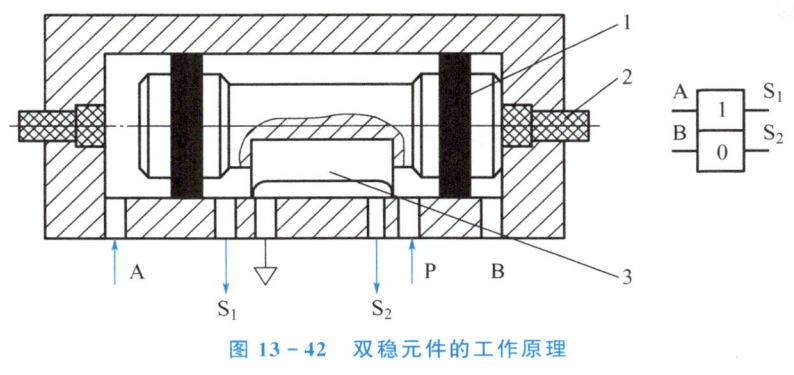

图 13-42　双稳元件的工作原理
1—阀芯；2—手动杆；3—滑块

通，"双稳"处于"1"状态。当 A 口信号消失后，在 B 口输入信号还没有到来之前，阀芯仍能保持在右端位置，S_1 口总有输出；当 B 口有输入信号时，阀芯被推向左端，气源压缩空气由 P 口输入，由 S_2 口输出，S_1 口与排气孔相通，双稳处于"0"状态，在 B 口输入信号消失后，A 口输入信号到来之前，阀芯仍能保持在左端位置，S_2 口总有输出。可以看出该元件具有记忆功能，记住了输入信号及其所处位置，保持在原来位置稳定工作。应特别注意的是，A 口和 B 口不能同时输入信号。

本章小结

本章主要学习了气动控制元件、气动基本回路和气动逻辑元件，着重介绍了各种控制阀的结构、工作原理及作用；在此基础之上，阐明了气动基本回路的构成、特点及应用。掌握气动逻辑元件的特定逻辑关系是确保该类气动回路工作过程的关键。

复习思考题

13-1 试述直动式减压阀的工作原理。

13-2 快速排气阀是如何实现快速排气的？

13-3 简述基本气动速度控制回路的特点及应用。

13-4 设计一个使两个双作用气缸顺序动作并可以实现慢进—快退的气动回路。

13-5 换向阀有什么作用？有哪几种类型？

13-6 如何理解双稳元件的记忆功能？

【第13章　参考答案】

参 考 文 献

SMC（中国）有限公司，2004. 现代实用气动技术 ［M］. 2 版. 北京：机械工业出版社.

曹玉平，阎祥安，2003. 液压传动与控制 ［M］. 天津：天津大学出版社.

陈淑梅，2014. 液压与气压传动：英汉双语 ［M］. 2 版. 北京：机械工业出版社.

桂兴春，林艾光，2011. 液压传动与气压传动 ［M］. 北京：北京航空航天大学出版社.

郭晋荣，2007. 液压与气压传动 ［M］. 2 版. 北京：北京邮电大学出版社.

何存兴，张铁华，2000. 液压传动与气压传动 ［M］. 2 版. 武汉：华中科技大学出版社.

姜继海，2010. 液压与气压传动 ［M］. 2 版. 北京：高等教育出版社.

雷天觉，1998. 新编液压工程手册 ［M］. 北京：北京理工大学出版社.

李壮云，2005. 液压元件与系统 ［M］. 2 版. 北京：机械工业出版社.

李壮云，2008. 液压气动与液力工程手册. 北京：电子工业出版社.

刘延俊，2012. 液压与气压传动 ［M］. 3 版. 北京：机械工业出版社.

路甬祥，2002. 液压气动技术手册 ［M］. 北京：机械工业出版社.

马恩，周志立，2007. 液压与气压传动 ［M］. 北京：电子工业出版社.

明仁雄，万会雄，2003. 液压与气压传动 ［M］. 北京：国防工业出版社.

明仁雄，2009. 液压与气压传动学习指导 ［M］. 2 版. 北京：国防工业出版社.

王积伟，章宏甲，黄谊，2007. 液压传动 ［M］. 2 版. 北京：机械工业出版社.

王积伟，章宏甲，黄谊，2011. 液压与气压传动 ［M］. 2 版. 北京：机械工业出版社.

王守城，容一鸣，2008. 液压与气压传动 ［M］. 北京：北京大学出版社.

吴振顺，1995. 气压传动与控制 ［M］. 哈尔滨：哈尔滨工业大学出版社.

吴宗泽，2009. 机械设计师手册 ［M］. 2 版. 北京：机械工业出版社.

许福玲，陈尧明，2011. 液压与气压传动 ［M］. 3 版. 北京：机械工业出版社.

张宏友，2009. 液压与气动技术 ［M］. 3 版. 大连：大连理工大学出版社.

张利平，2005. 液压阀原理、使用与维护 ［M］. 北京：化学工业出版社.

张利平，2008. 液压气动技术速查手册 ［M］. 北京：化学工业出版社.

张利平，2009. 液压传动设计指南 ［M］. 北京：化学工业出版社.

张林，2012. 液压与气压传动技术 ［M］. 2 版. 北京：人民邮电出版社.

张世亮，2006. 液压与气压传动 ［M］. 北京：机械工业出版社.

朱新才，周秋沙，2003. 液压气动技术 ［M］. 重庆：重庆大学出版社.

左建民，2007. 液压与气压传动 ［M］. 北京：机械工业出版社.

北京大学出版社教材书目

✧ 欢迎访问教学服务网站 www.pup6.com，免费查阅已出版教材的电子书(PDF 版)、电子课件和相关教学资源。

✧ 欢迎征订投稿。联系方式：010-62750667，童编辑，13426433315@163.com，pup_6@163.com，欢迎联系。

序号	书 名	标准书号	主 编	定价	出版日期
1	机械设计	978-7-5038-4448-5	郑 江，许 瑛	33	2007.8
2	机械设计(第 2 版)	978-7-301-28560-2	吕 宏 王 慧	47	2018.8
3	机械设计	978-7-301-17599-6	门艳忠	40	2010.8
4	机械设计	978-7-301-21139-7	王贤民，霍仕武	49	2014.1
5	机械设计	978-7-301-21742-9	师素娟，张秀花	48	2012.12
6	机械原理	978-7-301-11488-9	常治斌，张京辉	29	2008.6
7	机械原理	978-7-301-15425-0	王跃进	26	2013.9
8	机械原理	978-7-301-19088-3	郭宏亮，孙志宏	36	2011.6
9	机械原理	978-7-301-19429-4	杨松华	34	2011.8
10	机械设计基础	978-7-5038-4444-2	曲玉峰，关晓平	27	2008.1
11	机械设计基础	978-7-301-22011-5	苗淑杰，刘喜平	49	2015.8
12	机械设计基础	978-7-301-22957-6	朱 玉	38	2014.12
13	机械设计课程设计	978-7-301-12357-7	许 瑛	35	2012.7
14	机械设计课程设计(第 2 版)	978-7-301-27844-4	王 慧，吕 宏	36	2016.12
15	机械设计辅导与习题解答	978-7-301-23291-0	王 慧，吕 宏	26	2013.12
16	机械原理、机械设计学习指导与综合强化	978-7-301-23195-1	张占国	63	2014.1
17	机电一体化课程设计指导书	978-7-301-19736-3	王金娥 罗生梅	35	2013.5
18	机械工程专业毕业设计指导书	978-7-301-18805-7	张黎骅，吕小荣	22	2015.4
19	机械创新设计	978-7-301-12403-1	丛晓霞	32	2012.8
20	机械系统设计	978-7-301-20847-2	孙月华	32	2012.7
21	机械设计基础实验及机构创新设计	978-7-301-20653-9	邹 昱	28	2014.1
22	TRIZ 理论机械创新设计工程训练教程	978-7-301-18945-0	蒯苏苏，马履中	45	2011.6
23	TRIZ 理论及应用	978-7-301-19390-7	刘训涛，曹 贺等	35	2013.7
24	创新的方法——TRIZ 理论概述	978-7-301-19453-9	沈萌红	28	2011.9
25	机械工程基础	978-7-301-21853-2	潘玉良，周建军	34	2013.2
26	机械工程实训	978-7-301-26114-9	侯书林，张 炜等	52	2015.10
27	机械 CAD 基础	978-7-301-20023-0	徐云杰	34	2012.2
28	AutoCAD 工程制图	978-7-5038-4446-9	杨巧绒，张克义	20	2011.4
29	AutoCAD 工程制图	978-7-301-21419-0	刘善淑，胡爱萍	38	2015.2
30	工程制图	978-7-5038-4442-6	戴立玲，杨世平	27	2012.2
31	工程制图	978-7-301-19428-7	孙晓娟，徐丽娟	30	2012.5
32	工程制图习题集	978-7-5038-4443-4	杨世平，戴立玲	20	2008.1
33	机械制图(机类)	978-7-301-12171-9	张绍群，孙晓娟	32	2009.1
34	机械制图习题集(机类)	978-7-301-12172-6	张绍群，王慧敏	29	2007.8
35	机械制图(第 2 版)	978-7-301-19332-7	孙晓娟，王慧敏	38	2014.1
36	机械制图	978-7-301-21480-0	李凤云，张 凯等	36	2013.1
37	机械制图习题集(第 2 版)	978-7-301-19370-7	孙晓娟，王慧敏	22	2011.8
38	机械制图	978-7-301-21138-0	张 艳，杨晨升	37	2012.8
39	机械制图习题集	978-7-301-21339-1	张 艳，杨晨升	24	2012.10
40	机械制图	978-7-301-22896-8	臧福伦，杨晓冬等	60	2013.8
41	机械制图与 AutoCAD 基础教程	978-7-301-13122-0	张爱梅	35	2013.1
42	机械制图与 AutoCAD 基础教程习题集	978-7-301-13120-6	鲁 杰，张爱梅	22	2013.1
43	AutoCAD 2008 工程绘图	978-7-301-14478-7	赵润平，宗荣珍	35	2009.1
44	AutoCAD 实例绘图教程	978-7-301-20764-2	李庆华，刘晓杰	32	2012.6
45	工程制图案例教程	978-7-301-15369-7	宗荣珍	28	2009.6
46	工程制图案例教程习题集	978-7-301-15285-0	宗荣珍	24	2009.6
47	理论力学(第 2 版)	978-7-301-23125-8	盛冬发，刘 军	38	2013.9
48	理论力学	978-7-301-29087-3	刘 军，阎海鹏	45	2018.1
49	材料力学	978-7-301-14462-6	陈忠安，王 静	30	2013.4
50	工程力学(上册)	978-7-301-11487-2	毕勤胜，李纪刚	29	2008.6
51	工程力学(下册)	978-7-301-11565-7	毕勤胜，李纪刚	28	2008.6
52	液压传动(第 2 版)	978-7-301-19507-9	王守城，容一鸣	38	2013.7
53	液压与气压传动	978-7-301-13179-4	王守城，容一鸣	32	2013.7

序号	书 名	标准书号	主 编	定价	出版日期
54	液压与液力传动	978-7-301-17579-8	周长城等	34	2011.11
55	液压传动与控制实用技术	978-7-301-15647-6	刘 忠	36	2009.8
56	液压与气压传动	978-7-301-30098-5	牛国玲等	48	2019.4
57	金工实习指导教程	978-7-301-21885-3	周哲波	30	2014.1
58	工程训练(第4版)	978-7-301-28272-4	郭永环，姜银方	42	2017.6
59	机械制造基础实习教程(第2版)	978-7-301-28946-4	邱 兵，杨明金	45	2017.12
60	公差与测量技术	978-7-301-15455-7	孔晓玲	25	2012.9
61	互换性与测量技术基础(第3版)	978-7-301-25770-8	王长春等	35	2015.6
62	互换性与技术测量	978-7-301-20848-9	周哲波	35	2012.6
63	机械制造技术基础	978-7-301-14474-9	张 鹏，孙有亮	28	2011.6
64	机械制造技术基础	978-7-301-16284-2	侯书林　张建国	32	2012.8
65	机械制造技术基础(第2版)	978-7-301-28420-9	李菊丽，郭华锋	49	2017.6
66	先进制造技术基础	978-7-301-15499-1	冯宪章	30	2011.11
67	先进制造技术	978-7-301-22283-6	朱 林，杨春杰	30	2013.4
68	先进制造技术	978-7-301-20914-1	刘 璇，冯 凭	28	2012.8
69	先进制造与工程仿真技术	978-7-301-22541-7	李 彬	35	2013.5
70	机械精度设计与测量技术	978-7-301-13580-8	于 峰	25	2013.7
71	机械制造工艺学	978-7-301-13758-1	郭艳玲，李彦蓉	30	2008.8
72	机械制造工艺学(第2版)	978-7-301-23726-7	陈红霞	45	2014.1
73	机械制造工艺学	978-7-301-19903-9	周哲波，姜志明	49	2012.1
74	机械制造基础(上)——工程材料及热加工工艺基础(第2版)	978-7-301-18474-5	侯书林，朱 海	40	2013.2
75	制造之用	978-7-301-23527-0	王中任	30	2013.12
76	机械制造基础(下)——机械加工工艺基础(第2版)	978-7-301-18638-1	侯书林，朱 海	32	2012.5
77	金属材料及工艺	978-7-301-19522-2	于文强	44	2013.2
78	金属工艺学	978-7-301-21082-6	侯书林，于文强	32	2012.8
79	工程材料及其成形技术基础(第2版)	978-7-301-22367-3	申荣华	58	2016.1
80	工程材料及其成形技术基础学习指导与习题详解(第2版)	978-7-301-26300-6	申荣华	28	2015.9
81	机械工程材料及成形基础	978-7-301-15433-5	侯俊英，王兴源	30	2012.5
82	机械工程材料(第2版)	978-7-301-22552-3	戈晓岚，招玉春	36	2013.6
83	机械工程材料	978-7-301-18522-3	张铁军	36	2012.5
84	工程材料与机械制造基础	978-7-301-15899-9	苏子林	32	2011.5
85	控制工程基础	978-7-301-12169-6	杨振中，韩致信	29	2007.8
86	机械制造装备设计	978-7-301-23869-1	宋士刚，黄 华	40	2014.12
87	机械工程控制基础	978-7-301-12354-6	韩致信	25	2008.1
88	机电工程专业英语(第2版)	978-7-301-16518-8	朱 林	24	2013.7
89	机械制造专业英语	978-7-301-21319-3	王中任	28	2014.12
90	机械工程专业英语	978-7-301-23173-9	余兴波，姜 波等	30	2013.9
91	机床电气控制技术	978-7-5038-4433-7	张万奎	26	2007.9
92	机床数控技术(第2版)	978-7-301-16519-5	杜国臣，王士军	35	2014.1
93	自动化制造系统	978-7-301-21026-0	辛宗生，魏国丰	37	2014.1
94	数控机床与编程	978-7-301-15900-2	张洪江，侯书林	25	2012.10
95	数控铣床编程与操作	978-7-301-21347-6	王志斌	35	2012.10
96	数控技术	978-7-301-21144-1	吴瑞明	28	2012.9
97	数控技术	978-7-301-22073-3	唐友亮　佘 勃	45	2014.1
98	数控技术(双语教学版)	978-7-301-27920-5	吴瑞明	36	2017.3
99	数控技术与编程	978-7-301-26028-9	程广振　卢建湘	36	2015.8
100	数控技术及应用	978-7-301-23262-0	刘 军	49	2013.10
101	数控加工技术	978-7-5038-4450-7	王 彪，张 兰	29	2011.7
102	数控加工与编程技术	978-7-301-18475-2	李体仁	34	2012.5
103	数控编程与加工实习教程	978-7-301-17387-9	张春雨，于 雷	37	2011.9
104	数控加工技术及实训	978-7-301-19508-6	姜永成，夏广岚	33	2011.9
105	数控编程与操作	978-7-301-20903-5	李英平	26	2012.8
106	数控技术及其应用	978-7-301-27034-9	贾伟杰	40	2016.4
107	数控原理及控制系统	978-7-301-28834-4	周庆贵，陈书法	36	2017.9
108	现代数控机床调试与维护	978-7-301-18033-4	邓三鹏等	32	2010.11
109	金属切削原理与刀具	978-7-5038-4447-7	陈锡渠，彭晓南	29	2012.5
110	金属切削机床(第2版)	978-7-301-25202-4	夏广岚，姜永成	42	2015.1
111	典型零件工艺设计	978-7-301-21013-0	白海清	34	2012.8
112	模具设计与制造(第2版)	978-7-301-24801-0	田光辉，林红旗	56	2016.1
113	工程机械检测与维修	978-7-301-21185-4	卢彦群	45	2012.9

序号	书　名	标准书号	主　编	定价	出版日期
114	工程机械电气与电子控制	978-7-301-26868-1	钱宏琦	54	2016.3
115	工程机械设计	978-7-301-27334-0	陈海虹，唐绪文	49	2016.8
116	特种加工(第 2 版)	978-7-301-27285-5	刘志东	54	2017.3
117	精密与特种加工技术	978-7-301-12167-2	袁根福，祝锡晶	29	2011.12
118	逆向建模技术与产品创新设计	978-7-301-15670-4	张学昌	28	2013.1
119	CAD/CAM 技术基础	978-7-301-17742-6	刘 军	28	2012.5
120	CAD/CAM 技术案例教程	978-7-301-17732-7	汤修映	42	2010.9
121	Pro/ENGINEER Wildfire 2.0 实用教程	978-7-5038-4437-X	黄卫东，任国栋	32	2007.7
122	Pro/ENGINEER Wildfire 3.0 实例教程	978-7-301-12359-1	张选民	45	2008.2
123	Pro/ENGINEER Wildfire 3.0 曲面设计实例教程	978-7-301-13182-4	张选民	45	2008.2
124	Pro/ENGINEER Wildfire 5.0 实用教程	978-7-301-16841-7	黄卫东，郝用兴	43	2014.1
125	Pro/ENGINEER Wildfire 5.0 实例教程	978-7-301-20133-6	张选民，徐超辉	52	2012.2
126	SolidWorks 三维建模及实例教程	978-7-301-15149-5	上官林建	30	2012.8
127	SolidWorks 2016 基础教程与上机指导	978-7-301-28291-1	刘萍华	54	2018.1
128	UG NX 9.0 计算机辅助设计与制造实用教程 (第 2 版)	978-7-301-26029-6	张黎骅，吕小荣	36	2015.8
129	CATIA 实例应用教程	978-7-301-23037-4	于志新	45	2013.8
130	Cimatron E9.0 产品设计与数控自动编程技术	978-7-301-17802-7	孙树峰	36	2010.9
131	Mastercam 数控加工案例教程	978-7-301-19315-0	刘 文，姜永梅	45	2011.8
132	应用创造学	978-7-301-17533-0	王成军，沈豫浙	26	2012.5
133	机电产品学	978-7-301-15579-0	张亮峰等	24	2015.4
134	品质工程学基础	978-7-301-16745-8	丁 燕	30	2011.5
135	设计心理学	978-7-301-11567-1	张成忠	48	2011.6
136	计算机辅助设计与制造	978-7-5038-4439-6	仲梁维，张国全	29	2007.9
137	产品造型计算机辅助设计	978-7-5038-4474-4	张慧姝，刘永翔	27	2006.8
138	产品设计原理	978-7-301-12355-3	刘美华	30	2008.2
139	产品设计表现技法	978-7-301-15434-2	张慧姝	42	2012.5
140	CorelDRAW X5 经典案例教程解析	978-7-301-21950-8	杜秋磊	40	2013.1
141	产品创意设计	978-7-301-17977-2	虞世鸣	38	2012.5
142	工业产品造型设计	978-7-301-18313-7	袁涛	39	2011.1
143	化工工艺学	978-7-301-15283-6	邓建强	42	2013.7
144	构成设计	978-7-301-21466-4	袁涛	58	2013.1
145	设计色彩	978-7-301-24246-9	姜晓微	52	2014.6
146	过程装备机械基础(第 2 版)	978-301-22627-8	于新奇	38	2013.7
147	过程装备测试技术	978-7-301-17290-2	王毅	45	2010.6
148	过程控制装置及系统设计	978-7-301-17635-1	张早校	30	2010.8
149	质量管理与工程	978-7-301-15643-8	陈宝江	34	2009.8
150	质量管理统计技术	978-7-301-16465-5	周友苏，杨 飒	30	2010.1
151	人因工程	978-7-301-19291-7	马如宏	39	2011.8
152	工程系统概论——系统论在工程技术中的应用	978-7-301-17142-4	黄志坚	32	2010.6
153	测试技术基础(第 2 版)	978-7-301-16530-0	江征风	30	2014.1
154	测试技术实验教程	978-7-301-13489-4	封士彩	22	2008.8
155	测控系统原理设计	978-7-301-24399-2	齐永奇	39	2014.7
156	测试技术学习指导与习题详解	978-7-301-14457-2	封士彩	34	2009.3
157	可编程控制器原理与应用(第 2 版)	978-7-301-16922-3	赵 燕，周新建	33	2011.11
158	工程光学(第 2 版)	978-7-301-28978-5	王红敏	41	2018.1
159	精密机械设计	978-7-301-16947-6	田 明，冯进良等	38	2011.9
160	传感器原理及应用	978-7-301-16503-4	赵 燕	35	2014.1
161	测控技术与仪器专业导论(第 2 版)	978-7-301-24223-0	陈毅静	36	2014.6
162	现代测试技术	978-7-301-19316-7	陈科山，王 燕	43	2011.8
163	风力发电原理	978-7-301-19631-1	吴双群，赵丹平	33	2011.10
164	风力机空气动力学	978-7-301-19555-0	吴双群	32	2011.10
165	风力机设计理论及方法	978-7-301-20006-3	赵丹平	32	2012.1
166	计算机辅助工程	978-7-301-22977-4	许承东	38	2013.8
167	现代船舶建造技术	978-7-301-23703-8	初冠南，孙清洁	33	2014.1
168	机床数控技术(第 3 版)	978-7-301-24452-4	杜国臣	43	2016.8
169	工业设计概论(双语)	978-7-301-27933-5	窦金花	35	2017.3
170	产品创新设计与制造教程	978-7-301-27921-2	赵 波	31	2017.3

　　如您需要免费纸质样书用于教学，欢迎登陆第六事业部门户网(www.pup6.com)填表申请，并欢迎在线登记选题以到北京大学出版社来出版您的大作，也可下载相关表格填写后发到我们的邮箱，我们将及时与您取得联系并做好全方位的服务。